상하수도
고학

상하수도
공학

백경원, 강영복 저

씨
아이
알

책머리에

초등학교 시절 집 근처의 조그만 하천이 어느 날 복개되어 힘들게 건너다니던 길을 쉽게 통행하게 되었고, 그 하천 위로 자동차가 다니는 도로가 형성되어 그 의미는 모른 채 우리 동네가 살기 좋도록 발전하는구나 하는 생각을 하던 기억이 있다. 지금도 그 하천은 본래의 모습은 찾을 수 없지만 그 당시보다 훨씬 더 복잡해진 대도시 일부분의 하수도와 도로의 역할을 충실히 수행하고 있을 뿐이다.

이제는 일반인들의 인식도 무조건적인 개발보다는 인간이 환경과 생태계를 고려한 분위기에서 자연과 친화적인 삶을 영위하려는 방향으로 바뀌고 있으며, 대학에서도 토목공학을 전공하는 학생들에게 그러한 개념을 주지시키고 있다.

아직은 상하수도공학의 어느 일부분도 자신 있게 내세울 만한 지식이나 경험을 갖추지 못하고 있지만, 그간의 강의와 실무 경험으로부터 토목공학에서 상하수도공학을 공부하는 학생들이 필수적으로 습득해야 할 부분을 놓치지 않으려고 노력하였으며, 특히 상하수도계획 시 기본이 되는 점을 감안하여 수리학 및 수문학의 기본 이론에 충실하였다.

본문의 내용은 상수도와 하수도를 분리하여 2편으로 편집하여 구성하였다.

좀 더 충실한 내용으로 구성하지 못한 아쉬움을 게으름으로 인한 시간의 부족 탓으로 변명해보며 다음 기회를 통해 보완의 기회를 가질 것을 다짐해본다.

2016. 8.
저자 일동

차
례

CHAPTER 03 수 질

PART 02 하 수 도

CHAPTER 07 하수도 개요

CHAPTER 08 하수도계획

CHAPTER 09 하수관거

CHAPTER 10 하수처리

CHAPTER 13 전기 · 계측제어설비

PART

01

상수도

CHAPTER 01 서 론

1.1 개 요

인류의 역사는 물과 함께 시작되어 인류 최초의 문명은 커다란 하천이 있는 곳에서 시작되고 또 발달하였다. 하천의 범람과 극심한 가뭄이라는 자연의 도전조건에 대응하여 물을 다스리고 이용하는 과정을 통하여 문명을 발달시켜왔으며 그것은 물이 인간의 생존에 필요한 가장 중요한 요소이고 인간은 물 없이는 며칠밖에 살지 못하기 때문이다.

물이 지구 표면의 약 70% 정도를 차지하고 있듯이 우리 인체도 약 70% 정도가 물로 구성되어 있으며 체내의 물이 1~2%만 부족해도 심한 갈증과 괴로움을 느끼고, 5% 정도가 부족하면 반혼수상태에 빠지며, 12%가 부족하면 생명을 잃는다.

산업 발전과 인구 증가만큼 물의 사용량은 계속해서 늘어나고 있지만, 생태계의 파괴와 수질오염 등으로 인하여 공급량은 이에 따라가지 못하고 있어 자원으로서의 물의 가치는 그만큼 더 증대되고 있는 실정이다.

또한 인간은 누구나 장수하기를 원하므로 건강하게 장수하고 싶은 욕망은 깨끗한 물을 마시고자 하는 기본 욕구를 가지게 만들며, 그리하여 때로는 염소로 소독된 수돗물로는 세탁과 청소를 하고 식수는 생수로 대용하기도 한다.

고대의 우물 중 이집트의 요셉(Joseph) 우물은 암반 중에 깊이 약 90 m로 판 것이 있으며, 낙타를 이용하여 물을 길었다고 한다. 고대 우물 중에서 제일 깊은 우물은 중국에 있는 우물로서 깊이가 약 500 m나 되는 것이 있다. 이와 같이 좋은 물을 먹기 위한 인간의 노력은 수천 년 전부터 시작되었다.

오늘날 80개국에서 전 세계 인구의 40%가 식수난과 농업·산업용수난을 겪고 있으며 중동·아프리카·중남미 등은 물 부족이 심각한 상태이며 각종 국제 물 회의에서는 앞으로 25년 후에 전 세계의 상당수 국가들이 물 부족 사태에 직면할 것이라고 경고하고 있다.

UN의 산하기구인 국제인구행동연구소(PAI)의 발표에 따르면 한국의 활용 가능한 수자원량은 753억 m^3로서 이를 국민 1인당 활용 가능량으로 환산할 경우, 1955년 2,940 m^3에서 1990년에는 1,452 m^3로 줄어들어 물 부족 국가로 분류되고 있다.

앞으로 수자원 개발의 획기적인 확대가 어렵다고 볼 때 소비량을 줄이지 않는다면, 우리나라는 물 기근 국가로 전락할 위기에 처해 있다.

우리나라 수도법은 수도에 의하여 공급되는 물은 다음에 해당하는 것이어서는 안 된다고 규정하고 있다.

- 병원생물에 오염되었거나 오염된 생물 또는 물질을 함유하는 것
- 시안·수은·기타 유독물질을 함유하는 것
- 동·철·비소·페놀 기타 물질을 허용량 이상 함유하는 것
- 과도한 산성이나 알칼리성을 갖는 것
- 소독으로 인한 취미 이외의 취미를 갖는 것
- 무색투명하지 아니한 것

어떠한 물이 가장 좋은 물인지에 대하여는 아직 정확히 밝혀진 바가 없으나 이 규칙에 정하고 있는 기준에 적합하지 않은 물은 위생상 부적합하다고 할 수 있으며 이 기준은 적어도 좋은 물이 되기 위한 최소한의 조건이다.

1.2 상수도의 정의 및 목적

수도법에는 수도라 함은 도관 및 기타의 공작물로서 물을 정소로 하여 공급하는 시설의 총체를 말하며, 다만 일시적인 목적으로 시설된 것을 제외한다고 정의하고 있다. 또한 수도시설이란 수도를 위한 취수, 저수, 도수, 송수 및 배수시설과 기타 수도에 관한 시설로 정의되어 있다.

인류는 처음에는 생활에 필요한 물을 하천이나 지하수에서 얻었으나 점차 도시가 형성되고 인구가 모이게 되자 우물물로는 양적인 면과 질적인 면에서 문제점에 직면하였다. 하천수도인구의 집중

으로 오염이 불가피하여 사용이 불가능함에 따라 위생적인 수도를 만들지 않으면 안 되었다.

이와 같은 이유로 상수도의 목적은 합리적인 건설비와 유지관리비를 투자하여 소비자에게 질적으로 안전하고 양적으로 충분한 물을 공급하는 데 있다.

1.3 상수도의 연혁 및 효과

1.3.1 상수도의 연혁

현대 상수도 기술의 근원은 의외로 그 역사가 대단히 오랜 옛날로서 개량을 거듭하여 오늘에 이르고 있다. 특히 로마시대의 수도는 그 거대한 규모와 우수한 기술로 널리 알려져 있다. 이미 B.C. 312년에 18 km의 수로를 건설하여 로마에 급수를 개시하였고, A.D. 305년까지는 전장 578 km의 수로가 건설되었으며 그중 일부는 오늘날에도 사용되고 있다.

로마제국의 몰락과 함께 수도는 쇠퇴하기 시작하였으며 중세 암흑시대를 지나 12세기에 들어서면서부터 각국에서 일부 수로의 개수 및 건설이 행하여지고, 1527년에는 독일의 하노버(Hannover)에서 처음으로 수도에 펌프가 사용되기도 하였으나 중세기 수도의 발달은 미미한 상태였다.

오늘날과 유사한 수도운영체계가 가장 먼저 발달한 나라는 영국으로서 1619년에 관 부설에 의한 일반급수가 행해졌다. 각국의 수도는 처음에는 공용급수로부터 시작하여 일반급수로 발전하였으나 하루 중 불과 몇 시간 동안 급수하는 실정이었으며 1873년에 이르러서야 비로소 영국의 런던에서 부분적이나마 연속급수가 시작되었다.

우리나라는 3면이 바다로 둘러싸인 반도국으로 해양성 기후와 대륙성 기후의 교차점이어서 강우의 계절적·지역적인 편재가 심하여 물의 부족으로 인한 생활의 위협을 받을 때가 많았다. 그러나 음용수에 관하여는 항상 청정한 물을 대량으로 손쉽게 얻을 수 있어 생활에는 별 지장이 없었다. 최근 경주 안압지 발굴조사에서 출토된 상수도관과 하수도관은 토기관으로서 7~10세기경 통일신라시대에 사용된 것인데, 이러한 관이 출토됨으로써 신라인들의 물에 대한 높은 인식과 기술을 추측할 수 있게 되었다. 그러나 아쉽게도 조상들의 우수한 기술을 전수받지 못하여 이후 조선시대 말엽까지 수도라고 칭할 만한 시설의 흔적은 거의 찾아볼 수 없다.

해방과 더불어 여러 사회적인 변동으로 인구의 도시집중현상이 급격해진 반면 절대량이 부족한 기존 수도시설로는 감당하기 곤란하여 대부분의 시민이 우물물에 의존하는 실정이었다.

1960년까지만 해도 급수보급률은 17%에 불과하였고, 1인 1일 급수량이 일반적인 생활유지수준에 훨씬 못 미치는 99 L이었으나 1962년부터 6차에 걸친 경제개발계획과 더불어 꾸준한 성장을 계속하여 1989년에는 78%의 급수보급률을 달성하였으며, 시설용량 또한 급격히 증대되어 1일 1인 339 L를 공급하였다.

1.3.2 상수도의 효과

상수도의 효과는 첫째, 양질의 음용수를 공급함으로써 위생적인 생활환경을 조성하는 것이다. 위생의 진보는 음용수와 밀접한 관계가 있다. 인간은 옛날부터 물을 여러 가지 용도로 사용하여왔으나, 물과 위생과의 관계는 근대에 들어와서야 밝혀지게 되었고, 오늘날에도 아직 물에 관한 지식이 완전히 밝혀졌다고는 말할 수 없다.

물에 의한 질병은 주로 소화기 계통의 전염병인데, 이러한 질병은 물 외에 다른 식품에 의한 것도 많으나, 전염경로는 역시 물에 의한 것이 많고, 특히 질병의 집단 발생은 음용수에 의한 경우가 많다. 따라서 상수도의 보급은 이러한 소화기 계통의 전염병의 방지뿐만 아니라, 물을 풍부하게 사용함으로써 생활환경이 청결하게 되어 다른 질병의 예방에도 큰 효과가 있다.

이에 반하여, 오히려 오염된 상수도에 의하여 질병이 급속도로 광범위하게 전파될 수도 있는데, 이는 도시뿐만 아니라 회사나 공장 등의 집단급식시설 등에서 흔히 발생하는 수가 많다. 이러한 집단발병의 원인은 대부분 수원의 오염이나 수도 계통의 관리상태 소홀에서 발생되고 있다. 또한 음용수 중에 포함되어 있는 유독물질에 의한 위험도 무시할 수 없다.

상수도 효과로서 두 번째는 도시에서의 소화작용이다. 완전한 소화시설을 설치함으로써 화재를 줄일 수 있으며, 따라서 화재보험료도 저하시킬 수 있어 간접적으로는 도시번영의 기초를 마련할 수 있게 된다.

1.4 상수도의 계통

1.4.1 상수도의 구성

일반적으로 상수도는 수원으로부터 취수, 도수, 정수, 송수, 배수 및 급수단계를 구성요소로 하며, 원수의 수질이나 지형 및 기타 조건에 따라 각 요소의 시설이나 조작이 간단하거나 복잡하게 된다.

(1) 수원(water source)

수돗물의 원료가 되는 물, 즉 원수의 수원으로 지표수원과 지하수원(복류수원 포함)이 대부분이다.

상수도계획에서 수원 선정상의 유의점은 수질·수량, 급수지와의 거리, 공사의 난이도, 시설비와 유지관리비, 장래 확장 가능성 등이다.

(2) 취수(intake)

자연에 존재하는 물을 필요한 양만큼 확보하기 위하여 수원에서 취수를 하며, 수원의 대상이 하천수, 지하수, 호소 및 저수지수인가에 따라 각각 다른 특징을 가진 취수시설을 사용한다.

(3) 도수(conveyance of water)

수원에서 취수한 원수를 정화하기 위해서 정수시설(정수장)로 보내는 것을 말한다.

(4) 정수(purification)

원수의 수질을 사용 목적에 적합하도록 개선하는 것이다. 보통의 공공수도에서는 침사, 침전(보통 침전·약품 침전), 모래여과(완속·급속) 및 살균의 여러 방법이 순차적으로 행하여지나 원수의 수질이나 상수의 용도, 급수 과정의 특이성 등에 따라 달라질 수 있다.

(5) 송수(transmission)

정수시설로부터 배수시설의 시점까지 정수된 물을 보내는 것으로 외부로부터의 오염을 완전히 방지하여야 한다.

(6) 배수와 급수(distribution and service)

배수는 상수를 배수시설에 의해 소요 압력 하에서 소요량만 급수지에 수송하는 것이고, 급수는 단지 그 물을 사용자에게 공급하는 것이다. 이때 전지는 배수관, 후자는 급수관에 의한다.

일반적으로 수원의 물이 소비자에게 공급되기까지는 다음 그림과 같은 계통을 거치게 된다. 그러나 수원지의 물이 소비자에게 공급되기까지는 반드시 상기 시설을 거쳐야 하는 것은 아니며, 원수의 수질과 처리방법에 따라 달라질 수 있다.

수원 → 취수 → 도수 → 정수 → 송수 → 배수 → 급수 → 소비자

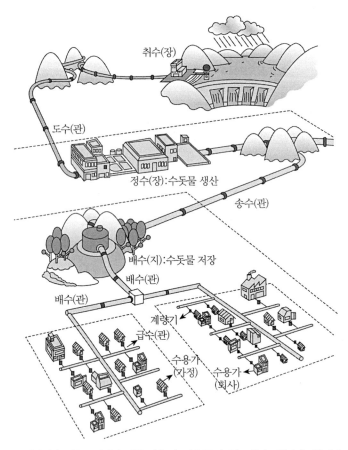

그림 1.1 일반적인 상수도시설의 계통도(출처 : 수돗물이 업그레이드됩니다, 환경부, 2015)

1.4.2 용어 정의

(1) 원수(原水)

음용(飮用)·공업용 등으로 제공되는 자연 상태의 물을 말한다. 다만, 「농어촌정비법」 제2조 제3호에 따른 농어촌용수는 제외하되 가뭄 등의 비상시 대통령령으로 정하는 바에 따라 환경부장관이 농림축산식품부장관 또는 해양수산부장관과 협의하여 원수로 사용하기로 한 경우에는 원수로 본다.

(2) 상수원

음용 · 공업용 등으로 제공하기 위하여 취수시설(取水施設)을 설치한 지역의 하천 · 호소(湖沼) · 지하수 · 해수(海水) 등을 말한다.

(3) 광역상수원

둘 이상의 지방자치단체에 공급되는 상수원을 말한다.

(4) 정수(淨水)

원수를 음용 · 공업용 등의 용도에 맞게 처리한 물을 말한다.

(5) 수도

관로(管路), 그 밖의 공작물을 사용하여 원수나 정수를 공급하는 시설의 전부를 말하며, 일반수도 · 공업용수도 및 전용수도로 구분한다. 다만, 일시적인 목적으로 설치된 시설과 「농어촌정비법」 제2조 제6호에 따른 농업생산기반시설은 제외한다.

(6) 일반수도

광역상수도 · 지방상수도 및 마을상수도를 말한다.

(7) 광역상수도

국가 · 지방자치단체 · 한국수자원공사 또는 국토교통부장관이 인정하는 자가 둘 이상의 지방자치단체에 원수나 정수를 공급(제43조 제4항에 따라 일반수요자에게 공급하는 경우를 포함한다)하는 일반수도를 말한다. 이 경우 국가나 지방자치단체가 설치할 수 있는 광역상수도의 범위는 대통령령으로 정한다.

(8) 지방상수도

지방자치단체가 관할 지역주민, 인근 지방자치단체 또는 그 주민에게 원수나 정수를 공급하는 일반수도로서 광역상수도 및 마을상수도 외의 수도를 말한다.

(9) 마을상수도

지방자치단체가 대통령령으로 정하는 수도시설에 따라 100명 이상 2,500명 이내의 급수인구에게 정수를 공급하는 일반수도로서 1일 공급량이 20 m³ 이상 500 m³ 미만인 수도 또는 이와 비슷한 규모의 수도로서 특별시장·광역시장·특별자치시장·특별자치도지사·시장·군수(광역시의 군수는 제외한다)가 지정하는 수도를 말한다.

(10) 공업용수도

공업용수도사업자가 원수 또는 정수를 공업용에 맞게 처리하여 공급하는 수도를 말한다.

(11) 전용수도

전용상수도와 전용공업용수도를 말한다.

(12) 전용상수도

100명 이상을 수용하는 기숙사·사택·요양소, 그 밖의 시설에서 사용되는 자가용의 수도와 수도사업에 제공되는 수도 외의 수도로서 100명 이상 5,000명 이내의 급수인구(학교·교회 등의 유동인구를 포함한다)에 대하여 원수나 정수를 공급하는 수도를 말한다. 다만 다른 수도에서 공급되는 물만을 상수원으로 하는 것 중 일일 급수량과 시설의 규모가 아래(대통령령으로 정하는 기준) 기준에 못 미치는 것은 제외한다.

① 일일 급수량이 20 m³ 미만인 것
② 시설의 규모가 다음 각 목의 어느 하나에 해당하는 것
가) 취수원부터 저수조까지의 수도관의 지름이 25 mm 미만인 것
나) 취수원부터 저수조까지의 관로(管路)의 길이가 1천500 m 미만인 것
다) 저수조의 유효용량이 100 m³ 미만인 것

(13) 전용공업용수도

수도사업에 제공되는 수도 외의 수도로서 원수 또는 정수를 공업용에 맞게 처리하여 사용하는 수도를 말한다. 다만, 다른 수도에서 공급되는 물만을 상수원으로 하는 것 중 일일 급수량과 시설의 규모가 대통령령으로 정하는 기준에 못 미치는 것은 제외한다.

(14) 소규모급수시설

주민이 공동으로 설치·관리하는 급수인구 100명 미만 또는 1일 공급량 20 m^3 미만인 급수시설 중 특별시장·광역시장·특별자치시장·특별자치도지사·시장·군수(광역시의 군수는 제외한다)가 지정하는 급수시설을 말한다.

(15) 수도시설

원수나 정수를 공급하기 위한 취수(取水)·저수(貯水)·도수(導水)·정수(淨水)·송수(送水)·배수시설(配水施設), 급수설비, 그 밖에 수도에 관련된 시설을 말한다.

(16) 수도사업

일반수요자 또는 다른 수도사업자에게 수도를 이용하여 원수나 정수를 공급하는 사업을 말하며, 일반수도사업과 공업용수도사업으로 구분한다.

(17) 일반수도사업

일반수요자 또는 다른 수도사업자에게 일반수도를 사용하여 원수나 정수를 공급하는 사업을 말한다.

(18) 공업용수도사업

일반수요자 또는 다른 수도사업자에게 공업용수도를 사용하여 원수나 정수를 공급하는 사업을 말한다.

(19) 수도사업자

일반수도사업자와 공업용수도사업자를 말한다.

(20) 일반수도사업자

제17조 제1항에 따른 일반수도사업의 인가를 받아 경영하는 자를 말한다.

(21) 공업용수도사업자

제49조 제1항에 따른 공업용수도사업의 인가를 받아 경영하는 자를 말한다.

(22) 급수설비

수도사업자가 일반수요자에게 원수나 정수를 공급하기 위하여 설치한 배수관으로부터 분기(分岐)하여 설치된 급수관(옥내급수관을 포함한다)·계량기·저수조(貯水槽)·수도꼭지, 그 밖에 급수를 위하여 필요한 기구(器具)를 말한다.

(23) 수도공사

수도시설을 신설·증설 또는 개조하는 공사를 말한다.

(24) 수도시설관리권

수도시설을 유지관리하고 그로부터 생산된 원수 또는 정수를 공급받는 자에게서 요금을 징수하는 권리를 말한다.

(25) 갱생(更生)

관(管) 내부의 녹과 이물질을 제거한 후 코팅 등의 방법으로 통수(通水)기능을 회복하는 것을 말한다.

(26) 정수시설운영관리사

정수시설의 운영과 관리 업무를 수행하는 자로서 제24조에 따른 자격을 취득한 자를 말한다.

(27) 물 사용기기

급수설비를 통하여 공급받는 물을 이용하는 기기로서 전기세탁기와 식기세척기를 말한다.

(28) 절수설비(節水設備)

물을 적게 사용하도록 환경부령으로 정하는 기준에 맞게 제작된 수도꼭지 및 변기 등 환경부령으로 정하는 설비를 말한다.

(29) 절수기기

물을 적게 사용하기 위하여 수도꼭지 및 변기 등 환경부령으로 정하는 설비에 환경부령으로 정하는 기준에 맞게 추가로 장착하는 기기를 말한다.

(30) 해수담수화시설

전정수를 공급하기 위하여 해수 또는 해수가 침투하여 염분을 포함한 지하수를 취수하여 담수화하는 수도시설을 말한다.

1. 상하수도의 정의 및 목적에 대하여 설명하시오.

2. 우리나라는 물 기근 국가로 전락할 위기에 처해 있다. 이에 대한 대책을 논하시오.

3. 상수도의 효과에 대하여 설명하시오.

4. 상수도의 구성 및 계통에 대하여 설명하시오.

CHAPTER 02 상수도계획

2.1 상수도 기본 계획

상수도사업은 각각 역사, 시설의 규모, 체제, 재정상황, 지형, 지질, 수원의 상황 및 재해가 일어날 가능성과 같은 자연적인 조건 및 토지이용, 지역발전의 상황, 수요자의 의식과 같은 사회적인 조건이 다르기 때문에 상수도시설을 계획할 때에는 그 지역의 특성에 적합한 방식을 찾아내는 노력이 필요하다.

구체적으로는 가뭄, 지진, 태풍, 홍수 등 각종 재해와 수질사고 시에도 안정적으로 안전하고 맛있는 물을 공급하는 것이 상수도시설계획의 목표가 되어야 한다.

기본 계획을 수립할 때에는 수도법에 제시된 각종 사항들과 함께 다음과 같은 기본 방침을 고려해야 한다.

① 수량적인 안정성의 확보
② 수질적인 안전성의 확보
③ 적정한 수압의 확보
④ 지진 등의 비상대책
⑤ 시설의 개량과 갱신
⑥ 환경대책
⑦ 기타

2.1.1 기본 계획 수립 절차

기본 계획을 수립할 때의 절차는 기본 방침 수립(계획목표 설정), 기초조사, 기본 사항 결정, 정비 내용의 결정 등의 순서로 한다. 기본 사항은 시설의 신설, 확장 및 개량 등 어떠한 시설정비를 할 경우라도 항상 기초가 되는 것이다. 기본 사항을 결정할 때에는 각종 조사를 기초로 하여 계획목표를 세운 다음, 그에 따라 계획연차, 계획급수구역, 계획급수인구, 계획급수량을 결정한다.

합리적인 상수도사업 운영과 시설의 현대화 등 장래 정비계획이 중복될 수도 있으므로 전체적으로 장기적인 목표를 설정하여 기본 계획을 수립해야 한다. 그러므로 상수도사업자는 자연적·사회적인 상황, 수요수량의 증감, 수원의 수량, 수요자의 의식, 기존 시설의 문제점 등에 관해서 각종 조사를 실시하여 시설정비에 관한 목표를 독자적으로 설정하여야 한다.

2.1.2 기본 방침 수립

(1) 급수구역에 대한 사항

상수도사업에서 가장 기본적인 사항이다. 사업의 확장, 축소, 통합, 폐지 등 사업경영의 근간을 좌우하는 것이 급수구역이다

(2) 상위 계획과의 일치성에 관한 사항

전국수도종합계획이나 광역상수도정비계획 등 수도에 관계되는 주변 및 상위 계획과 조화시켜 일치성을 얻어야 한다.

(3) 급수 서비스 향상에 관한 사항

상수도의 사명은 깨끗하고 안전한 물을 적정하게 공급하여 공중위생의 향상과 생활환경의 개선에 기여하는 것이다. 동시에 수도사업자는 사회·경제에서 차지하는 상수도의 중요성을 감안할 때 평상시의 안정적인 공급을 도모하는 것은 물론이고 유사시에도 필요한 물이 공급될 수 있도록 안전성과 안정성이 높은 상수도시설을 설치·유지하는 것을 목표로 해야 한다

(4) 갈수, 지진 등 비상시의 대비책에 관한 사항

수도시설은 수돗물의 수요 증가에 대비하여 안정적인 공급량 확보뿐만 아니라 갈수 시나 지진 시 등의 자연재해 시에도 기반시설로서의 기능이 발휘될 수 있도록 설치되어야 한다.

(5) 유지관리에 관한 사항

시설정비 방안은 유지관리에 필요한 업무량이나 기술수준 및 자체의 유지관리능력이 적절하게 평가된 다음 장래의 노동조건 변화 등도 감안되어 선정되어야 한다.

(6) 환경에 관한 사항

상수도시설정비에 대한 기본 방침이 수립될 때에는 환경에 미치는 영향이 평가되어야 하며 에너지절약이나 자원절약이 고려된 시설정비계획이나 사업운영 내용이 정해지고 범지구적인 환경을 고려한 기술이 도입되어야 한다.

(7) 경영에 관한 사항

기본 방침이 수립될 때에는 위 (1)~(6)에 관계되는 사항이 경영에 미치는 영향도 고려되어야 한다. 즉, 급수구역의 확장, 안전한 수돗물의 안정적인 공급, 비상시에 대비한 대응책의 강화, 유지관리를 충실하게 하는 것 등이 고려되어 시설이 적절하게 정비될 수 있도록 투자되어야 한다.

2.1.3 기초조사

기본 계획을 수립할 때의 기초조사는 필요에 따라서 다음의 사항을 고려하여 실시한다.

① 급수구역 결정에 필요한 기초자료의 수집
② 급수량 결정에 필요한 기초자료의 수집과 관련 계획
③ 종합적인 상위 계획 및 관련 상수도사업계획 또는 상수도용수공급계획
④ 상수도시설의 위치 및 구조 결정에 필요한 자연적 · 사회적 조건
⑤ 유사하거나 같은 규모의 기설 상수도시설 및 그 관리실적 등에 대한 자료의 수집
⑥ 각종 수원에 대한 이수의 가능성과 수량 및 수질
⑦ 개량을 해야 하는 시설의 범위, 시기를 결정하기 위해 현재 보유하고 있는 시설의 평가
⑧ 공해 방지 및 자연환경의 보전을 도모하기 위한 환경영향평가

2.1.4 기본 사항의 결정

기본 계획이 수립될 때에는 다음 각 항에 의한 기본 사항이 정리되어야 한다.

(1) 계획(목표)연도

기본 계획에서 대상이 되는 기간으로 계획 수립 시부터 15~20년간을 표준으로 한다.

(2) 계획급수구역

계획연도까지 배수관이 부설되어 급수되는 구역은 여러 가지 상황들이 종합적으로 고려되어 결정되어야 한다.

(3) 계획급수인구

계획급수인구는 계획급수구역 내의 인구에 계획급수보급률을 곱하여 결정된다. 계획급수보급률은 과거의 실적이나 장래의 수도시설계획 등이 종합적으로 검토되어 결정된다.

(4) 계획급수량

계획급수량은 원칙적으로 용도별 사용수량을 기초로 하여 결정된다.

2.1.5 기본 계획 수립 시 주의사항

상수도는 평상시의 물 수요에 대응한 안정적인 급수는 물론 가뭄이나 지진 등이 발생하였을 때 주민의 생활에 현저한 지장을 주는 일이 없도록 급수하여야 한다. 또한 수질 면에서도 안전하고 더 질이 좋은 물을 공급할 필요가 있으며, 수압에 대해서도 적절한 대책을 강구해야 한다.
몇 가지의 고려사항을 보면 다음과 같다.

① 갈수 시에 대비하여 수원 계통을 2개 이상으로 한다.
② 가능한 한 자연유하방식을 취하여 펌프의 사용을 적게 한다.
③ 도수 및 송수관은 고장이나 파열 시에 대비하여 2개 병렬 배관을 하거나 복구가 빨리 될 수 있는 구조를 선택한다.
④ 배수지의 용량을 가능한 한 크게 한다.
⑤ 인접된 수도와 연결 배관을 하여 급수지원이 가능하도록 한다.
⑥ 우수, 지하수의 침투를 받지 않도록 적정 노선이나 배관 방법을 선정한다.
⑦ 정전에 대비하여 2개 이상의 전원을 연결할 수 있도록 하거나 자가발전시설을 갖추도록 한다.

2.2 상수도시설의 규모 결정

시설의 규모는 계획연차, 급수구역, 급수량, 원수의 수질 등에 의하여 결정된다.

2.2.1 계획연도

수도시설은 반영구적으로 사용되는 시설이기 때문에 인구의 변동이 일어나고 수량의 수요변동이 발생할 수 있으므로 현재의 대상만을 생각하면 공급능력에 대한 부족이 일어날 수 있으므로 장래의 수요를 충분히 산정하여 계획을 수립하는 것이 필요하다. 따라서 기본 계획 책정이 완료된 시점부터 장래의 어떤 일정한 기간을 대상으로 시설의 공급능력이 충만되도록 계획을 실시하는데, 이러한 기간을 계획연도라 한다.

계획연도는 계획 당시의 자금사정, 건설비, 유지관리비, 시설의 수명 등에 의하여 결정되는데, 계획연도를 결정할 때 고려할 사항은 다음과 같다.

① 도시의 발전 상황(인구, 구조의 변화)
② 자금 확보의 난이(이자율)
③ 구조물의 내용연수
④ 시설확장의 난이
⑤ 수자원 상황

계획연도가 짧으면 준공과 더불어 확장계획 혹은 공사를 실시하게 될 경우가 있으므로 되도록 장기계획을 수립하여 설치하는 것이 바람직하다. 그러나 만약 30년 정도로 계획연도를 길게 잡으면 건설비의 추정이 어렵고 생산투자분에 대한 금리부담이 크게 되며, 또한 설치한 시설의 노후로 설계 상의 단점이 많아 비경제적이 될 수도 있다.

개개 시설의 규모 결정에 있어서 계획연도는 앞으로의 공사의 난이도를 고려하여 서로 다른 계획 연도를 설정할 수 있다. 일반적으로 정수시설, 배수시설 등은 확장이 용이하므로 10~15년을 기준으로 하고 수원지 시설, 송수관, 배수 본관 및 펌프 설비 등은 확장이 어려우므로 20~30년을 기준으로 한다. 우리나라의 상수도시설 기준에서는 새로운 수도시설 혹은 기존 시설에 대한 확장시설을 하려는 경우에는 부득이한 경우를 제외하고 장래 15~20년을 고려하여 설계하도록 권장하고 있다. 단, 장기적인 인구 추정이 불가능한 경우이거나 급수량 추정이 불확실한 경우에는 예외로 한다.

2.2.2 계획급수구역

급수구역이란 계획연도까지 배수관을 매설하여 급수하는 구역으로, 계획급수구역을 결정할 때는 시설의 건설, 관리의 능률화 및 그 경제성에 대해 충분히 검토하여 도시계획과 관련하여 조정한다.

이 경우에 다른 상수도사업이나 간이상수도사업 등과의 통합도 함께 종합적인 관점에서 검토되어 급수구역이 설정되는 것이 바람직하며 정수를 다른 수도사업자에게 분수하는 경우, 물을 받는 쪽의 급수구역은 계획급수구역에 포함되지 않는다.

인구밀도가 매우 적은 산림지역이나 장래 도시의 발전 전망이 적은 곳에 급수구역을 설정하는 것은 특별한 경우를 제외하고는 건설비가 많이 소비되므로 시내 일원이라 하여도 급수구역이 아닐 수 있다.

2.2.3 계획급수인구

계획급수량의 결정에 필수적인 사항으로, 상수도시설에 의하여 물을 공급받을 인구이다. 급수인구는 급수구역 내의 상주인구에 한하며, 상주인구 외의 여행자 등의 유동인구는 수돗물을 소비하지만 대상의 실태 파악이 곤란하므로 급수인구에 포함시키지 않는다.

급수인구의 구역 내 총인구에 대한 비율을 급수보급률이라 한다. 즉, 다음과 같다.

$$급수보급률 = \frac{급수인구}{총인구} \times 100\%$$

2.2.4 급수인구의 추정

급수인구 추정 시에 계획급수인구는 계획기간 내에 추정된 인구에 급수보급률을 곱하여 결정하며, 국가계획 또는 광역계획의 경우에는 통계청의 시도별 추계인구를 적용하고, 개별 지자체는 과거 통계자료를 기초로 다음과 같은 시계열 모델에 의한 추정값을 적용한다.

(1) 등차증가법

연평균인구 증가수를 바탕으로 하는 방법으로, 현재의 인구에다 매년 일정한 수의 인구를 가산한다. 발전성이 느린 소도시나 읍, 면에 이용된다.

$$P_n = P_0 + na \tag{2.1}$$

여기서, P_n : n년 후의 추정인구

$\quad\quad\quad P_0$: 현재 인구

$\quad\quad\quad n$: 현재로부터 계획연차까지의 경과연수

$\quad\quad\quad a$: 연평균인구 증가수$\left(a = \dfrac{P_0 - P_t}{t}\right)$

$\quad\quad\quad P_t$: 현재로부터 t년 전의 인구

$\quad\quad\quad t$: 경과연수

(2) 등비증가법

연평균인구 증가율을 일정하게 보는 방법으로, 상당 기간 동안 비슷한 인구 증가율을 보이는 발전성이 있는 대도시나 읍, 면 등에 이용된다. 인구 증가율이 감소하는 도시에는 부적당하다.

$$P_n = P_0(1+r)^n \tag{2.2}$$

여기서, r : 연평균인구 증가율

$$r = \left(\frac{P_0}{P_t}\right)^{\frac{1}{t}} - 1 \quad (\because \ P_0 = P_t(1+r)^t)$$

(3) 최소자승법

연평균증가 인구수를 바탕으로 몇 개의 자료에서 최소자승법을 써서 추정하는 방법으로, 단기간 인구 추정에 적합하다.

$$Y = aX + b \tag{2.3}$$

$$a = \frac{n\sum XY - \sum X\sum Y}{n\sum X^2 - \sum X\sum X}$$

$$b = \frac{\sum X^2\sum Y - \sum X\sum XY}{n\sum X^2 - \sum X\sum X}$$

여기서, Y : 추정인구

n : 통계연수

X : 기준년으로부터의 경과연수

(4) Logistic 곡선법(논리곡선법, S곡선법)

수리법(mathematical method)이라고도 하며, 인구가 무한년 전에는 0인데, 경과연수와 더불어 증가하고 중간기에는 증가율이 가장 크다. 그 후 증가율이 점차로 감소하여 무한년 후에는 일정의 포화상태에 도달한다는 이론에 기초를 둔 함수법이다.

이 방법은 포화인구를 가정한다는 점에 난점이 있지만, 도시의 인구동태와 잘 일치하기 때문에 합리적인 추정법이다. 도시의 대소를 불문하고 널리 이용된다.

$$P_n = \frac{K}{1 + e^{a - bn}} \tag{2.4}$$

여기서, P_n : 추정인구

$\quad\quad K$: 포화인구

$\quad\quad n$: 기준년으로부터의 경과연수

$\quad\quad e$: 자연대수의 밑

$\quad\quad a,\ b$: 상수

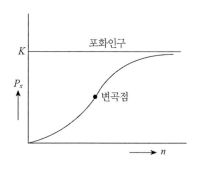

그림 2.1 Logistic 곡선

어느 지역의 급수량을 산정하기 위하여 2010년부터 2014년까지의 인구통계를 참조한 결과가 다음 표와 같다. 이 자료에서 2025년도의 인구를 등차급수법으로 구하시오.

연도	인구(명)
2010	20,483
2011	22,317
2012	22,891
2013	23,566
2014	24,272

해설

등차급수에 의한 추정은 다음 식에 의한다.

$$P_n = P_0 + na$$

여기서, $P_0 = 24272$, $P_t = 20483$

$t = 4$로 놓으면 $\therefore a = \dfrac{24272 - 20483}{4} = 947$

2014년부터 2025년까지 $n = 11$년 후의 인구를 구하면 다음과 같다.

$$\therefore P_n = 24272 + 11 \times 947 = 34689명$$

현재 인구가 100,000명인 발전 가능성 있는 도시의 장래 급수량을 추정하기 위해 인구 증가 현황을 조사하였더니 연평균인구 증가율이 5%로 일정하였다. 이 도시의 20년 후 인구를 추정하시오.

해설

등비증가율 인구 추정 공식

$$P_n = P_0(1+r)^n = 100000(1+0.05)20 = 265329.8 ≒ 265330명$$

연평균인구 증가율이 일정하며 장래 발전 가능성 있는 도시의 계획급수량 산정을 위하여 인구를 조사한 결과가 다음 표와 같았다. 2020년도의 인구를 추정하시오.

연도	인구(명)
2010	182,500
2011	187,000
2012	192,300
2013	194,500
2014	199,200
2015	203,700

해설

등비증가율법

$$P_n = P_o(1+r)^n \text{에서,}$$

① $r = \left(\dfrac{P_o}{P_t}\right)^{\frac{1}{t}} - 1 = \left(\dfrac{203700}{182500}\right)^{\frac{1}{5}} - 1 = 0.022$

② $P_n = 203700 \times (1+0.022)^5 = 227114$

어느 도시의 1995년도 인구가 32,500명, 2014년도의 인구는 73,300명이었다. 20년 후의 인구를 연평균인구 증가율에 의한 방법으로 구하시오.

해설

등비증가율법

① $r = \left(\dfrac{P_o}{P_t}\right)^{\frac{1}{t}} - 1 = \left(\dfrac{73300}{32500}\right)^{\frac{1}{19}} - 1 = 0.044$

② $P_n = P_o(1+r)^n = 73300(1+0.044)^{20} = 172500$명

어느 도시의 2010년부터 2014년까지의 인구 통계표를 참고하여 2023년의 인구를 최소자승법에 따라 구하시오.

(단, $a = (N\Sigma XY - \Sigma X \Sigma Y)/(N\Sigma X^2 - \Sigma X \Sigma X)$,

$b = (\Sigma X^2 \Sigma Y - \Sigma X \Sigma XY)/(N\Sigma X^2 - \Sigma X \Sigma X)$ 이다.)

인구 통계표

연도	인구(명), Y	X	X^2	XY
2010	20,483	-2	4	$-40,966$
2011	22,317	-1	1	$-22,317$
2012	22,891	0	0	0
2013	23,566	1	1	23,566
2014	24,272	2	4	48,544
합계	113,529	0	10	8,827

해설

$$Y = aX + b$$

여기서, Y : 추정인구

a, b : 상수

X : 기준년으로부터의 경과연수

N : 인구의 자료수

$$a = \frac{5 \times 8827 - 0}{5 \times 10 - 0} \fallingdotseq 883, \quad b = \frac{10 \times 113529 - 0}{5 \times 10 - 0} \fallingdotseq 22706$$

$Y = aX + b$, $X = 11$ (기준년으로부터의 경과연수)

$\therefore y = 883 \times 11 + 22706 = 32419$명

2.3 계획급수량의 산정

급수량은 상수 소비량 또는 상수 요구량이라고도 하며, 통상 $lpcd$(liter per capita day)의 단위로 표시된다. 우리나라의 경우는 약 300~400 $lpcd$(대부분 도시 기준) 정도로 사용 목적에 따라

가정용수, 상업용수, 공업용수, 공공용수, 불명수로 분류된다.

2000년도 이후 최근 10개년간의 우리나라 상수도 현황은 표 2.1과 같으며, 전국 시설 현황은 표 2.2와 같다.

표 2.1 상수도 현황

구분		단위	2003	2004	2005	2006	2007	2008	2009	2010	2011	2012
총인구		천 명	48,824	49,053	49,268	49,599	50,034	50,395	50,644	51,435	51,717	51,881
급수인구		천 명	43,633	44,187	44,671	45,270	46,057	46,733	47,336	50,264	50,638	50,905
시설용량		천 m^3/일	28,462	29,460	30,950	31,138	31,265	30,571	31,416	30,936	30,944	29,959
보급률		%	94.6	95.1	95.4	95.9	96.4	96.8	97.4	97.7	97.9	98.1
1인 1일 급수량		L	347	353	351	346	340	337	332	333	335	332
1인 1일 물사용량		L	267	270	272	276	275	275	274	277	279	278
총급수량		백만 m^3/년	5,723	5,909	6,002	5,749	5,747	5,804	5,760	5,910	6,021	6,029
유수율		%	78.4	78.4	79.3	80.0	81.1	81.7	82.6	83.2	83.5	84.0
누수율		%	13.6	14.2	14.1	14.2	12.8	12.2	11.4	10.8	10.4	10.4
관로 총 연장	도수	km	1,384	1,439	1,494	2,952	2,965	3,179	3,122	3,223	3,257	3,331
	송수		5,923	5,973	6,038	8,966	9,673	10,204	10,146	10,572	10,717	10,782
	배수		56,795	59,406	63,929	67,340	70,437	75,100	80,034	84,309	89,903	95,692
	급수		60,365	60,209	58,383	59,220	60,808	62,810	61,133	67,695	69,137	69,355

※ 시설용량 자료는 공업용 정수시설 포함 내역임
(출처 : 상수도 통계, 환경부, 2013)

표 2.2 전국 상수도 보급 현황(2012년 말 기준)

구분	총인구 (천 명)	급수인구 (천 명)	보급률 (%)	시설용량 (천 m^3/일)	총급수량 (천 m^3/년)	직접급수량 (천 m^3/일)	1인 1일당 급수량(L)	1인 1일당 물사용량 (L)
전국	51,881	50,905 (49,354)	98.1 (95.1)	29,959	6,029,176	16,359	332	278
지방상수도	51,881	50,905 (49,354)	98.1 (95.1)	21,083	6,029,176	16,359	332	278
서울특별시	10,442	10,443 (10,443)	100.0 (100.0)	4,480	1,177,116	3,157	302	286
부산광역시	3,574	3,574 (3,572)	100.0 (100.0)	2,099	367,761	994	278	256
대구광역시	2,528	2,528 (2,524)	100.0 (99.9)	1,640	281,491	754	299	272

표 2.2 전국 상수도 보급 현황(2012년 말 기준)(계속)

구분	총인구 (천 명)	급수인구 (천 명)	보급률 (%)	시설용량 (천 m³/일)	총급수량 (천 m³/년)	직접급수량 (천 m³/일)	1인 1일당 급수량(L)	1인 1일당 물사용량 (L)
인천광역시	2,891	2,891 (2,845)	100.0 (98.4)	2,163	351,816	961	338	296
광주광역시	1,484	1,478 (1,476)	99.6 (99.5)	780	172,044	465	315	266
대전광역시	1,539	1,538 (1,535)	99.9 (99.7)	1,260	191,143	509	332	295
울산광역시	1,167	1,157 (1,137)	99.2 (97.5)	550	117,868	322	283	252
세종 특별자치시	115	94 (83)	81.6 (71.4)	12	12,852	35	426	289
경기도	12,382	12,111 (12,001)	97.8 (96.9)	2,871	1,396,837	3,809	317	280
강원도	1,552	1,455 (1,364)	93.8 (87.9)	801	231,898	633	464	298
충청북도	1,590	1,538 (1,393)	96.7 (87.6)	346	207,301	566	406	338
충청남도	2,075	1,869 (1,639)	90.1 (79.0)	137	222,136	606	370	281
전라북도	1,895	1,842 (1,758)	97.2 (92.7)	320	249,423	680	387	255
전라남도	1,933	1,777 (1,546)	91.9 (80.0)	659	202,046	552	357	244
경상북도	2,738	2,665 (2,387)	97.3 (87.2)	1,173	386,770	1,057	443	299
경상남도	3,384	3,353 (3,059)	99.1 (90.4)	1,339	382,806	1,046	342	241
제주도	592	592 (592)	100.0 (100.0)	453	77,868	213	359	275
광역상수도	–	–	–	8,876	–	–	–	–

※ ( )의 급수인구, 급수보급률은 마을상수도 및 소규모 급수시설 이용인구를 제외한 수치임
※ 시설용량 수치는 공업용 정수시설용량을 포함한 시설용량임
※ 총급수량은 당해 수도사업자가 직접 혹은 간접적으로 공급한 총수량으로 자체 생산량과 정수수입량을 합산한 값임
※ 1인 1일당 급수량은 직접급수량(총급수량 – 분수량)을 급수인구로 나눈 값
※ 1인 1일당 물사용량은 유수수량(총급수량에서 요금이 부과된 수량)에서 분수량을 제외한 값을 급수인구로 나눈 값
(출처 : 상수도 통계, 환경부, 2013)

전국 평균상수도 보급률은 98.1%이며, 지역 규모별로 비교해보면 7개 특·광역시가 99.9%, 시지역이 99.1%, 읍지역이 95.5%, 면 단위 농어촌지역이 87.8%이다.

급수량은 도시 규모, 성질 및 제반조건에 따라 변화되며, 도시의 규모가 커질수록 대체로 급수량은 증가되며 기온이 높을수록 증가된다. 생활정도가 높을수록 증대되며 수세식 변소나 목욕탕의 보급이 증가할수록 증대된다.

2.3.1 계획 1일 평균급수량과 계획 1인 1일 평균급수량

1년간 급수되는 총수량을 365일로 나누어 얻어진 수량을 1일 평균급수량이라 하며, 이 값을 급수인구로 나눈 것을 1인 1일 평균급수량이라고 한다.

이 수량에는 가정용수는 물론 각종 목적의 수량과 누수까지도 포함되어 있으며, 여러 가지 요소에 의하여 크게 변한다. 계획 1일 평균급수량은 약품, 전력 사용량의 산정이나 유지관리비와 상수도요금의 산정 등에 사용되므로 재정계획에 필요한 수량이다.

또한 계획 1일 평균급수량은 계획 1일 최대급수량의 70~85%를 표준으로 하며, 1인 1일 평균급수량은 다음과 같다.

$$1인\ 1일\ 평균급수량 = \frac{1년간의\ 총급수량}{급수인구 \times 365} = \frac{1일\ 평균급수량}{급수인구} \tag{2.5}$$

2.3.2 계획 1일 최대급수량과 계획 1인 1일 최대급수량

1년 중 최대사용수량이 나타나는 날을 1일 최대급수량으로 보며, 그날의 1일분 급수량, 즉 1일 최대급수량을 급수인구로 나누어 얻어진 수량을 1인 1일 최대급수량이라고 한다. 계획 1일 최대급수량은 수도의 공급 능력을 나타냄으로써 취수, 도수, 정수, 송수시설 등의 설계기준이 된다.

1일 최대급수량에 관계되는 요소인 도시의 규모, 성질, 입지조건, 기상조건, 생활정도 및 생활양식, 기타 경제 및 사회적인 조건에 따라 그 크기가 변화되므로 이에 대한 고려도 필요하다.

$$1인\ 1일\ 최대급수량 = 1일\ 평균급수량 \times 1.5 \tag{2.6}$$

표 2.3 급수인구별 1인 1일 최대급수량의 표준

계획급수인구	계획 1인 1일 최대급수량(L/day)
10,000 이하	100~150
10,000~50,000	150~250
50,000~500,000	250~350
500,000 이상	350 이상

2.3.3 시간 최대급수량

1일간에서 시간 변동량이 최대로 될 때의 1시간당 급수량에 도시규모에 따른 가중치를 곱하여 시간 최대급수량으로 하며, 계획 시간 최대급수량은 배수관의 설계 기준이 된다. 소도시일수록 관망시스템 등이 잘 정비되어 있지 않으므로 안전율을 고려하여 가중치를 대도시에 비해 크게 한다.

$$시간\ 최대급수량 = \frac{1일\ 최대급수량}{24} \times \begin{pmatrix} 1.3(대도시와\ 공업도시) \\ 1.5(중도시) \\ 2.0(소도시\ 및\ 특수도시) \end{pmatrix} \qquad (2.7)$$

표 2.4 수도 사용량의 비율 변화표

급수량 종류 \ 구분	연평균 1일 사용수량에 대한 100분비	수도 구조물의 명칭
1일 평균급수량	100	• 수원, 저수지, 유역면적의 결정
1일 최대급수량	150	• 취수, 도수, 정수, 송수시설 및 여과지면적 결정
시간 최대급수량	225	• 배수시설(배수관, 배수 펌프)의 결정

※ 배수지의 용량은 1일 최대급수량의 8~12시간분을 표준으로 한다.

예제 2.6

어떤 도시에 계획급수인구 30,000명의 상수도를 설치하려고 할 때, 계획 1일 최대급수량을 구하시오. (단, 계획 1인 1일 평균급수량은 200 L로 한다.)

해설

$$계획\ 1일\ 최대급수량 = 계획\ 1일\ 평균급수량 \times 1.5$$
$$= (계획\ 1인\ 1일\ 평균급수량 \times 계획급수인구) \times 1.5$$
$$= 200 \times 10^{-3} \times 30000 \times 1.5 = 9000\ m^3/day$$

예제 2.7

계획급수인구 60,000명의 도시에 수도를 설치하는 데 있어 계획 1일 최대급수량을 계산하시오. (단, 계획 1인 1일 최대급수량을 300 L로 한다.)

해설

$$계획 1일 최대급수량 = (계획 1인 1일 최대급수량) \times (계획급수인구)$$
$$= 0.3 \, m^3 \times 60000 = 18000 \, m^3/day$$

예제 2.8

어느 도시의 2010년 인구 추정 결과가 85,000명으로 추산되었다. 계획연도의 1인 1일당 평균급수량을 380 L, 급수보급률을 98%로 가정했을 때 계획연도의 계획 1일 평균급수량을 구하시오.

해설

$$계획 1일 평균급수량 = (380 \times 10^{-3}) \times 85000 \times 0.98 = 31654 \, m^3/day$$

예제 2.9

총인구가 20,000명인 어느 도시의 급수인구는 18,600명, 1년간 총급수량은 2,000,000톤이었다. 급수보급률과 1인 1일당 평균급수량을 구하시오.

해설

① $급수보급률 = \dfrac{급수인구}{총인구} \times 100\% = \dfrac{18600}{20000} \times 100 = 93\%$

② $1인 \ 1일 \ 평균급수량 = \dfrac{연간 \ 총급수량}{365 \times 급수인구} = \dfrac{2000000 \times 10^3}{365 \times 18600} = 294.6 \, L/인 \cdot 일$

예제 2.10

계획급수인구 10만의 중소도시에 급수계획을 하고자 한다. 계획 1인 1일 최대급수량이 250 L이고 급수보급률이 70%일 경우, 계획 1일 최대급수량을 구하시오.

해설

$$계획 1일 최대급수량 = 계획 1인 1일 최대급수량 \times 계획급수인구$$
$$= \{(250 \times 10^{-3}) \times 100000\} \times 0.7 = 17500 \, m^3/day$$

1. 상수도 기본 계획의 수립순서에 대하여 설명하시오.

2. 계획연도에 관하여 설명하시오.

3. 급수인구 추정방법에 대하여 간단히 기술하시오.

4. 아래의 인구 통계표를 이용하여 5년 후인 2020년도의 인구를 추정하시오. (단, 등차급수법 $P_n = P_0 + na$에 의한다.)

연도	2011	2012	2013	2014	2015
인구(명)	20,100	22,400	24,300	27,300	30,400

CHAPTER 03 수 질

3.1 수질 관련 기초지식

3.1.1 미량 농도의 단위

수중 또는 대기 중에 포함되어 있는 극히 미량을 나타내는 단위로 W/W, V/V로 표시한다. 단, 물의 밀도는 $1\,g/cm^3$이 되므로 W/V로 표시될 수도 있다.

(1) ppm(part per million)

100만분율($1/10^6$)을 의미하며 $mg/kg(mg/L)$, $g/ton(g/m^3)$으로 표시된다.

(2) ppb(part per billion)

10억분율($1/10^9$)을 의미하며 $mg/ton(mg/m^3)$, $\mu g/kg$으로 표시된다.

3.1.2 pH(수소이온 농도)

용액 내의 수소이온[H+] 농도 역수의 상용 대수값을 그 용액의 pH라 한다. 물에는 염류, 유리탄산, 광산, 유기산 등이 여러 가지 비율로 함유되어 있으므로 그 비율에 따라 중성, 산성 또는 알칼리성을 나타낸다. 이때 산성은 $[H^+]$가 $[OH^-]$에 비하여 크고, 알칼리성은 $[OH^-]$가 과잉이라는 것을 의미한다.

$$pH = -\log[H^+] = \log\frac{1}{[H^+]} \qquad\qquad (3.1)$$

$$pOH = -\log[OH^-] = \log\frac{1}{[OH^-]} \qquad\qquad (3.2)$$

즉, pH<7이면 산성, pH=7이면 중성, pH>7이면 알칼리성이다.

$$pH + pOH = 14 \qquad\qquad (3.3)$$

3.1.3 용존산소(DO, Dissolved Oxygen)

수중에는 대기 중에서 전달된 산소, 조류의 광합성에 의한 산소, 미생물 또는 유기물 등에 구성되어 있는 결합상태의 산소가 있다.

용존산소(DO)는 수중에 용해되어 있는 산소로, 수중에 염류의 농도가 증가할수록 온도가 높을수록 DO 포화도는 감소한다. 이때 DO는 수중생물의 생육과 밀접한 관계가 있으며, BOD 증가로 급속하게 감소될 때가 있다.

참고 수중 어패류에 대한 용존산소의 최소생존농도는 5 ppm 이상이며, 용존산소의 농도가 2 ppm 이하가 되면 악취가 발생하기 시작한다.

3.1.4 생물 화학적 산소 요구량(BOD, Biochemical Oxygen Demand)

일반적으로 수중의 미생물이 호기성 상태에서 유기물을 분해하여 안정화시키는 데 요구되는 용존산소량으로, 수중의 유기물의 함량을 간접적으로 나타내는 방법이다.

이 값은 폐수나 물의 유기물 오염정도를 표시하기 위하여 가장 많이 사용되는 지표로서 BOD의 측정은 시료수를 20°C의 암실에서 5일간 부란했을 때 소비된 용존산소(DO)량으로서 표시한다.

(1) 측정(2단계로 구분)

① 제1단계 : 20°C에서 탄수화합물인 유기물이 분해되는 데 소비되는 20일간의 산소 소비량을 말한다.

② 제2단계 : 20°C에서 질소화합물이 아연산이나 초산으로 소화되는 데 필요한 산소 소비량을

말한다(100일 이상 요구).

③ 일반적인 측정기준 : 현재는 20℃, 5일간의 산소 소비량을 측정하는 방법이 널리 쓰이고 있다.

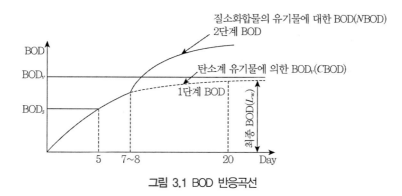

그림 3.1 BOD 반응곡선

(2) 계산식

① BOD 잔존량

1차 반응 감소식 $\dfrac{dL}{dt} = -KL$ 에서,

$$\frac{dL}{L} = -Kdt, \quad \int_{L_a}^{L} \frac{dL}{L} = -K\int_{t}^{o} dt$$

$$[\ln L]_{L_a}^{L} = -K[t]_{o}^{t}, \quad \ln\frac{L}{L_a} = -Kt$$

$$\therefore \ L = L_a e^{-Kt}$$

$$L_t = La \cdot 10^{-K_1 \cdot t} \tag{3.4}$$

여기서, L_t : t일 후의 잔존 BOD

　　　　K_1 : 탈산소계수(day^{-1})

　　　　L_a : 최초 BOD 또는 최종 BOD(BOD$_u$)

일반적으로 K_1은 20℃에서 0.1로 수온이 다를 경우 다음의 보정치를 사용한다.

$$K_1(t[\text{℃}]\text{에서}) = K_1(20\text{℃}) \times \theta^{T-20}[\text{day}^{-1}] \tag{3.5}$$

여기서, T : 경과일수(day), θ : 온도 보정계수(보통 1.047)

② BOD 소모량

$$y = L_a - L_t = L_a - L_a \cdot 10^{-K_1 t} = L_a(1 - 10^{-K_1 t})$$
$$y = L_a(1 - 10^{-K_1 t}) = L_a(1 - e^{-Kt}) \tag{3.6}$$

여기서, y : t일 동안에 소비된(분해된) BOD(t일간의 BOD)

$$K_1 = 0.4343K$$

③ 5일 BOD와 최종 BOD와의 관계

$$\frac{\text{BOD}_5}{\text{BOD}_u} = 1 - 10^{-5K_1} = 1 - e^{-5K} \tag{3.7}$$

예제 3.1

5일 BOD가 243 mg/L이고 탈산소계수(K_1)가 0.2 day^{-1}(상용대수)인 폐수가 있다. 최종 BOD(BOD$_u$)값을 구하시오.

해설

$y = L_a(1 - 10^{-K_1 \cdot t})$에서, $243 = L_a(1 - 10^{-0.2 \times 5})$, $243 = L_a \times \dfrac{9}{10}$

$$\therefore L_a(\text{BOD}_u) = 270\,\text{mg/L}$$

예제 3.2

가정 하수의 BOD_5가 180 mg/L일 때, BOD_u와 BOD_3은 각각 몇 mg/L가 되는가? (단, $K_1 = 0.2$ day^{-1} 이다.)

해설

$L_t = L_a(1 - 10^{-K_1 \cdot t})$에 의하여 $BOD_5 = L_a(1 - 10^{-0.2 \times 5}) = 180\,\text{mg/L}$

$$\therefore L_a(BOD_u) = \frac{180}{1 - 10^{-0.2 \times 5}} = 200\,\text{mg/L}$$

또한 3일 BOD는 위의 값에 의하여 $BOD_3 = 200 \times (1 - 10^{-0.2 \times 3}) = 149.7623 ≒ 150\,\text{mg/L}$

3.1.5 화학적 산소 요구량(COD, Chemical Oxygen Demand)

BOD와 함께 주로 유기물질을 간접적으로 나타내는 지표로 산화제($KMnO_4$, $K_2Cr_2O_7$)를 이용하여 수중의 피산화물을 산화하는 데 소요된 산화제의 양을 산소량으로 환산한 값으로 ppm 단위로 표시한다. 화학적 산소요구량을 측정할 경우 산화제로서 옛날에는 과망간산칼륨을 사용하였으나 현재는 산화력이 더 강한 중크롬산칼륨을 사용한다. 일반적으로 공장 폐수는 유해물질을 함유하고 있기 때문에 BOD 측정이 불가능하므로 COD로서 측정한다. 또한 COD는 단시간(1~3시간)에 측정이 가능하다는 장점이 있다. 일반적으로 COD값은 BOD값보다 크게 나타난다.

표 3.1 $CODcr$ 법과 $CODMn$ 법의 비교

구분	$KMnO_4$	$K_2Cr_2O_7$
시험시간	2~3시간	30분~1시간
산화율	80~100%	약 60%

3.1.6 부유 고형물(SS, Suspended Solids)

수중에 존재하는 총고형물 중 현탁성 고형물을 말하는 것으로 무기, 유기물 중 0.1μ~2 mm 이하의 입자성 물질을 말한다.

(1) 총고형물(TS, Total Solids)

수중에 존재하는 용해성 고형물의 총량을 의미하는 것으로 시료를 105~110°C에서 2시간 가열 증발했을 때 남는 물질, 즉 물속에 함유되어 있는 이물질 전체를 말하며 증발 잔류물이라고도 한다.

① 총휘발성 고형물(VS, Volatile Solids) : 시료를 600 ± 25°C에서 30분 동안 강열했을 때 열에 의하여 분해되는 물질로, 일반적으로 유기물이 이에 속한다.
② 총강열 잔류고형물(FS, Fixed Solids) : 시료를 600 ± 25°C에서 30분 동안 강열했을 때 열에 의하여 분해되지 않고 남는 잔류물이다. 강열 찌꺼기라고도 하며, 주로 무기물질이 이에 속한다.

$$
\begin{array}{ccc}
TS & = & VS & + & FS \\
\| & & \| & & \| \\
TSS & = & VSS & + & FSS \\
+ & & + & & + \\
TDS & = & VDS & + & FDS
\end{array}
$$

(TSS, Total Suspended Solids)
(TDS, Total Dissolved Solids)
(VSS, Volatile Suspended Solids)
(VDS, Volatile Dissolved Solids)
(FSS, Fixed Suspended Solids)
(FDS, Fixed Dissolved Solids)

3.1.7 색도

일반적으로 색도는 물이 천연적으로 존재할 때의 색은 아닌 시료를 채취했을 때의 액체 색이다. 물 1 L 중에서 백금(Pt) 1 mg을 포함했을 때 나타나는 색을 색도 1도라 하며, 음용수 수질기준은 5도 이하이다.

3.1.8 탁도(turbidity)

물의 흐림 정도를 나타내는 것으로, 투시도와 같은 목적으로 사용되는 지표이다. 물의 탁도는 무기, 유기성 고형물 및 토사류 등이 주 원인인 물질로, 이 외에도 조류의 과대 성장이 원인이 되는 경우도 있다.

탁도의 표시는 물 1 L 중에 백도토(정제카올린 : SiO_2를 주성분으로 함) 1 mg을 함유할 때 나타나는 흐림의 정도를 탁도 1도 또는 1 ppm으로 표시한다. 음용수 수질기준은 2도 이하이다.

3.1.9 대장균군(E-Coli, coliform group)

대장균은 그람음성 무아포성 간균으로 유당(lactose)을 분해하여 산과 가스를 생성하는 호기성 또는 임의성균으로 인체의 대장에 기생하는 균이다. 대장균군은 주로 음료수의 오염 지표로 많이 사용한다.

(1) 대장균군의 검출 의의

① 대장균 자체가 병원성균은 아니나 분변 오염 지표로서 그 분포가 항상 오염원과 공존하므로 배설물에 의한 오염의 정도를 파악할 수 있다.
② 소화기 계통의 전염 병원균보다 살균에 대한 저항력이 크므로 대장균의 유무로서 다른 세균의 유무를 추정할 수 있다.
③ 검출 방법이 간편하고 정확하다.

(2) 최적확수(MPN, Most Probable Number)

대장균군의 정량법으로 검수 100 mL당 이론상 있을 수 있는 대장균수를 확률적으로 예상한 수치를 말하며, MPN 표를 이용하거나 다음의 Tomas 근사식으로 산정한다.

$$\mathrm{MPN} = \frac{100 \times 양성수}{\sqrt{음성(\mathrm{mL}) \times 전시료(\mathrm{mL})}} \qquad (3.8)$$

음용수 수질기준은 검수 50 mL에 대하여 검출되지 않아야 한다.

3.1.10 일반세균(GC, General Coliform)

검수 1 mL 중에 함유된 균으로, 보통 한천배지에 집락을 형성할 수 있는 세균을 말한다. 음용수 수질기준은 검수 1 mL 중에서 100을 넘지 않아야 한다.

3.1.11 경도(hardness)

물의 거센 정도를 나타내는 것으로 수중에 용해되어 있는 Ca^{2+} 및 Mg^{2+}, Sr^{2+}, Fe^{2+}, Mn^{2+} 등 2가의 금속 양이온에 기인한다. 이 중 Ca^{2+}와 Mg^{2+}를 $CaCO_3$ 값으로 환산하여 ppm의 단위로 표시한다.

(1) 경도의 구분

수중의 경도 성분을 표시하는 방법에는 금속 이온에 대한 방법, 금속 이온과 결합된 음이온에 의한 방법 두 가지로 분류할 수 있다.

① 칼슘 경도와 마그네슘 경도

자연수에 있어서 경도의 대부분은 Ca^{2+}에 기인함으로 금속 양이온에 의한 경도는 Ca^{2+}, Mg^{2+}의 경도로 표시한다.

가) 칼슘 경도(Ca hardness) : Ca^{2+}가 탄산 또는 비탄산과 결합되어 경도를 유발시키는 것을 말한다.

나) 마그네슘 경도(Mg hardness) : Mg^{2+}가 탄산 또는 비탄산과 결합되어 경도를 유발시키는 것을 말한다.

② 탄산 경도와 비탄산 경도

가) 탄산 경도(carbonate hardness) : 수중에 존재하는 탄산염과 중탄산염에 의한 알칼리도에 대하여 화학적으로 동등한 경도 성분으로, 물을 끓일 때 침전 제거되므로 일시 경도(temporary hardness)라고도 한다.

나) 비탄산 경도(non carbonate hardness) : 탄산 경도 이외의 SO_4^{2-}, Cl^-, PO_4^{3-}, NO_3^-의 음이온이 이에 속하며, 물을 끓여도 쉽게 침전 제거되지 않는 성분으로 영구 경도(permenent hardness)라고도 한다. 또 경질의 스케일을 생성시키는 주요한 요인이 된다.

$$
\begin{matrix} Ca^{2+} \\ Mg^{2+} \end{matrix} \quad \xrightarrow[\text{(일시 경도)}]{\text{탄산 경도}} \quad \begin{cases} OH^- \\ CO_3^{2-} \\ HCO_3^- \end{cases}
$$

$$
\begin{matrix} Sr^{2+} \\ Fe^{2+} \\ Mn^{2+} \end{matrix} \quad \xrightarrow[\text{(영구 경도)}]{\text{비탄산 경도}} \quad \begin{cases} SO_4^{2-} \\ Cl^- \\ PO_4^{3-} \\ NO_3^- \\ SiO_2^{2-} \end{cases}
$$

(2) 경도의 계산

수중에 함유되어 있는 2가의 금속 이온의 양을 당량수로 환산하여 $CaCO_3$ 1당량에 해당되는 50으로 곱하여 산정한다.

① 경도(as $CaCO_3$) = $M^{++}[mg/L] \times \dfrac{50}{M^{++} \text{ 당량}}$

② 총경도 = Mg^{2+} 경도 + Ca^{2+} 경도 = 탄산 경도 + 비탄산 경도

(3) 경도 성분의 영향

① 공업용수로 사용될 경우 관 내에 스케일 및 슬러지를 생성시킨다.
② 음료수로 사용할 경우 위장 장해, 설사 등을 유발한다.
③ 세탁 시 세제 사용량을 증가시키며, 비누의 작용을 방해한다.

(4) 경수의 분류

① 경도 0~75 mg/L : 단물(연수)
② 경도 75~150 mg/L : 비교적 센물(적수)
③ 경도 150~300 mg/L : 센물(경수)
④ 경도 300 mg/L 이상 : 아주 강한 센물
⑤ 음용수 수질기준 : 300 mg/L 이하

3.1.12 알칼리도(alkalinity)

물의 알칼리도란 산을 중화할 수 있는 능력으로 이때 소비된 산의 양을 epm으로 표시하거나 이 양에 대응하는 탄산칼슘의 ppm으로 환산하여 나타낸다. 일반적으로 알칼리도가 크면 불쾌한 맛을 내고 응집제를 많이 소비하므로 비경제적이다. 반면, 알칼리도가 작으면 산을 중화시킬 능력이 없어 철관 등이 부식된다.

3.1.13 질산화(nitrification) 과정

질소화합물이 질산화 미생물에 의해서 산화되는 과정으로 다음과 같이 두 개의 과정으로 구분될 수 있다.

$$2NH_3 + 3O_2 \xrightarrow{\text{nitrosomonas}} 2NO_2^- + 2H^+ + 2H_2O$$

$$2NO_2^- + O_2 \xrightarrow{\text{nitrobacter}} 2NO_3^-$$

즉, NH_3^-N(암모니아성 질소)이 호기성 조건에서 nitrosomonas 작용에 의해 NO_2^-N(아질산성 질소)으로 되고 다시 nitrobacter에 의해서 NO_3^-N(질산성 질소)으로 변화된다. 위의 반응식에서 보면 NH_3^-N에서 NO_2^-N으로 되는 것보다 NO_2^-에서 NO_3^-N로의 진행이 쉽다. 즉, NH_3^-N에서 NO_2^-가 되기 위해서는 3개의 산소원자가 요구되지만, NO_2^-에서 NO_3^-로 되는 데는 1개의 산소원자가 소요되기 때문이다.

질산화 과정은 분뇨나 하수와 같이 단백질을 함유한 오수가 하천이나 지하수 등에 유입 시 오염 후의 경과시간, 오염지점, 오염진행 상태, 오염시기 등을 알 수 있는 지표로 이용된다. 또한 질산화된 NO_2^-N, NO_3^-N은 혐기성 상태가 되면 탈질산화균에 의해 N_2 가스로 환원분해되어 다시 대기 중으로 되돌아가는데, 이를 탈질산화라 한다.

3.1.14 확산에 의한 오염물질의 희석

일정한 수질의 오수가 하천에 일정 유량으로 유입하고 하천의 하류에서 완전혼합된다면 하류 지점에서의 혼합 후 농도는 다음 식으로 구한다.

$$C_m = \frac{C_1 Q_1 + C_2 Q_2}{Q_1 + Q_2} \tag{3.9}$$

여기서, C_m : 완전혼합 후의 혼합 유체의 평균농도(mg/L)

C_1 : 합류 전 오수의 농도(mg/L)

C_2 : 합류 전 하천수의 농도(mg/L)

Q_1 : 합류 전 오수의 유량(m^3/day)

Q_2 : 합류 전 하천수의 유량(m^3/day)

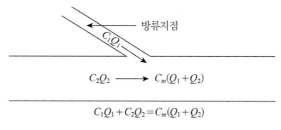

$$C_1Q_1 + C_2Q_2 = C_m(Q_1+Q_2)$$

그림 3.2 하천수와 오수의 완전혼합

예제 3.3

BOD가 4 mg/L, 유량이 30,000 m³/day인 하천에 BOD가 50 mg/L, 수량 4,000 m³/day의 공장 폐수를 방류하여 완전히 혼합된 후 하천수의 BOD 농도를 구하시오.

해설

$$\text{혼합 후의 농도}(C_m) = \frac{Q_1 \times C_1 + Q_2 \times C_2}{Q_1 + Q_2}, \quad C_m = \frac{4000 \times 50 + 30000 \times 4}{4000 + 3000} = 9.41\,\text{mg/L}$$

예제 3.4

수량 10,000 m³/day의 배수를 어떤 하천에 방류하였다. 이 하천의 BOD가 4 mg/L, 유량이 4,000,000 m³/day로 방류시킨 배수가 하천수와 완전히 혼합되었을 때 하천의 BOD가 1 mg/L 높아졌다고 하면 배수의 BOD 부하량을 구하시오. (단, 배수를 받은 이후의 하천의 BOD 절대량에는 변화가 없다.)

해설

$$C_m = \frac{Q_1 C_1 + Q_2 C_2}{Q_1 + Q_2} \text{에서,}$$

$$5 = \frac{4000000 \times 4 + 10000 \times x}{4000000 + 10000}$$

$$\therefore \; x = 405\,\text{mg/L}$$

BOD 부하량은 $M = QC$이므로

$$\therefore \; \text{BOD 부하량} = 10000 \times (405 \times 10^{-6} \times 10^3) = 4050\,\text{kg/day} = 4.05\,\text{t/day}$$

3.2 하천수에서의 용존산소와 자정작용

3.2.1 용존산소(DO) 부족곡선식(oxygen sag curve)

하천에 BOD 물질이 유입되고 재폭기가 일어나 물의 이동에 따라 용존산소 부족량의 단면도를 보면 스푼 모양(spoon-shaped)을 이룬다. 이 곡선을 용존산소 부족곡선이라 한다. 산소 부족량 (oxygen deficit)이란 주어진 수온에서 포화산소량과 실제 용존산소량과의 차이를 말한다.

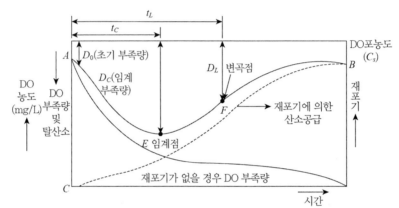

여기서, E : 임계점(critical point)-용존산소가 가장 부족한 지점
t_c : 임계시간(critical time)
F : 변곡점(point of inflection)-산소 복귀율이 가장 큰 지점
t_L : 변곡점까지의 시간(inflection time)
D_0 : 초기(t =0) DO 부족량(initial deficit)
AD : 탈산소곡선
D_C : 임계 부족량(critical deficit)
CB : 재폭기곡선
D_L : 변곡점에서 DO 부족량(inflection deficit)

그림 3.3 DO 부족곡선

$$D_t = \frac{k_1 L_0}{k_2 - k_1}(10^{-k_1 t} - 10^{-k_2 t}) + D_0 10^{-k_2 t} \tag{3.10}$$

여기서, D_t : t일 후의 용존산소 부족량(mg/L)

L_0 : 전체 BOD, BOD_u(mg/L)

D_0 : 초기 부족량(mg/L)

k_1 : 탈산소계수(L/day), k_2 : 재폭기계수(L/day)

$$(k_1(t) = k_1(20) \times 1.047^{t-20}, \quad k_2(t) = k_2(20) \times 1.018^{t-20})\,(t : 수온(°C))$$

$$t_c = \frac{1}{k_1(f-1)} \log \left| f\left\{1 - (f-1)\frac{D_0}{L_0}\right\} \right| \tag{3.11}$$

임계시간 t_c에서의 산소 부족량, 즉 임계 부족량 D_c는 다음과 같다.

$$D_c = \frac{L_0}{f} \cdot 10^{-k_1 t_c} \tag{3.12}$$

3.2.2 자정작용(self purification)

자연수에 유입된 오염물질에 의하여 악화된 수질이 시간의 경과에 따라 물리적·화학적·생물학적 작용에 의해 스스로 정화되어 수질이 다시 회복되는 작용을 자정작용이라 한다. 햇빛, DO, pH, 수온 등 생물학적 작용이 자정작용에 가장 큰 영향을 미친다.

$$f(자정계수) = \frac{k_2(재폭기계수)}{k_1(탈산소계수)} \tag{3.13}$$

예제 3.5

하천의 재폭기계수가 0.3 day, 탈산소계수가 0.2 day이라면 이 하천의 자정계수를 구하시오.

해설

$$자정계수(f) = \frac{K_2(재폭기계수)}{K_1(탈산소계수)} = \frac{0.3}{0.2} = 1.5$$

3.2.3 하천의 수질변화

수원이 하수나 기타 오염물질에 의하여 오염되었을 때 물은 일련의 변화가 일어나게 되는데, 변화가 일어나는 지역으로부터 유하거리 및 유하시간에 따라 다음과 같이 구분하였다.

표 3.2 Whipple의 4지대

지대(zone)	변화 과정
분해 지대 (zone of degradation)	① 오염된 물의 화학적·물리적 질이 저하된다. ② 고등 생물이 오염에 강한 미생물에 의하여 교체되며, 그 수가 증가한다. ③ 용존산소의 농도가 포화치의 45%로 감소된다. ④ 유기물을 많이 함유한 슬러지의 침전이 증가한다. ⑤ CO_2는 증가, pH는 낮아진다. ⑥ 분해가 심해짐에 따라 곰팡이류가 대단히 심하게 번식한다. ⑦ 분해 지대는 희석이 잘 되는 큰 하천보다 희석이 덜 되는 작은 하천에서 뚜렷이 나타난다.
활발한 분해 지대 (zone of active decomposition)	① 용존산소가 거의 없거나 아주 없으며 혐기성상태로 된다. ② H_2S, NH_3 등 혐기성 가스로 인하여 물에서 악취가 발생된다. ③ 흑색 및 점성질의 슬러지가 생성되고, 심한 탁도를 유발한다. ④ 하상으로부터 혐기성 기포가 수면 위로 떠오른다. ⑤ 부패상태가 완전히 상균이 증가하고 균류(fungi)는 사라진다. ⑥ pH가 많이 낮아진다.
회복 지대 (zone of recovery)	① 혐기성균으로부터 호기성 균의 교체가 이루어지며, 세균의 수가 감소한다. ② 회복 단계는 장시간에 걸쳐 일어난다. ③ 점성질의 슬러지 침전물이 구상으로 변하고 기포 발생도 감소한다. ④ DO, NO_2-N, NO_3-N의 농도가 증가한다. ⑤ 원생 동물, 윤충, 갑각류가 번식하기 시작한다. ⑥ 청·녹조류가 출현하기 시작하며, 하류로 내려갈수록 규조류가 나타난다. ⑦ 빨간 지렁이 및 조개류나 벌레의 유충이 번식하며 내성이 강한 생무지, 황어, 은빛 담수어 등이 자란다. ⑧ pH가 다시 상승한다.
정수 지대 (zone of clear water)	① 용존산소량이 풍부하며 pH가 정상이다. ② 다종, 다수의 물고기가 성장한다. ③ 물의 탁도 및 색도가 거의 사라지고, 냄새가 없다. ④ 대장균 또는 병원성 세균 등이 거의 없다. ⑤ 자연수와 수질이 거의 같다.

3.3 음용수의 수질

3.3.1 수질기준

음용수의 수질은 크게 생물학적·물리학적·화학적 및 방사능학적으로 구별한다. 생물학적·화학적 및 방사능학적 기준은 건강상의 위해를 제거하기 위해 설정되었으나, 물리적인 기준은 미관과 기분상(aesthetic)의 기준이다.

「먹는물관리법」 제5조 제3항 및 「수도법」 제26조 제2항에 따른 먹는 물의 수질기준은 다음 표와 같다.

표 3.3 음용수의 수질기준

항목	기준
① 미생물에 관한 기준	• 일반세균 1 mL 중 100CFU(Colony Forming Unit) 이하 • 대장균군이 100 mL에서 검출되지 않을 것 • 대장균·분원성 대장균군은 100 mL에서 검출되지 않을 것 • 분원성 연쇄상구균·녹농균·살모넬라 및 쉬겔라는 250 mL에서 검출되지 않을 것 • 아황산환원혐기성포자형성균은 50 mL에서 검출되지 않을 것 • 여시니아균은 2 L에서 검출되지 않을 것
② 건강상 유해 영향 무기물질에 관한 기준	• 납 0.01 mg/L 이하 • 불소 1.5 mg/L 이하 • 비소 0.01 mg/L 이하 • 셀레늄 0.01 mg/L 이하 • 수은 0.001 mg/L 이하 • 시안 0.01 mg/L 이하 • 크롬 0.05 mg/L 이하 • 암모니아성 질소 0.5 mg/L 이하 • 질산성 질소 10 mg/L 이하 • 카드뮴 0.005 mg/L 이하 • 보론 1.0 mg/L 이하 • 브롬산염 0.01 mg/L 이하 • 스트론튬 4 mg/L 이하
③ 건강상 유해 영향 유기물질에 관한 기준	• 페놀 0.005 mg/L 이하 • 다이아지논 0.02 mg/L 이하 • 파라티온 0.06 mg/L 이하 • 말라티온 0.25 mg/L 이하 • 페니트로티온 0.04 mg/L 이하 • 카바릴 0.07 mg/L 이하 • 1.1.1-트리클로로에탄 0.1 mg/L 이하 • 테트라 클로로에틸렌 0.01 mg/L 이하 • 트리클로로에틸렌 0.03 mg/L 이하

표 3.3 음용수의 수질기준(계속)

항목	기준
③ 건강상 유해 영향 유기물질에 관한 기준	• 디클로로메탄 0.02 mg/L 이하 • 벤젠 0.01 mg/L 이하 • 톨루엔 0.7 mg/L 이하 • 에틸벤젠 0.3 mg/L 이하 • 크실렌 0.5 mg/L 이하 • 1.1-디클로로에틸렌 0.03 mg/L 이하 • 사염화탄소 0.002 mg/L 이하 • 1,2-디브로모-3-클로로프로판 0.003 mg/L 이하 • 1,4-다이옥산 0.05 mg/L 이하
④ 소독제 및 소독부산물질에 관한 기준	• 잔류염소(유리잔류염소) 4.0 mg/L 이하 • 총트리할로메탄 0.1 mg/L 이하 • 클로로포름 0.08 mg/L 이하 • 브로모디클로로메탄 0.03 mg/L 이하 • 디브로모클로로메탄 0.1 mg/L 이하 • 클로랄하이드레이트 0.03 mg/L 이하 • 디브로모아세토니트릴 0.1 mg/L 이하 • 디클로로아세토니트릴 0.09 mg/L 이하 • 트리클로로아세토니트릴 0.004 mg/L 이하 • 할로아세틱에시드 0.1 mg/L 이하 • 포름알데히드 0.5 mg/L 이하
⑤ 심미적 영향 물질에 관한 기준	• 경도 1,000 mg/L 이하 • 과망간산칼륨소비량 10 mg/L 이하 냄새와 맛은 소독으로 인한 냄새와 맛 이외의 냄새와 맛이 있어서는 아니 될 것 • 동 1 mg/L 이하 • 색도 5도 이하 • 세제(음이온 계면활성제) 0.5 mg/L 이하 • pH 5.8~8.5 • 아연 3 mg/L 이하 • 염소이온 250 mg/L 이하 • 증발 잔류물 500 mg/L 이하 • 철 및 망간 0.3 mg/L 이하 • 탁도 1NTU(Nephelometric Turbidity Unit) 이하 • 황산이온 200 mg/L 이하 • 알루미늄 0.2 mg/L 이하
⑥ 방사능에 관한 기준	• 세슘(Cs-137) 1.0 mBq/L 이하 • 스트론튬(Sr-0) 3.0 mBq/L 이하 • 삼중수소 6.0 mBq/L 이하

3.3.2 수질 검사

(1) 세균학적 기준(bacteriological quality)

음용수 수질기준의 항목 중 질소에 대한 규제는 사실상 동물의 배설물에 의한 오염(fecal pollution)을 뜻하는 것으로, 이러한 오염이 생겼을 경우에는 병원균과 비병원균인 대장균이 포함된다. 또한 과망간산칼륨($KMnO_4$)의 소비량은 오염정도를 나타내나 세균과는 직접적인 관계가 없다.

일반세균을 일본이나 스웨덴에서는 규제하고 있지만, WHO나 미국에서는 규제 항목이 없다. 이것은 오염정도를 나타내는 것으로 볼 수 있다.

대장균군(coliform group) 중 동물의 배설물에서 발견되는 주종은 Escherchia coli(줄여서 E-coli)로 분변성 오염의 지표로 사용된다. 대장균군은 검출이 쉽고 동물의 배설물 중에서 대체적으로 항상 발견된다. 병원균보다 저항력이 강하고 시험에서 분석하기 쉽다는 이유 때문에 Indicator로 많이 이용된다. 그러나 virus보다는 소독에 대한 저항력이 약하다는 단점이 있다.

대장균의 수를 나타내기 위하여 최확수(MPN, Most Probable Number)라는 용어를 사용하는데, 이는 검수 100 mL 내에 있는 세균의 수를 뜻한다.

(2) 물리적 기준

미관이나 기분 때문에 설정되며 색도, 탁도, 맛과 냄새 등이 포함된다. 색도는 chloroplatinate($PtCl_6^{--}$)로 존재하는 Pt 1 mg/L를 색도 1도 또는 1 ppm으로, 탁도는 빛의 통과에 의한 저항도로 SiO_2 1 mg/L 용액이 나타나는 탁도가 탁도 1도 또는 1 ppm의 표준단위이다. 냄새나 맛을 측정하기 위한 정확한 방법은 없는데, threshold odor test를 채택하기도 한다.

(3) 화학적 기준

- 시안화합물(CN) : 사람에게도 독성이 있으나 음용수에서는 사람보다 어류에 대한 독성 때문에 규제된다.
- 수은(Hg) : 사람이나 동물의 체내에 축적성이 높고 신경계통의 장해를 준다. 무기수은보다 유기수은의 독성이 강하다.
- 구리(Cu) : 낮은 농도에서도 물고기에게 독성을 일으키나 성인에게는 약 100 mg /L 정도까지는 무해하다. 음용수 기준에서 규제하는 이유는 맛 때문이다.
- 철(Fe) 및 망간(Mn) : 철과 망간을 함유한 물은 맛이 있으며 색깔을 띤다(철 : 적수, 망간 : 흑수).
- 불소(F) : 영구치아가 형성되는 8~10세의 어린이에게 중요한 영향을 미친다. 불소를 많이 함유

한 물을 계속 마시면 치아의 에나멜(enamel)을 파괴시켜 치아에 반점이 생기는 소위 반상치 (mottled enamel 또는 fluorosis)가 되어 치료가 안 되는 반면, 음용수에 적정농도(1 mg/L 이하)를 유지시켜주면 충치 예방에 도움이 된다.

- 납(Pb) : 독성이 있으며 뼈에 축적된다.
- 아연(Zn) : 맛을 유발시킨다.
- 크롬(Cr) : Cr^{+3}은 독성이 별로 없고 Cr^{+6}은 독성이 강하다.
- phenol류 화합물 : 맛과 냄새 때문에 규제하는데, 특히 염소 소독 후에는 클로로페놀 생성으로 인해 맛과 냄새가 더욱 조장된다.
- 경도(hardness) : 세탁용수, 보일러용수 등에 장애를 일으키며 Ca^{++}나 Mg^{++}는 인체에 필요한 성분이므로 음용수에는 다소 있는 것이 좋다. 그러나 경도가 너무 높은 물을 마시면 설사를 일으키는 수가 있다. 우리나라 음용수 기준에는 300 mg/L까지 허용하고 있으나 실제로는 100 mg/L 이하가 좋다고 한다.
- 황산염(SO_4^{--}), 염화물(Cl^-), 총고형물 : 규제 이유는 맛 때문이며, 많이 함유된 경우는 설사를 일으킨다. 또한 경수가 되어 부식성이 강하게 된다.
- 카드뮴(Cd) : 독성이 있으며 세포질에 축적된다.
- 세제(음이온 계면활성제) : 실제로 약 50 mg/L까지는 인체에 독성이 없으나, 1.0~1.5 mg/L 정도에서는 물에 기름기가 있고 생선냄새와 비슷한 냄새를 준다. 음용수에서의 규제 이유는 맛과 거품(form) 때문이라고 할 수 있다. 미생물 분해가 어려워 오랜 시간이 지나야 소멸이 가능하고 활성탄소(activated carbon)를 사용하는 흡착에 의해 제거가 가능하다.
- 바륨(Ba) : 낮은 농도에서 동물의 심장, 혈관 및 신경계통에 독성을 일으키나 인체에는 비교적 독성이 없다.
- 비소(As) : 살충제나 동물의 사료, 담배원료 및 공장 매연 등에 함유되어 독성을 크게 나타내고 발암물질이라고도 한다.
- 은(Ag) : 화장품 등에 함유되어 있어 중독되었을 경우 피부에 청회색의 반점을 나타낸다.
- 셀레늄(Se) : 사람이나 동물에 독성이 있으며 발암 가능성이 있다.
- 질산염(NO_3^-) : 유아의 경우 blue baby(Methemoglobinemia)라는 질병을 유발한다.
- THM(Trihalomethane) : 주 물질은 $CHCl_3$(Chloroform)으로 알려져 있으나 $CHClBr_2$, $CHCl_2Br$, $CHBr_3$, CCl_4 등을 총칭한다. 음료수를 정화 살균하기 위해서 첨가하는 염소와 휴믹 산(Humic acid) 등이 반응하여 생성되는 것으로 알려져 있다. 간장, 심장, 신장에 해를 줄 뿐만 아니라 발암성의 위험도가 높은 물질이다.

3.4 수원의 수질관리 및 수질기준

3.4.1 수원의 수질관리

하천표류수를 수원으로 할 경우에는 암모니아성 질소, 아질산성 질소, 질산성 질소, 염소이온, 화학적 산소요구량, 대장균군, 철, 망간, 경도, 증발잔류물, pH, 냄새, 맛, 외관, 색도, 탁도, 생화학적 산소요구량, 알칼리도, 산도(유리탄산), 미생물, 기타 무기성 혹은 유기성 독성물질의 농도에 관해 조사하여야 한다. 이러한 조사항목은 대부분 음용수 수질기준에 명기된 것이며, 비록 명기되지 않은 것이라도 필요하다고 인정되는 경우에는 조사를 실시하여야 한다.

이들 항목의 조사는 그 수원이 상수를 위한 수원으로서 적합한가를 결정짓는 중요한 요소가 되며, 필요한 정수방법과 정수시설의 규모를 결정짓는 데 필수 불가결한 요소이다.

(1) 하천수의 조사

하천수를 수원으로 하는 경우에는 예정 취수지점에 대하여 다음에 열거되는 사항을 장기적으로 조사하여야 한다.

① 수량과 수위
② 수리권
③ 연간 수질변화

(2) 호소의 조사

호소수를 수원으로 하는 경우에는 위에 열거된 하천수 수원을 위한 조사사항 이외에 다음 항목을 조사하여야 한다.

① 호소 연안의 상황과 풍향 및 풍속
② 유입하천과 호소의 수질 그리고 미생물의 계절적 발생 상황

(3) 저수지 조사

저수지를 수원으로 할 경우에는 댐 예정지점에서 다음에 열거된 각 사항을 장기간 동안 철저히 조사하여야 한다.

① 강우량과 저수지의 증발량

② 유입하천의 유량과 유사

③ 계획홍수량

④ 유역면적의 상태

⑤ 수질

⑥ 수리권

저수지의 유효 저수량의 결정에 이용되는 기준 갈수면의 선정은 10년에 한 번 정도의 빈도를 갖는 갈수년을 표준으로 한다.

(4) 지하수 조사

① 자유면 지하수 및 피압지하수의 경우에는 시험용 굴착 및 전기검층을 실시하여 적당한 채수층을 결정하고, 양수시험을 실시하여 수량과 수질을 조사하여야 한다. 그러나 만약 근처에 존재하는 우물을 이용하여 수질과 수량을 확인할 수 있는 경우에는 이를 생략할 수 있다.

② 복류수의 경우에는 다음을 기준으로 조사를 실시한다.

가) 갈수 시에 하천표류수와 제내 혹은 제외의 복류수와의 관계, 호소 부근과 옛 하천부지에서의 복류수의 상태

나) 근처에 얕은 우물 혹은 집수매거가 있는 경우에는 그것의 수량, 수질 및 지질구조

다) 복류수 예정 취수지점에서는 반드시 시험굴착을 행하여 지하구조를 조사하고 양수시험에 의거하여 갈수 시 및 홍수 시의 수량 및 수질 등을 조사

③ 용천수의 경우에는 수량, 수질 및 수온의 변화상태를 상당 기간에 걸쳐 조사하여야 한다.

④ 취수지점이 부득이 오염원 가까이에 위치하는 경우에는 시험용 우물을 사용하여 장기간에 걸쳐 수질시험을 행하여 오염원의 영향을 확인한다.

3.4.2 수원의 수질기준

정부는 국민의 건강을 보호하고 쾌적한 환경을 조성하기 위하여 환경기준을 설정하고, 환경 여건의 변화에 따라 그 적정성이 유지되도록 하여야 한다. 환경정책기본법 및 동법 시행령에 하천, 호소 및 해역에 대하여 생활환경과 사람의 건강보호를 위하여 수질등급과 수질기준을 규정하고 있다.

표 3.4 원수의 수질기준

① 하천

구분	등급	기준값(mg/L)
사람의 건강 보호	전 수역	• 카드뮴(Cd) : 0.005 이하 • 비소(As) : 0.05 이하 • 시안(CN) : 검출되어서는 안 됨 • 수은(Hg) : 검출되어서는 안 됨 • 유기인 : 검출되어서는 안 됨 • 폴리클로리네이티드비페닐(PCB) : 검출되어서는 안 됨 • 납(Pb) : 0.05 이하 • 6가 크롬(Cr6+) : 0.05 이하 • 음이온계면활성제(ABS) : 0.5 이하 • 사염화탄소 : 0.004 이하 • 1,2-디클로로에탄 : 0.03 이하 • 테트라클로로에틸렌(PCE) : 0.04 이하 • 디클로로메탄 0.02 이하 • 벤젠 0.01 : 이하 • 클로로포름 : 0.08 이하 • 디에틸실프탈레이트(DEHP) : 0.008 이하 • 안티몬 : 0.02 이하 • 1,4-다이옥세인 : 0.05 이하 • 헥사클로로벤젠 : 0.00004 이하

구분	등급		기준							대장균군 (군수/100 mL)	
		수소 이온 농도 (pH)	생물 화학적 산소 요구량 (BOD) (mg/L)	화학적 산소 요구량 (COD) (mg/L)	총유기 탄소량 (TOC) (mg/L)	부유 물질량 (SS) (mg/L)	용존 산소량 (DO) (mg/L)	총인 (T-P) (mg/L)		총 대장균군	분원성 대장균군
생활환경	매우 좋음 Ia	6.5~8.5	1 이하	2 이하	2 이하	25 이하	7.5 이상	0.02 이하		50 이하	10 이하
	좋음 Ib	6.5~8.5	2 이하	4 이하	3 이하	25 이하	5 이상	0.04 이하		500 이하	100 이하
	약간 좋음 II	6.5~8.5	3 이하	5 이하	4 이하	25 이하	5 이상	0.1 이하		1,000 이하	200 이하
	보통 III	6.5~8.5	5 이하	7 이하	5 이하	25 이하	5 이상	0.2 이하		5,000 이하	1,000 이하
	약간 나쁨 IV	6.0~8.5	8 이하	9 이하	6 이하	100 이하	2 이상	0.3 이하		-	
	나쁨 V	6.0~8.5	10 이하	11 이하	8 이하	쓰레기 등이 떠 있지 않을 것	2 이상	0.5 이하			
	매우 나쁨 VI		10 초과	11 초과	8 초과		2 미만	0.5 초과			

표 3.4 원수의 수질기준(계속)
② 호소

구분	등급	기준값(mg/L)
사람의 건강 보호	전 수역	하천의 경우와 같음

구분	등급	기준									
		수소 이온 농도 (pH)	화학적 산소 요구량 (COD) (mg/L)	총유기 탄소량 (TOC) (mg/L)	부유 물질량 (SS) (mg/L)	용존 산소량 (DO) (mg/L)	총인 (T-P) (mg/L)	총질소 (T-N) (mg/L)	클로로 필-a (chl-a) (mg/m³)	대장균군 (군수/100 mL)	
										총대장균군	분원성 대장균군
생활환경	매우 좋음 Ia	6.5~8.5	2 이하	2 이하	1 이하	7.5 이상	0.01 이하	0.2 이하	5 이하	50 이하	10 이하
	좋음 Ib	6.5~8.5	3 이하	3 이하	5 이하	5 이상	0.02 이하	0.3 이하	9 이하	500 이하	100 이하
	약간 좋음 II	6.5~8.5	4 이하	4 이하	5 이하	5 이상	0.03 이하	0.4 이하	14 이하	1,000 이하	200 이하
	보통 III	6.5~8.5	5 이하	5 이하	15 이하	5 이상	0.05 이하	0.6 이하	20 이하	5,000 이하	1,000 이하
	약간 나쁨 IV	6.0~8.5	8 이하	6 이하	15 이하	2 이상	0.10 이하	1.0 이하	35 이하	-	
	나쁨 V	6.0~8.5	10 이하	8 이하	쓰레기 등이 떠 있지 않을 것	2 이상	0.15 이하	1.5 이하	70 이하		
	매우 나쁨 VI		10 초과	8 초과		2 미만	0.15 초과	1.5 초과	70 초과		

1. 상수의 원수 수질 향상을 위한 대책을 설명하시오.

2. BOD의 정의 및 의미, 측정방법에 대하여 설명하시오.

3. 질소계 유기물에 의한 BOD를 무시할 때 20°C에서 5일 동안 사용된 BOD값이 300 mg/L, BOD 극한값이 475 mg/L인 폐수의 탈산소계수(base e)값을 구하시오. (단, 단위는 d^{-1}이다.)

4. 하수의 최종 BOD가 5일 BOD의 1.8배라면 상용대수(밑수 10)를 사용할 때의 탈산소계수를 구하시오.

5. 용존산소곡선에 대하여 기술하시오.

6. 하천의 자정작용(self-purification)에 대하여 설명하시오.

7. 물의 경도 및 경수 · 연수에 대해서 기술하시오.

8. 물의 탁도에 대하여 설명하시오.

9. 색도, 탁도 및 pH의 음용수 수질기준과 검출불가 항목 4가지를 쓰시오.

CHAPTER 04 수원 및 취수

4.1 우리나라의 수자원

상수도의 수원을 확보하기 위해서는 먼저 우리나라의 강수 실태를 파악하는 것이 필요하다. 수원의 근본이 되는 강수는 강우, 강설, 우박, 서리 등 지상에 떨어지는 모든 형태의 수분을 말한다.

4.1.1 강수 현황 및 특성

우리나라의 연평균강수량은 1,274 mm(1973~2011)이고 연평균강수 총량인 수자원 부존량은 1,349억 t이며, 연평균강수량은 세계 연평균 807 mm의 1.6배가 된다. 그러나 1,274 mm가 6~9월에 집중되어 있으며, 우리나라의 인구 1인당 강수량은 세계 1인당 강수량의 1/6 정도로서 수자원 부존량에서 우리나라는 빈국에 속한다.

우리나라의 강수량의 특성을 보면 하천 유역별로는 한강이 1,260 mm, 낙동강 1,203 mm, 금강 1,271 mm, 섬진강 1,457 mm, 영산강 1,340 mm이며 동해안 1,270 mm, 서해안 1,272 mm, 남해안 1,496 mm, 제주도 1,683 mm인 것으로 나타났다.

지역별 및 유역별로 강수량의 편차 또한 심하여 남해안과 강원도 영동지역은 1,400 mm 이상인 반면 경상북도, 충청도 및 경기도 내륙은 강수량이 적으며, 특히 낙동강 중부지역은 1,100 mm 이하이다.

강수량은 지역적으로 상당한 차이가 있을 뿐 아니라 하천유역의 형태상 수계의 분수령이 동쪽에 치우쳐 동해안의 하천은 급경사로 강수가 일시에 바다로 유출되고 서남해안의 하천들도 상류부는 급경사로 강수가 일시에 유출되어 완만한 중·하류부에 이르러 홍수 피해를 가중시키게 된다.

4.1.2 우리나라 하천의 지형학적 특성

우리나라의 하천은 유역면적이 비교적 작고 유로연장은 짧으며, 경사가 급하여 호우로 인한 홍수 파가 짧은 시간 내에 중·하류에 도달한다. 또한 하천의 하상계수$\left(=\dfrac{최대유량}{최소유량}\right)$가 매우 커서 하천의 이수 및 치수에 매우 불리하다. 유럽 하천의 경우 하상계수는 20~30 정도이며, 우리나라 하천의 하상계수는 300을 초과한다.

4.1.3 수원의 이용실태

우리나라 수자원의 이용량은 1996년 기준으로 총량의 23%에 불과하며, 수원별 분포를 보면 그림 4.1과 같다.

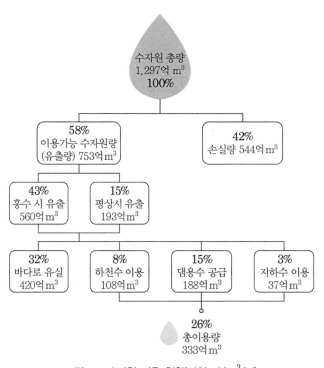

그림 4.1 수자원 이용 현황(단위 : 억 m^3/년)

2012년 말 현재 우리나라 상수도시설의 일일 취수시설용량은 37,077천 m^3/일이며, 취수원별로는 하천표류수가 18,136천 m^3/일(48.9%), 댐 16,047천 m^3/일(43.3%), 하천복류수 1,985천 m^3/일(5.4%), 지하수 536천 m^3/일(1.4%), 기타 저수지 373천 m^3/일(1.0%)이다.

연간취수량은 7,176백만 m^3/년이며, 취수원별로는 댐이 3,311백만 m^3/년(46.1%), 하천표류수가 3,270백만 m^3/년(45.6%), 하천복류수 442백만 m^3/년(6.2%), 지하수 98백만 m^3/년(1.4%), 기타 저수지 55백만 m^3/년(0.8%)이다.

표 4.1 우리나라 상수도 취수시설용량(단위 : 천 m^3/일)

구분	취수원	하천 표류수	하천 복류수	댐	기타 저수지	지하수	계
시설용량 (천 m^3/일)	총계	18,136 (48.9%)	1,985 (5.4%)	16,047 (43.3%)	373 (1.0%)	536 (1.4%)	37,077 (100.0%)
	지방상수도	13,826 (70.5%)	1,985 (10.1%)	2,896 (14.8%)	373 (1.9%)	536 (2.7%)	19,616 (100.0%)
	광역상수도	4,310 (24.7%)	– (0.0%)	13,151 (75.3%)	– (0.0%)	– (0.0%)	17,461 (100.0%)
연간 취수량 (백만 m^3/년)	총계	3,270 (45.6%)	442 (6.2%)	3,311 (46.1%)	55 (0.8%)	98 (1.4%)	7,176 (100.0%)
	지방상수도	2,354 (66.5%)	442 (12.5%)	592 (16.7%)	55 (1.6%)	98 (2.8%)	3,541 (100.0%)
	광역상수도	916 (25.2%)	– (0.0%)	2,719 (74.8%)	– (0.0%)	– (0.0%)	3,635 (100.0%)

4.2 수원의 종류

수원은 수질적으로 청정하고 장래 오염의 위험이 없거나 적어야 하며, 계획취수량을 확보할 수 있는 곳이라야 한다.

4.2.1 수원의 선정조건

수원의 종류에 따른 취수지점을 선정하기 위해서는 다음 항목을 비교조사하여야 한다.

① 수원으로서의 구비요건을 갖추어야 한다.
② 수리권의 확보가 가능한 곳이어야 한다.
③ 상수도시설의 건설 및 유지관리가 용이하며, 안전하고 확실하여야 한다.
④ 상수도시설의 건설비 및 유지관리비가 가능한 한 저렴해야 한다.

⑤ 장래의 확장을 고려할 때 유리한 곳이어야 한다.

⑥ 상수도보호구역의 지정, 수질오염 방지 및 관리에 무리가 없는 지점이어야 한다.

4.2.2 수원의 구비요건

① 수량이 풍부하고 수질이 좋아야 한다.

② 가능한 한 높은 곳에 위치하여 자연유하식을 이용할 수 있는 곳이 좋다.

③ 상수 소비지로부터 가까운 곳이어야 한다.

4.2.3 수원의 종류 및 특징

수원은 크게 천수, 지표수 및 지하수로 분류된다. 천수는 우수를 주로 하여 눈, 우박, 싸락눈을 합한 강수를 총칭하는 것으로 수질이 깨끗하나 수량이 모자라므로 대규모 상수도의 수원으로는 부적합하지만 도서지방이나 강수가 많은 지역에서는 개별 가정의 음료수원 정도로서 이용될 수 있다. 지표수원은 다시 하천수, 호소수, 저수지수로 세분되며, 현재 대규모 상수도원으로 가장 많이 이용되며, 수량이나 수질의 변동이 크고 오염원의 영향을 크게 받는다. 그러나 점점 오염이 심해져서 부적합한 실정이 되고 있다. 지하수원은 얕은 지층수, 깊은 지층수, 용천수 그리고 복류수로 분류되며, 수질이 깨끗하고 유기물질을 함유하지는 않지만 다량의 광물질을 함유하여 경도가 높다.

(1) 천수

강설 등을 포함한 강수를 총칭하는 것으로 천수라고 하지만 용수로서 사용은 주로 빗물을 말한다. 빗물은 그 자체로서도 수원으로 사용할 수 있으며 지표면에 떨어져서 흘러가면서 하천수로, 또 댐에 저장되면 댐 물로서, 땅속으로 스며들면 지하수로 되는 등 모든 수원의 원천이다.

빗물은 천연의 증류수로 순수에 가깝다. 빗물에 함유된 불순물은 비의 응결핵인 미세한 부유물질 외에 해수가 날려서 대기 중에 함유된 염화물이 있다. 이 밖에도 지상에 이르기까지 여러 가지 물질을 동반하게 된다. 즉, 대기 중에서 산소, 탄산가스의 용해 외에 대기 중에 부유하는 생물, 세균, 매연 및 먼지 등을 함유한다.

(2) 지표수

① 하천수

하천수는 수량이 풍부하나 계절에 따라서 유량변화가 심하다. 강우의 유출 초기에는 지표의 오염물질이나 퇴적된 오염물질들을 유출시키므로 수질이 많이 악화된다. 하천의 자정작용은 호소에 비하여 느리고 유수에 의하여 오염이 멀리까지 미치기 때문에 자정작용에는 장시간이 소요된다. 그러므로 오염원과 취수지점의 거리가 가까우면 오염의 영향을 직접 받게 된다.

② 호소수

호소수는 하천보다 자정작용이 큰 것이 특징이며 오염물질의 확산이 연안에서 가까운 부분에 한정되어 보통 하천수의 수질보다 양호하다.

그러나 계절 변화에 따른 밀도차로 인한 성층발생으로 상하층 간에 수온과 용존산소의 차이로 인하여 수질 문제를 야기할 수 있어서 정기적인 관리가 필요하다.

(3) 지하수

지하수원은 얕은 지층수, 깊은 지층수, 용천수 그리고 복류수로 구분되며, 때로는 얕은 지층수와 깊은 지층수를 지하수라고 한다.

① 복류수

하천이나 호소 또는 연안부의 모래·자갈층에 함유되어 있는 지하수를 말한다. 대체로 양호한 수질을 얻을 수 있어서 그대로 수원으로 사용되는 경우가 많으며 또는 정수공정에서 침전지를 생략하는 경우도 있다.

그러나 취수량이 많아서 자연여과가 불충분한 경우에는 취수량이 증가할수록 자연여과의 효과가 감소하여 복류수가 탁하게 되는 경우도 있다.

② 우물물(지하수)

우물은 보통 불투수층 이내 정도까지 깊이의 것을 얕은 우물 그리고 그 이하 깊이의 것을 깊은 우물이라고 한다.

물이 토양층을 침투할 때 대기 중이나 지표에 포함된 미생물, 먼지, 매연, 세균류, 유기물 등은 대부분 지층에 의하여 물리적으로 제거된다.

이와 같이 지하수는 지층 내의 정화작용에 의하여 거의 무균상태인 양질의 물이 되나 얕은 우물에서는 정화작용이 불완전한 경우가 있으며, 특히 주택이나 산업시설 부근으로 오·폐수의 침투가 쉬운 곳은 자연정화작용을 기대할 수 없는 경우가 있으며 총대장균군이 출현할 경우도 있다.

③ 용천수

용천수는 지하수가 종종 자연적으로 지표로 분출되는 것으로 그 성질도 지하수와 비슷하다. 그러나 용천수는 얕은 층의 물이 솟아 나오는 경우가 많으므로 수질이 불량한 경우도 있다.

이 밖에 폐수나 해수를 적당한 방법으로 처리하면 훌륭한 수원이 될 수 있으나 아직 경제적이지 못하므로 우리나라의 경우에는 부적합한 수원이라 할 수 있다. 그러나 장래 도서지역과 지표수원이나 지하수원만으로 수원이 부족한 지역에서는 상수원으로 활용될 수 있다.

어떠한 수원을 선택하느냐에 따라 정수방법이 달라지고 취수지점의 선정도 영향을 받게 되며, 상수도시설 전반의 배치와 구조가 현저하게 달라질 수 있다. 일반적으로 수원의 후보지를 2, 3개 선정하여 필요한 조사를 충분히 실시한 후, 시설물을 설계하여 소요되는 건설비와 유지비를 종합적으로 비교 검토하여 가장 알맞는 수원을 선정하여야 한다.

4.2.4 저수시설

안정된 급수를 확보하기 위하여서는 연중 계획취수량을 안정되게 취수할 수 있는 수원을 확보하는 것이 기본이다.

수원으로서 수량이 풍부한 지하수나 하천표류수를 이용할 수 있는 경우에는 저수시설을 설치할 필요는 없지만, 일반적으로 신규로 지표수를 취수하고자 하는 경우에는 기존의 수리권과 경합되기 때문에 저수시설을 건설하는 수자원 개발이 필요하다. 즉, 독자적으로 전용댐을 설치하거나, 다목적댐시설계획에 참여함으로써 필요한 취수량을 확보할 수 있다.

저수시설의 형식을 선정할 때에는 계획취수량, 장래 수질, 설치지점, 구조상의 안정성, 경제성, 환경에 대한 영향 등에 관하여 검토한다.

표 4.2 저수시설의 형태별 분류

분류	저수방법	비고
댐	계곡 또는 하천을 콘크리트나 토석 등에 의해 구조물로 막고 풍수 시 하천수를 저류하고 방류량을 조절하여 하천수를 효과적으로 이용한다.	소양강댐, 안동댐, 충주댐, 남강댐, 합천댐, 섬진강댐, 주암댐, 대청댐, 운문댐, 영천댐
호소	호소에서 하천에 유출하는 유출구에 가동보나 수문을 설치하고 호소 수위를 인위적으로 변동시켜 이의 상하한 범위를 유효저수 용량으로 할 수 있다.	
유수지	과거에는 치수 측면에서만 생각했던 유수지를 이용하여 유수지 바닥을 깊이 파는 작업 등에 의하여 이수용량을 확보할 수 있다.	

표 4.2 저수시설의 형태별 분류(계속)

분류	저수방법	비고
하구둑	과거에는 바닷물이 강물과 혼합됨으로써 이용할 수 없었던 하천수를, 하구 부근에 둑을 설치함으로써 이용할 수 있도록 한다.	안성천, 삽교천, 영산강, 금강, 낙동강 하구둑
저수지	본래 농업용으로 만들었으나 준설 등의 재개발에 의하여 상수도용으로 사용할 수 있다.	
지하댐	지하의 대수층 내에 차수벽을 설치하여 상부에서 흐르는 지하수를 막아서 저류하는 동시에 하부에서 스며드는 바닷물의 침입을 막는다.	

4.3 취 수

4.3.1 계획취수량

계획 1일 최대급수량에 기준을 두어야 하며, 도수 및 송배수 시설에서의 손실과 정수장에서의 역세척수를 포함하여야 한다. 이에 따라 계획취수량은 계획 1일 최대급수량보다 5~10% 정도 증가시켜야 한다.

4.3.2 수원별 취수시설의 위치

(1) 하천수 취수지점의 선정조건

① 장래에 일어날 수 있는 수심의 변화, 하상의 상승 혹은 저하에 대비해서 유속이 완만한 지점을 선택하여야 한다.

② 취수지점과 그 주위지역은 지질이 견고한 상태여야 하며, 홍수나 산사태에 의해서 취수가 방해를 받거나 취수시설이 피해를 받지 않는 지점이어야 한다.

③ 취수지점은 하수에 의한 오염이 생기지 않는 곳이어야 하며, 바닷물의 역류에 의한 영향이 없는 곳이어야 한다.

④ 장래의 하천개수계획을 고려해서 그 실시에 지장이 생기지 않는 지점이어야 한다.

(2) 호소수 취수지점의 선정조건

① 하수가 유입되는 지점은 피하여야 하고 바람이나 흐름에 의하여 호소 바닥의 침전물이 교란될 가능성이 적은 지점을 선택하여야 한다.

② 항로에 가까이 위치하는 지점은 피하여야 한다.

③ 취수지점은 갈수기의 계획저수위에서도 계획취수량을 확보할 수 있어야 한다.

④ 취수시설의 축조를 위해서 양호한 기초지반을 가진 지점이어야 한다.

(3) 저수지 취수지점의 선정조건

① 파랑, 산사태 등에 의해 수원의 탁도가 커지거나 부유물이 떠내려 오는 점은 피하여야 한다.

② 취수시설을 안전하게 축조할 수 있는 견고한 지반이어야 한다.

③ 취수지점은 갈수기의 계획저수위에서도 계획취수량을 확보할 수 있어야 한다.

④ 다목적 저수지의 경우에는 관계자간의 협조와 조정을 거쳐서 취수시설의 위치를 결정하여야 한다.

(4) 지하수 취수지점의 선정조건

① 해수의 영향을 받지 않는 지점이어야 한다.

② 부근의 우물이나 집수매거에 되도록 영향을 적게 미치는 지점을 선정하여야 한다.

③ 얕은 층의 물이나 복류수의 경우에는 오염원으로부터 15 m 이상 떨어져서 장래에도 오염원의 영향을 받지 않는 지점이어야 한다.

④ 복류수의 경우에 장래 일어날 수 있는 유로변화 혹은 하상의 저하 등을 고려하고 하천개수계획에 지장이 없는 지점을 택하여야 한다. 그리고 하상 원래의 지질이 이토질인 지점은 피해야 한다.

4.3.3 수원별 취수

상수도의 수원은 지표수(하천수, 호소수 및 저수지수)와 지하수로 구분된다. 취수시설은 두 경우 모두 양질의 물을 안정적으로 취수하고 유지관리가 용이해야 한다.

(1) 하천수의 취수

하천수의 취수시설은 최대 홍수 시나 최대 갈수 시에도 지장을 받지 않고 계획취수량을 취수할 수 있는 구조로 축조되어야 한다. 세굴, 유수, 유빙 또는 유사 때문에 취수가 불가능한 경우에는 보호시설을 설치하여야 한다. 하천수를 취수하는 취수 시설로는 표 4.3과 같이 취수보, 취수탑, 취수문, 취수관거 등이 널리 이용된다.

표 4.3 하천수 취수시설의 비교

취수시설	취수보	취수탑	취수문	취수관거
개략도				
기능 · 목적	하천수를 막아 계획취수위를 확보하여 안정된 취수를 가능하게 하기 위한 시설로서, 둑 본체·취수구·침사지 등이 일체가 되어 기능을 한다.	하천 수심이 일정 이상이 되는 지점에 설치하면 연간 안정적인 취수가 가능하다. 취수구를 상하에 설치하여 수위에 따라서 좋은 수질을 선택, 취수할 수 있다.	취수구시설에서 스크린, 수문 또는 물받지를 설치하여 일체가 되어 작동하게 된다.	취수구를 복단면하천의 바닥 호안에 설치하여 표류수를 취수하고 관거부를 통해서 제내지로 도수하는 시설이다.
특징	안정된 취수와 침사 효과가 큰 것이 특징, 개발이 진행된 하천 등에서 정확한 취수조정이 필요할 경우, 대량 취수할 때, 하천 흐름이 불안정한 경우 등에 적합하다.	대량 취수 시 경제적인 것이 특징, 유황이 안정된 하천에서 대량으로 취수할 때 특히 유리하다. 취수언제에 비해서 일반적으로 경제적이다.	유황, 하상, 취수위가 안정되어 있으면 공사와 유지관리도 비교적 용이하고 안정된 취수가 가능하나, 갈수 시, 홍수 시, 결빙 시에는 취수량 확보 조치 및 조정이 필요하다.	유황이 안정되고 수위의 변동이 적은 하천에 적합하다. 시설은 지반 이하에 축조되므로 하천 흐름이나 치수, 주운 등에 지장이 없다.
취수량의 대소	보통 대량 취수에 적합, 그러나 간이식은 중·소량 취수에도 사용된다.	보통 대·중용량 취수에 쓰인다. 특히 대량 취수의 경우 우수하다.	보통 소량 취수에 이용된다. 그러나 언제에 비해서는 대량 취수에도 쓰인다.	보통 중규모 이하의 취수에 쓰이며, 언제와 병용해서 대량 취수도 가능하다.
취수량의 안전상황	안정된 취수가 가능하다.	보통 안정된 취수가 가능하다.	하천유황의 영향을 직접 받으므로 불안정하다. 그러나 하천유황이 안정되고 관리가 잘되는 소규모에서는 안전성이 높다.	보통 안정된 취수가 가능하다. 그러나 하천의 변동이 큰 곳에서는 취수에 지장이 발생되는 경우도 있다.
하천의 유량	유황이 불안정한 경우에도 취수가 가능하다.	보통 유황이 안정된 하천에 적합하다.	보통 유황이 안정된 하천에 적합하다.	보통 유황이 안정된 하천에 적합하다.
하천유심의 상황	유심이 안정한 곳이 아니면 취수구의 매몰 우려가 있음. 그러나 모래제거문을 설치하므로 매몰을 방지할 수 있다.	유심이 불안정한 곳에는 취수구가 매몰되거나 노출되는 우려가 있으므로 부적합하다.	유심이 안정된 하천에 적합하나.	유심이 안정된 하천에 적합하다.

표 4.3 하천수 취수시설의 비교(계속)

취수시설	취수보	취수탑	취수문	취수관거
수심의 상황	보통 영향이 적다.	갈수기에 일정 수심을 확보할 수 없는 곳에서는 취수 불가능하게 된다. 수심은 2 m 이상 필요하다.	갈수 시 일정 수심 확보가 안되면 취수가 불가능하다.	갈수기에 일정 수위 이상의 수심이 확보 안 되면 취수 곤란, 일반적으로 관거 내면 상단이 갈수위보다 30 cm 낮게 설치한다.
토사유입 등의 상황	모래제거기능의 적절한 유지, 취수구의 기능적 설계에 의해서 토사 유입은 매우 적다. 따라서 정수장의 부하는 별로 적다. 그러나 하천 표면의 부유물이 스크린에 걸리기 쉬우므로 그 대책을 검토해야 한다.	취수언제와 달리 어느 정도의 모래유입은 피할 수 없다. 그러나 하천유량에 따라 수문조작으로 상당히 방지할 수 있다. 부유물 대책은 유입속도에 비해서 하천유속이 빠른 경우가 많아서 취수언제보다 유리하다.	토사유입의 방지는 거의 불가능하다. 부유물 대책도 비교적 곤란하다.	어느 정도의 토사 유입은 피할 수 없다.

(2) 호수 및 저수지의 취수

지형·지리적 조건을 이용하여 뚝을 축조하여 그 상류로부터 유입되는 물이나 우수를 수원으로 하며, 취수방법은 일반적으로 하천수의 취수법에 따른다. 취수시설은 호소 및 저수지의 계획최저수위에서도 지장 없이 계획수량을 취수할 수 있는 구조이어야 한다. 미생물의 발생과 탁도의 분포를 고려하여 임의의 수위에서 취수할 수 있도록 취수구의 위치를 정하고, 다목적 저수지인 경우에는 관계자간의 조정에 의하여 취수시설의 구조를 결정하여야 한다.

취수지점은 가급적 오염을 피하기 위하여 호안으로부터 상당히 먼 지점에서 취하여야 한다. 외기의 온도 변화, 파도, 결빙의 영향을 받지 않도록 수면으로부터 3~4 m, 특히 큰 호수나 저수지에서는 10 m 이상 깊은 곳으로부터 취수하는 것이 좋다.

표 4.4 호소 및 저수지 취수시설의 비교

취수시설	취수탑		취수문	취수틀
	고정식	가동식		
개략도				

표 4.4 호소 및 저수지 취수시설의 비교(계속)

취수시설	취수탑		취수문	취수틀
	고정식	가동식		
기능·목적	호소, 저수지의 대량 취수시설로서 많이 쓰인다. 취수구의 배치를 고려하면 선택 취수가 가능하다.	저수지 등의 수심이 특히 깊고 일반적으로 철근 콘크리트 구조의 취수탑 축조가 곤란한 경우에 많이 이용된다.	취수구시설로 스크린, 취수문 또는 문비를 설치하여 일체가 되어 작동하게 된다.	호소의 중·소량 취수시설로 많이 쓰인다. 구조가 간단하고 시공도 비교적 용이하다. 수중에 설치되므로 호소 표면수는 취수할 수 없다.
특징	수위 변화가 많은 저수지에서도 계획취수량을 안정되게 취수할 수 있는 것이 특징이다.	수위변동에 따라 표면수를 취수하는 것이 특징이다. 필요에 따라 임의의 수심에서도 취수가 가능하다.	호소상황, 취수위가 안정되어 있으면 공사 및 유지관리도 비교적 용이하여 안정취수가 가능하나 갈수 시, 홍수 시, 결빙 시에는 취수량 확보조치 및 조정이 필요하다.	단기간에 완성하고 안정된 취수가 가능하다.
취수량의 대소	보통 대량 취수에 적합하다.	취수량의 대소에 관계 없이 이용되고 있다.	보통 소량 취수에 쓰인다.	보통 소량 취수의 경우에 쓰인다.
취수량의 안정상황	안정된 취수가 가능하다.	좌와 같다.	갈수기에 호소에 유입되는 수량 이하로 취수할 계획이면 안정 취수 가능하다.	보통 안정 취수가 가능하다.
수위의 변화	보통 영향이 적다.	좌와 같다.	보통 수위변동이 적은 호소 등에 적합하다.	보통 영향이 적다. 그러나 틀이 노출이 안 되도록 고려해야 한다.
수질의 상황	수문 조작으로 선택 취수가 가능하므로 비교적 양질의 원수가 취수된다.	선택취수의 가능으로 수온, 수질에 따라 취수가 가능하다.	좌와 같다.	호소의 수질 변화에 직접 영향 받는다.
수심의 상황	전혀 영향을 안 받으나 수심이 너무 깊으면 탑의 안전성 확보 면에서 적당하지 않다.	수심이 큰 경우에 적당하다.	전혀 영향이 없다.	영향 없이 취수 가능하나 일반적으로 수심이 깊으면 유지관리가 곤란하고, 비교적 얕은 장소에 적합하다.

(3) 지하수의 취수

지하수는 지층수와 암장수의 형태로 존재하며, 복류수는 하천수나 하상(호소상) 또는 그 부근 지하에 흐르는 물로서 이를 취수하는 데는 주로 집수매거가 이용되며 얕은 우물을 이용하는 경우도 있다. 지층수 중에는 자유지하수와 피압지하수가 있으며, 자유지하수는 지하의 가장 얕은 부에 있는 모래나 자갈 등의 지층 중에 함유된 지하수로서 강수량의 변동에 의해서 수위가 변동되며 수량 자체도 증감된다. 또한 대수층이 지표에서 얕기 때문에 지상으로부터 오염되기 쉽다. 자유지하수의 취수시설로는 얕은 우물이 일반적으로 이용된다. 피압지하수는 대수층이 불투수층 지층에 의해서 눌려있기 때문에 압력을 받으며, 경우에 따라서는 지상으로 분출되는 때도 있다. 피압지하수는 주로 모래, 돌과 같은 공극을 갖는 지층 내에 존재하며 수온은 연간 일정하고 수질도 양호하다. 피압지하수의 취수시설로는 깊은 우물이 이용된다.

용천수는 지층수, 암장수가 지표로 용출되는 지하수로 집수정으로 취수가 가능하다. 강변여과수(복류수) 취수는 강둑에 집수정을 설치하여 취수하는 방식으로 집수정의 위치에 따라서 표류수와 지하수가 적당량씩 혼합된다. 하천수를 직접 취수하여 상수원으로 이용하는 방법보다 유기물질이 60~70%가 제거된 보다 깨끗한 원수를 확보할 수 있다.

지하수 취수방법으로 잘 이용되고 있는 취수시설의 특성과 구조는 표 4.5와 같다.

표 4.5 지하수 취수시설

취수시설	집수매거	얕은 우물		깊은 우물
		얕은 우물	방사상집수정	
기능·목적	제내지, 제외지, 구하천 부지 등의 복류수를 취수하는 시설	제내지 또는 제외지에 설치한다. 우물을 파거나 케이싱을 설치한다. 바닥 또는 측면으로 취수된다.	제내지 또는 제외지에 설치한다. 대구경으로 바닥부근에 다공집수관을 방사형으로 설치한다. 일반 얕은 우물에 비해서 다공집수관을 설치한 만큼 집수면적이 크다.	피압지하수를 양수하며 케이싱의 구경은 150~400 mm의 것이 많다. 양수방법은 거의 수중모터펌프에 의한다.
특징	복류수의 유황이 좋으면 안정된 취수가 가능하며 비교적 양호한 수질이 기대된다. 지상 구조물이 축조되지 않은 경우의 취수시설로서 유효하다. 얕은 때는 노출, 유실의 우려가 있다.	간이 취수방법이다.	다공집수관의 위치가 깊으므로 자연정화작용이 기대되어 오탁이 진행되고 있는 하천 등에 유리하다. 일반 얕은 우물에 비해서 다량의 취수가 가능하다.	양수되는 지하수는 일반적으로 수온, 수질이 안정되어 있다.
취수량의 대소	보통은 소량 취수에 쓰인다.	보통은 소량 취수에 쓰인다.	보통은 소량 취수에 쓰이나 대수층이 두꺼운 때는 중용량의 취수에도 쓰인다.	우물로서는 비교적 다량의 취수에 이용된다.
취수량의 안정상황	하천 바닥에 묻어 있기 때문에 관리가 어렵고 막혀서 취수가 불량할 때가 있다.	비교적 안정된 취수가 가능하다.	과잉취수가 없으면 안정 취수가 가능하다.	안정된 취수가 가능하다.
하천의 상황	유황의 영향이 비교적 적다.	영향이 거의 없다.	좌와 같다.	보통은 관계가 없다.

표 4.5 지하수 취수시설(계속)

취수시설	집수매거	얕은 우물		깊은 우물
		얕은 우물	방사상집수정	
하천 유심의 상황	보통은 영향이 적으나 유심이 안정되어 있는 곳이 바람직하다.	좌와 같다.	보통은 영향이 적다.	관계 없다.
수심의 상황	보통은 영향이 적다.	좌와 같다.	좌와 같다.	좌와 같다.
토사 유입 등의 상황	침투된 물을 취수하므로 토사유입은 거의 없고 대개는 수질도 좋다.	좌와 같다.	보통은 양질의 물을 얻는다.	보통은 없다.

① 우물의 수리

우물에서 양수를 시작하면 우물의 수면과 우물 주위 대수층의 지하수위 차이에 의해서 우물 주위로부터 우물로 물이 흘러 들어온다. 따라서 우물 주위 대수층의 지하수위는 우물 경계에서부터 강하하기 시작하여 지하수위는 우물을 향하여 경사를 갖는 원추형의 곡선이 된다. 이러한 곡선을 수면강하곡선(draw down curve)이라 한다. 우물에서 장기간 양수를 한 후에도 수면강하가 일어나지 않는 지점까지의 우물로부터 거리를 영향권 반경(radius of influence area)이라 하며 수면강하곡선의 경계를 이룬다.

가) Darcy의 법칙

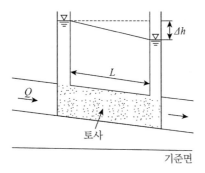

그림 4.2 Darcy의 실험

Darcy는 그림 4.2와 같이 2개의 수조를 연결하는 관 속에 길이 L의 부분에만 토사를 채우고 그 양단에 망을 설치하여 토사의 이동을 방지한 후, 지하수 유속에 대하여 실험을 하였다. 관의 단면적을 A, 수조의 수위차를 Δh라 하고 유량 Q를 측정하면,

$$Q = KA\frac{\Delta h}{L} = KAI \tag{4.1}$$

가 된다. 따라서 유속 V는

$$V = \frac{Q}{A} = K\frac{\Delta h}{L} = KI \tag{4.2}$$

가 되어 유속은 동수경사 I에 비례한다. 이 관계를 Darcy의 법칙이라 한다.

K는 물의 점성계수와 토사의 공극률 및 입경 등에 따라 변화하는 계수이며, 이것을 투수계수 (hydraulic conductivity 또는 coefficient of permeability)라 하며, 속도의 차원 $[LT^{-1}]$과 같다. 다시 정리하면, 다음과 같다.

$$V = KI = K \cdot \frac{\Delta h}{L} \tag{4.3}$$

여기서, V : Darcy의 평균유속(간극으로만 흐르는 유속)

I : 동수경사 $\left(\dfrac{\Delta h}{L}\right)$

K : 투수계수

Darcy의 법칙은 층류인 경우에만 적용할 수 있고 Lindquist는 Re<4의 범위에서 사용하라고 권하고 있으나 Re<10까지 사용 가능한 것으로 알려져 있다.

예제 4.1

지하의 사질 여과층에서 수두차 h가 0.5 m이며, 투과거리가 2.5 m일 경우에 이곳을 통과하는 지하수 의 유속은? (단, 투수계수는 0.3 cm/sec이다.)

해설

$$V = KI = K \cdot \frac{\Delta h}{L} = 0.3 \times \frac{0.5}{2.5} = 0.06\,\mathrm{cm/sec}$$

예제 4.2

지름 10 cm인 연직관 속에 높이 1 m만큼 모래가 들어 있다. 모래면 위의 수위를 20 cm로 일정하게 유지시켰더니 투수량 $Q = 3\,l/hr$였다. 이때 모래의 투수계수 $K(m/hr)$는 얼마인가?

해설

$Q = KIA = K\dfrac{\Delta h}{L}A$에서, $3 \times 10^{-3} = K \cdot \dfrac{1.2}{1} \cdot \dfrac{\pi \times 0.1^2}{4}$ $\therefore$ $K = 0.3183\,\mathrm{m/hr}$

나) 굴착정

그림 4.3과 같이 우물이 불투수층을 뚫고 피압대수층의 물을 양수할 때 이를 굴착정(artesian well)이라 한다.

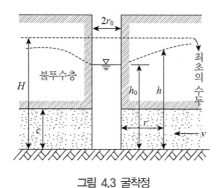

그림 4.3 굴착정

정상 피압대수층의 양수로 보고 모든 곳에서 우물을 향하여 물이 수평으로 흐른다면, 우물의 중심을 원점으로 하여 우물의 양수량 Q는 반경 r, 높이 c(피압대수층의 두께)인 원통 둘레를 통하여 흐르는 유량이다. 따라서 다음과 같이 나타낼 수 있다.

$$Q = AV = 2\pi rcK\frac{dh}{dr} \tag{4.4}$$

$$dh = \frac{Q}{2\pi cK}\frac{dr}{r}$$

위 식을 적분하면 다음과 같다.

$$\int_{h_o}^{H} dh = \frac{Q}{2\pi cK} \int_{r_o}^{R} \frac{dr}{r}$$

$$H - h_o = \frac{Q}{2\pi cK} \ln\left(\frac{R}{r_o}\right)$$

Q에 관하여 정리하면 다음 식과 같다.

$$Q = \frac{2\pi cK(H - h_o)}{\ln(R/r_o)} \tag{4.5}$$

여기서, H : 원지하수위

h_o : 우물의 수위

R : 영향원의 반경

r_o : 우물의 반경

K : 투수계수

c : 피압대수층의 두께

식 (4.5)에서 r이 증가하면 h는 무한히 증가하는 것을 나타낸다. h의 최대치는 h의 초기치인 h_o이다. 따라서 양수가 계속되고 시간이 경과함에 따라 수면강하곡선이 강하하므로 정류는 존재할 수 없다. 그러나 실제로 $r \rightarrow \infty$ 일 때 $h = h_o$가 되므로 수면강하는 우물로부터 거리에 대수적으로 변한다. 식 (4.5)는 지하수 흐름의 평형방정식(equilibrium equa-tion) 또는 Thiem의 방정식이라 한다.

다) 심정

그림 4.4와 같이 자유수면을 갖는 비피압대수층의 우물에서 우물 바닥이 불투수층까지 도달한 경우를 깊은 우물 또는 심정(deep well)이라 한다.

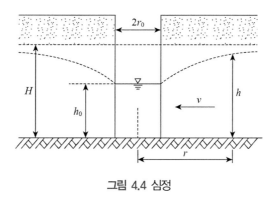

그림 4.4 심정

원통의 면적 $2\pi rh$를 통해서 우물 중심을 향하여 흐르는 유량은 우물에서의 양수량 Q와 같다.

$$Q = 2\pi rh K \frac{dh}{dr} \tag{4.6}$$

$$h dh = \frac{Q}{2\pi K} \frac{dr}{r}$$

위 식을 적분하면 다음과 같다.

$$\int_{h_o}^{H} h dh = \frac{Q}{2\pi K} \int_{r_o}^{R} \frac{dr}{r}$$

$$\frac{1}{2}(H^2 - h_0^2) = \frac{Q}{2\pi K} \ln\left(\frac{R}{r_o}\right) \tag{4.7}$$

식 (4.7)을 Q에 관하여 정리하면 다음과 같다.

$$Q = \frac{\pi K(H^2 - h_o^2)}{\ln(R/r_o)} \tag{4.8}$$

실제 응용에 있어 영향권 반경은 대략 100~500 m의 값을 선택해서 사용한다.

라) 천정

일반적으로 우물바닥이 불투수층까지 도달하지 못한 경우를 깊이의 대소에 관계 없이 천정

(shallow well) 또는 얕은 우물이라 한다.

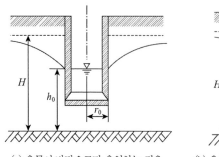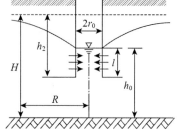

(a) 우물이 바닥으로만 유입하는 경우　　(b) 우물이 바닥과 축벽으로부터 유입하는 경우

그림 4.5 천정

[우물의 바닥으로만 유입하는 경우]
- 우물의 바닥이 수평한 경우

$$Q = 4Kr_o(H - h_o) \tag{4.9}$$

- 우물의 바닥이 둥근 경우

$$Q = 2\pi Kr_o(H - h_o) \tag{4.10}$$

여기서, r_o : 우물의 반경

[우물 바닥과 벽면으로부터 유입하는 경우]

$$Q = \frac{\pi k}{2.3\log_{10}\left(\dfrac{R}{\gamma_0}\right)} \cdot \frac{H^2 - h_0^2}{\left(\dfrac{h_0}{t} + 0.5\gamma_0\right)^{0.5}\left(\dfrac{h_0}{2h_0 - t}\right)^{0.25}} \tag{4.11}$$

② 용천수의 취수

용천수는 원수를 그대로 사용할 수 있으므로 수량이 많을 경우 제일 먼저 고려해야 할 점은 자연

상태에서 용출하는 그대로의 수질을 오염시키지 않고 취수하도록 하는 것이다. 즉, 용천수가 지상으로 용출하기 전에 취수하는 방법을 강구하여야 한다.

취수방법에는 먼저 용천수가 한 지점에 집중적으로 용출하는 경우에는 용출지점을 적당히 파고 용출부에다 집수정을 축조한 다음 이를 저수조로 겸용할 수 있도록 하며, 도수관을 집수정 내에 설치하여 취수한다. 또 용천수가 산복(山腹), 산록(山鹿) 등에서 대략 등고선을 따라 연속적으로 용출하는 경우에는 집수매거에 의한 취수방법을 택한다.

③ 복류수의 취수

복류수는 하천, 저수지 혹은 호수의 바닥이나 주변의 자갈층, 모래층 중에 함유된 것으로 취수방법은 지하 얕은 장소의 함수층에 집수매거를 설치하여 취수한다. 이 외에 Ranney 법과 극히 얕은 곳에 존재하는 함수층의 취수시설에 적합한 cut and cover 공법 등이 있다.

[집수매거의 설치]

- 집수매거는 철근 콘크리트 유공관으로 하며, 단면 형상은 원형 또는 장방형으로 한다.
- 관의 안지름은 600 mm 이상으로, 매설 깊이는 5 m를 표준으로 하나 지질이나 지층의 제약으로 부득이한 경우에는 그 이하로 할 수도 있다.
- 관벽의 집수공은 그 지름이 10~20 mm로, 그 수는 관거 표면적(1 m²)당 20~30개 정도가 되도록 한다.
- 집수공에서 유입속도는 3 cm/s 이하가 되어야 한다.
- 집수매거의 방향은 통상 복류수의 흐름 방향에 직각이 되도록 한다.
- 집수매거는 수평 또는 1/500의 구배로 매설되며, 매거의 유출단에서의 유속은 1 m/s 이하가 되도록 하여야 한다.

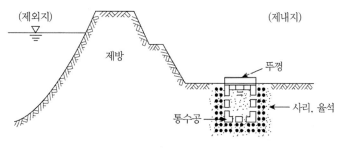

그림 4.6 집수매거

[집수매거의 취수량]

집수매거로 유입되는 물은 자유수면의 지하수로서 그 취수량은 다음 식에 의하여 산출한다(그림 4.7과 같이 지하수가 측벽에서만 유입하는 경우).

$$Q = \frac{kL(H^2 - h_0^2)}{R} \tag{4.12}$$

여기서, H : 원지하수심(m)

h_0 : 매거의 수심(m)

L : 매거의 길이(m)

R : 영향원의 반지름

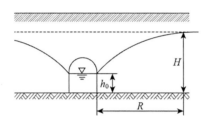

그림 4.7 집수매거를 통한 복류수의 유입

집수매거는 보통 자유수면을 갖지 않으므로, 이러한 상황은 갈수기에만 생기게 된다.

4.4 호수 및 저수지의 3대 악현상

호수 및 저수지는 물의 유동이 작아 정체 현상을 일으키는데, 이로 인하여 수질이 심하게 악화된다. 이에 관한 두드러진 현상은 성층현상과 전도현상 그리고 부영양화가 있다.

(1) 성층현상(成層現象, stratification)

수심에 따른 온도차로 인하여 발생되는 물의 밀도 변화에 의한 것으로, 호수의 물이 수심에 따라 몇 개의 층(순환대, 변천대, 정체대)으로 구분되는 현상이다.

표수층과 저층의 온도차가 심한 겨울과 여름에 일어나며, 특히 여름철에는 현저하게 나타낸다. 그리고 전도가 일어나는 봄, 가을에 비하여 수질이 비교적 안정하다.

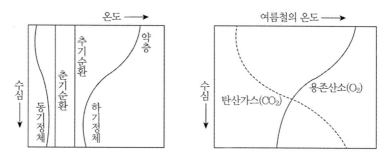

그림 4.8 수심에 따른 온도 및 수질변화

(2) 전도현상(turn over)

겨울과 여름에 정체되어 있던 물이 봄, 가을이 되면 표수층의 수온이 변하여 4°C에 이르게 된다. 이때 물의 밀도는 최대가 되어 표수층의 물은 밑으로, 저층의 물은 표수층으로 상승 이동하는데, 이러한 물의 수직 운동을 전도라고 한다.

전도현상은 봄, 가을에 일어나는 것으로 수온은 수심에 관계없이 일정하고, 약간의 바람만 불어도 수직 방향의 혼합이 일어나 침전물의 상승으로 인해 수질이 심하게 악화된다.

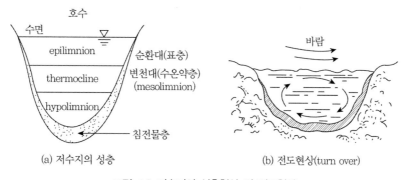

(a) 저수지의 성층   (b) 전도현상(turn over)

그림 4.9 저수지의 성층현상 및 전두현상

(3) 부영양화(富榮養化, eutrophication)

해양이나 호소(湖沼)에 있어 영양 염류가 적은 수역을 빈영양(貧榮養), 영양 염류가 많은 수역에서 조류(藻類)가 많이 발생하여 투명도가 낮은 수역을 부영양(富榮養)이라고 한다.

하수가 호소에 흘러들어 가면 하수에 포함된 많은 양의 영양 염류(N, P)가 공급되고 이것이 축적되어 조류(alge)가 대량 번식하여 물의 탁도가 증가하고 어류는 죽으며 사람이나 가축의 음료수로서도 부적합할 뿐 아니라 용수공급 및 선박운항에 방해가 된다. 이와 같은 현상을 부영양화라 한다.

이러한 부영양화의 대책은 다음과 같다.

① 유기성 하수의 유입을 방지한다.
② 하수의 배출 과정에서 N, P를 제거할 수 있는 고도 처리를 한다.
③ 조류가 과다하게 번식할 경우 황산동($CuSO_4$)이나 활성탄을 사용하여 제거한다.
④ 인을 함유하는 합성세제의 사용량 감소 및 억제한다.

1. 우리나라의 강수 현황 및 특성에 대하여 설명하시오.

2. 우리나라 하천의 지형학적 특성에 대하여 설명하시오.

3. 물의 순환 또는 수문학적 순환에 대하여 설명하시오.

4. 우리나라 수자원 이용 현황에 대하여 설명하시오.

5. 수원의 선정조건 및 구비요건에 대하여 설명하시오.

6. 수원의 종류 및 각 수원별 특징에 대하여 설명하시오.

7. 계획취수량에 대하여 설명하시오.

8. 하천수 취수시설에 대하여 설명하시오.

9. Darcy의 법칙과 우물의 종류에 대하여 설명하시오.

10. 집수매거의 설계사항에 대하여 기술하시오.

11. 모래의 두께 2 m, 투수계수 $K = 0.08$ cm/sec인 여과지에 있어서 여과지와 출구와의 수위차를 50 cm로 하고 1일 840 m^3의 물을 여과하려고 할 때 여과지의 면적은 얼마로 하면 되겠는가?

12. 어느 지역의 저수지 용량을 산정하려고 한다. 이 지역의 연평균강우량이 1,150 mm라면 저수지의 용량은 1일 계획급수량의 몇 배를 저류할 수 있어야 하는가? (단, 용량계산은 가정법에 의한다.)

13. 용천수, 복류수의 수원에 대하여 설명하시오.

14. 호소의 성층 및 물의 전도현상을 설명하시오.

15. 호소의 부영향화현상 및 진행 과정을 설명하고, 원인물질과 방지대책에 대하여 설명하시오.

CHAPTER 05 상수관거계획

상수도나 하수도 시스템에 있어서 원수, 정수 또는 하수를 한 지점에서 다른 지점으로 유송시키는 과정이 필요하다. 상수도의 수원에서 취수한 원수는 도수 과정을 통하여 정수장까지 운반되고, 정수장에서 처리된 정수는 송수 과정을 거쳐 배수지로 운반되며 배수지로부터는 배수 및 급수 과정을 통하여 상수도의 각 수요자에게 공급된다. 여기서 도수나 송수 과정은 기술적인 면에서 거의 동일하나 도수는 원수를 수송하는 과정이므로 외부로부터의 오염을 방지하기 위한 관로의 밀폐를 고려할 필요가 없으나 송수는 정수한 물을 운반하는 과정이므로 수질보호를 위해 관로의 밀폐와 유속을 함께 고려해야 한다.

상수도과정에 포함되는 모든 관로는 수리학적으로 관수로와 개수로로 구분되며, 유송방식에 따라 자연유하식과 펌프가압식으로 구분된다.

계획도수량은 계획취수량을 기준으로 하여 결정하되 장래 확장에 대한 수원의 취수량 증가 가증성이 있을 경우와 다음과 같은 경우에는 장래의 확장을 고려하여 미리 계획하는 것이 권장된다.

- 특히 시공이 곤란한 장고(터널, 제방 횡단 등)
- 장래의 확장분을 별도로 시공하기보다 동시에 시공하는 편이 장기적인 측면에서 경제적인 장소
- 장래의 확장분에 대한 용지매수나 용지취득의 곤란이 예상되는 장소

계획송수량은 계획 1일 최대급수량을 기준으로 하며 계획송수량을 결정함에 있어서는 다음과 같은 사항을 고려하여야 한다.

- 계획송수량은 기본 계획상의 계획연도의 수용수량으로 할 것
- 배수지가 복잡한 경우, 연결관의 계획송수량은 각각 계통의 수요수량에 대응함과 동시에 연결관에 의한 다른 계통으로의 보급에도 대처할 수 있도록 결정할 것
- 정수장 및 배수지가 복잡한 경우에는 합리적인 물 운용이 가능하도록 송수관의 계획송수량을 결정할 것

배수는 정수를 급수구역 내의 수요자에게 분배하거나 공공도로에 부설된 배수관에 필요한 물을 공급하는 것을 말하며, 배수시설은 음료용으로 사용되는 정수를 대상으로 하고 있으므로 외부로부터의 오염이 발생되지 않도록 하는 것은 필수적이며 또한 소요의 수압 및 수량을 확보해야 한다.

급수시설은 배수관으로부터 분기한 급수관에 의하여 각 소요처의 급수전까지 물을 보내는 것이다. 이에 따른 시설, 즉 급수시설은 급수관, 계량기, 저수조(물탱크), 급수전 등으로서 이들은 상수도시설의 최종적인 것으로 항상 외부와 접촉되므로 오염될 가능성이 크다.

5.1 관거의 수리

5.1.1 개수로

개수로(open channel) 중 개거(open conduit)는 일반적으로 원수를 수송하는 경우에 사용되며, 오염 가능성 및 미생물의 번식, 수온의 변화, 증발, 동결 등의 가능성이 커서 상수도에 적합하지 않으나 대규모 도수에는 경제적이다.

암거(closed conduit)는 개거 위에 뚜껑을 만들어 밀폐형으로 한 것으로 원수나 정수의 수송에 이용이 가능하며 단면은 원형, 계란형, 사각형 등이 있으나 원형관이 가장 널리 사용된다.

개수로의 경사는 손실수두나 지형, 유속을 고려하여 1/1,000~1/3,000의 범위 내에서 결정한다. 평균유속의 최대한도는 수로를 유하하는 모래입자에 의한 수로내면의 마모를 방지하기 위하여 3.0 m/sec로 하며, 가는 모래가 수로 내에 침전하는 것을 방지하기 위하여 최소유속을 0.3 m/sec로 하여야 한다.

수로의 단면 형상은 수리학적으로 폭이 높이의 2배인 직사각형 단면 혹은 사다리꼴 단면의 경우는 반원에 외접하는 사다리꼴 단면, 즉 저폭과 비탈면의 길이가 같은 단면이 가장 유리한 단면이 된다.

개수로의 단면 결정 시에는 시점과 종점의 수위에 의하여 수면경사를 구한 후 단면을 가정하여

평균유속공식에서 평균유속을 계산하고 여기에 가정한 단면적을 곱하여 유량을 계산한다. 계산된 유량이 계획수량이 될 때까지 단면을 가정하여 재계산을 하여 최종적으로 수로의 단면을 결정한다.

개수로에서의 평균유속을 계산하는 공식은 다음과 같다.

(1) Chezy 공식

이 공식은 1775년 Chezy에 의하여 제안된 식으로 관수로와 개수로 흐름에서 가장 기본적인 식으로 널리 사용되어왔다.

$$V = C\sqrt{RI}\,(\text{m/sec}) \tag{5.1}$$

여기서 C는 Chezy의 평균유속계수이고 R은 경심, I는 수면경사이다.

Chezy의 평균유속계수 C는 Chezy 계수라 부르며 Darcy-Weisbach의 마찰손실수두 공식에서 마찰손실계수 f와 다음과 같은 관계를 가진다.

$$C = \sqrt{\frac{8g}{f}} \tag{5.2}$$

여기서 g는 중력가속도($9.8\ \text{m/sec}^2$)이고 f는 Darcy-Weisbach 공식의 마찰손실계수이다.

(2) Manning 공식

Manning은 여러 유량측정자료와 각종 공식들을 조사하여 Chezy 계수 C와 수로의 조도계수 n 사이에 다음과 같은 관계가 있음을 제안하였다.

$$C = R^{1/6}/n \tag{5.3}$$

여기서 n은 Manning의 조도계수라 부르며 수로의 종류 및 상태에 따라 표 5.1과 같다.

식 (5.3)을 Chezy 공식에 대입하면 Manning의 평균유속공식은 다음과 같다.

$$V = \frac{1}{n}R^{2/3}I^{1/2} \tag{5.4}$$

표 5.1 조도계수 n의 값

수로 단면의 재질		n의 값
관수로	매끈한 시멘트면	0.010~0.013
	주철관	0.011~0.015
	콘크리트	0.011~0.015
	시멘트모르타르면	0.011~0.015
	타일	0.011~0.017
	벽돌	0.012~0.017
	리벳트강관	0.014~0.017
	주름형의 금속배수관	0.020~0.024
	플라스틱관	0.011~0.015
개수로	선형이 좋은 흙수로	0.018~0.025
	돌하상의 상태가 나쁜 흙수로	0.025~0.040
	아스팔트	0.013~0.017
	벽돌	0.012~0.018
	콘크리트	0.012~0.017
	자갈	0.020~0.035
	암반수로	0.025~0.045

(3) Ganguillet-Kutter 공식

Chezy의 평균유속계수 C를 구하기 위해 Bazin, Darcy 등 많은 학자들이 실험을 통하여 만든 공식으로 Ganguillet와 Kutter는 다음 식을 제안하였다.

$$V = \frac{23 + \dfrac{1}{n} + \dfrac{0.00155}{I}}{1 + \left(23 + \dfrac{0.00155}{I}\right)\dfrac{n}{\sqrt{R}}} \sqrt{RI} \tag{5.5}$$

여기서 V는 평균유속(m/s), R은 경심(m), I는 동수경사이며, n은 조도계수이다.

예제 5.1

저수지에서 정수장까지 400 m의 거리를 지름 500 mm인 덕타일 주철관을 사용하여 도수하고 있다. 관 내의 유속이 0.8 m/s라면 저수지와 정수장의 수위 고저차를 구하시오. (단, $n = 0.09$이며, Manning 공식을 적용한다.)

$I = \dfrac{h}{l}$ 이므로 Manning 공식에 의하여

$$V = \frac{1}{n} \cdot R^{\frac{2}{3}} \cdot I^{\frac{1}{2}}, \quad 0.8 = \frac{1}{0.09} \times \left(\frac{0.5}{4}\right)^{\frac{2}{3}} \times \left(\frac{\Delta h}{400}\right)^{\frac{1}{2}}$$

$$\therefore h = \left\{ \frac{0.8 \times 0.09}{\left(\dfrac{0.5}{4}\right)^{2/3}} \right\}^{2} \times 400 = 33.1776 \fallingdotseq 33.2\,\mathrm{m}$$

예제 5.2

수도관에서 $n = 0.012$이고, 동수경사는 1/1,0000이고 관 지름이 250 mm일 때의 유량(m³/hr)을 구하시오.

Manning 공식에서

$$V = \frac{1}{n} \cdot R^{\frac{2}{3}} \cdot I^{\frac{1}{2}} = \frac{1}{0.012}\left(\frac{0.25}{4}\right)^{\frac{2}{3}}\left(\frac{1}{1000}\right)^{\frac{1}{2}} = 0.415\,\mathrm{m/s} = 1494\,\mathrm{m/hr}$$

$$A = \frac{\pi}{4}(0.25)^2 = 0.049\,\mathrm{m}^2$$

$$\therefore Q = A \times V = 0.049 \times 1494 = 73.2\,\mathrm{m}^3/\mathrm{hr}$$

예제 5.3

다음 중 지름이 80 cm인 원형 관로에 물이 1/2 정도 차서 흐를 때 이 관수로의 경심을 구하시오.

$$경심\,(R) = \frac{유수단면적\,(A)}{윤\,변\,(P)}, \quad A = \frac{\pi}{4}D^2\frac{1}{2} - \frac{\pi}{8}D^2, \quad P = \pi D \times \frac{1}{2} = \frac{\pi}{2}D$$

$$\therefore R = \frac{A}{P} = \frac{\dfrac{\pi}{8}D^2}{\dfrac{\pi}{2}D} = \frac{D}{4} = \frac{80}{4} = 20\,\mathrm{cm}$$

5.1.2 관수로

　도수관은 취수지점부터 정수장까지 원수를 관수로로 도수하는 시설이며, 송수관은 원칙적으로 정수장에서 배수지까지의 단일 관로로 송수하는 것이 일반적이나 급수시설의 상대적인 설치에 따라서는 여러 곳의 배수지에 송수할 때도 있다. 이와 같은 도수관 및 송수관은 최악의 조건하에서도 필요수량을 확실하게 운송할 수 있어야 한다. 도수관의 노선은 관로가 항상 동수경사선 이하가 되도록 설정하고, 부압이 되는 것을 피해야 한다.

(1) 관의 종류

　도수 및 송수관의 관종은 닥타일(ductile)주철관, 도복장강관, 프리스트레스트콘크리트관, 프리스트레스트실린더콘크리트관, 원심력 철근 콘크리트관(Hume 관) 또는 동급 이상의 상수도용 관 등을 사용한다. 이들 관종 중 닥타일 주철관은 부식성과 관석(scaling) 형성 등을 방지하기 위하여 내면에 모르타르라이닝(KSD 4316)을 실시하고, 외면에는 외부부식에 대한 고려를 하여 역청질계도료로 도장하는 것이 필요하다.

　도수관 및 송수관은 배수관과 달리 최저수압의 제한이 없으므로 배수관으로는 사용하지 않는 프리스트레스트콘크리트관이나 원심력 철근 콘크리트관 등을 사용할 수 있다. 이들은 다른 관종에 비하여 내식성이 크지만 중량이 무겁고 진동에 대하여 이음이 약한 결점이 있다.

　표 5.2는 우리나라에서 KS규격으로 허가된 국내 생산의 상수도용 관종이다.

표 5.2 국내에서 생산되는 상수도용 관종

관종	규격	관경
수도용 원심력 닥타일주철관	KS D 4311	80~1,200
수도용 닥타일주철 이형관	KS D 4308	80~1,200
상수도용 도복장강관	KS D 3565	80~3,000
상수도용 도복장강관 이형관	KS D 3578	80~3,000
일반 배관용 스테인레스 강관	KS D 3595	8~300
수도용 에폭시수지분체내외면코팅강관	KS D 3608	6~500
수도용 폴리에틸렌 분체라이닝 강관	KS D 3619	15~100
프리스트레스트 실린더콘크리트관	KS F 4405	500~2,000
이음매 없는 동 및 동합금관	KS D 5301	8~150
원심력 철근 콘크리트관	KS F 4403	150~3,000
수도용 경질염화비닐관	KS M 3401	13~300
수도용 경질염화비닐 이음관	KS M 3402	13~300
새마을 간이상수도용 경질염화비닐관	KS M 3403	13~100
수도용 폴리에틸렌관	KS M 3408	10~150
수도용 폴리에틸렌 이음관	KS M 3411	10~50

(2) 관경의 결정

　도수관 및 송수관로의 관경의 산정에 있어서 시점의 수위는 저수위, 종점의 수위는 고수위를 기준으로 하여 동수경사를 산정하여야 한다. 도수 및 송수관은 어떤 조건 하에서도 계획수량이 유하할 수 있어야 하므로 관경은 동수경사로서 고려할 수 있는 최소의 경우에 대하여 산정해두면 안전하다.

　일반적으로 사용되는 관수로의 유량공식은 Hazen-Williams 공식으로 상수도관을 기초로 발표된 식이다.

$$V = 0.84935\,CR^{0.63}I^{0.54}\ (\mathrm{m/sec}) \tag{5.6}$$

$$Q = A\,V = 0.27853\,CD^{2.63}I^{0.54} \tag{5.7}$$

　여기서 계수 C는 다음 표 5.3과 같으며 통수연수에 따라 영향을 받게 된다.

표 5.3 Hazen-Williams 공식의 C값

관재료	C
주철관(신품)	130
주철관(통수 10년)	110
주철관(통수 20년)	95
주철관(통수 30년)	85
주철관(통수 40년)	80
콘크리트 관	120~140
강철(신품)	140~150
리벳트 강철	110
주석	130
구리	120

(3) 유속

　자연유하식 도수관의 경우에는 시점과 종점간의 낙차를 최대한도로 이용하여 유속을 가능한 한 크게 하는 것이 관경이 최소가 될 수 있다. 즉, 도수관로 및 송수관로의 평균유속의 최대한도는 관 내면이 마모되지 않도록 하기 위하여 표 5.4에 나타낸 값 이내여야 한다. 유속의 최소한도는 모래입자의 침전 방지를 위하여 0.3 m/sec로 한다. 단, 송수관로의 경우는 정수를 운반하므로 토사의 침전을 고려할 필요가 없으므로 평균유속의 최소한도를 정할 필요는 없다.

표 5.4 도수 및 송수관로의 평균유속의 최대한도

관의 내면상태	평균유속의 최대한도 (m/sec)
모르타르 또는 콘크리트	3.0
모르타르라이닝 또는 쉬일드 도장	5.0
강관, 닥타일주철, 경질염화비닐	6.0

(4) 관로 내의 마찰손실수두

관수로 내의 흐름에서는 여러 가지 원인에 의하여 수두손실이 발생하며 관의 길이가 긴 경우 손실의 거의 대부분을 차지하는 부분이 마찰손실이다.

원관 내의 마찰손실수두를 계산하는 식은 다음과 같은 Darcy-Weisbach 공식을 사용한다.

$$h_L = f \frac{l}{D} \frac{V^2}{2g} \tag{5.8}$$

여기서, h_L은 마찰손실수두, l은 관의 길이, D는 관의 내경, V는 평균유속 그리고 g는 중력가속도이다.

위 식에서 보는 바와 같이 원관 내에서의 마찰손실수두는 지경에 반비례하며 관의 길이와 속도수두 및 마찰손실계수에 비례한다. 실제 문제에서 마찰손실수두를 산정하기 위해서는 마찰손실계수의 결정이 중요하며 층류와 난류에 따라 또는 관벽의 조도에 따라 결정해야 한다.

관수로 흐름에서 에너지 손실은 주손실인 마찰손실 이외에도 흐름 방향이나 단면의 변화 등에 기인한 와류(vortex), 가속 또는 감속작용, 만곡부에서의 2차류 등에 따라 각종 손실이 발생되며, 이러한 현상은 관의 전 길이에 따라 발생하는 것이 아니라 국부적으로 발생되기 때문에 미소손실(minor loss)이라 부른다.

(5) 강관 두께의 결정

미국수도협회(AWWA)에 의한 상수도용 강관의 두께 결정 방법은 다음과 같다.

① 관 내 수압에 의한 관 두께 결정

$$t = \frac{pd}{2\sigma_w} \tag{5.9}$$

여기서 t는 관체의 두께(mm)이고 p는 관 내의 수압(kg/cm^2), d는 관의 내경(mm)이다. 그리고 σ_w는 강관의 허용응력(kg/cm^2)이며 통상 강관 항복점 응력의 60%이다.

예제 5.4

송수관의 관 두께를 결정할 때 다음과 같은 조건에서 관 두께 t를 구하시오. (단, σ_a : 허용응력 25 kg/cm^2, P : 수압 7.5 kg/cm^2, D : 관의 공칭 안지름은 500 mm이다.)

해설

$$t = \frac{P \cdot D}{2\sigma_a} = \frac{7.5 \times 50}{2 \times 25} = 7.5 \, cm$$

예제 5.5

안지름이 600 mm인 원형 주철관에 수두 100 m의 수압이 작용하고 주철관의 허용인장응력 $\sigma_{ta} = 120 \, kg/cm^2$일 때 강관의 소요 두께를 구하시오.

해설

$$t = \frac{PD}{2\sigma} = \frac{10 \times 60}{2 \times 120} = 2.5 \, cm$$

※ 수두 100 m = 10 kg/cm^2

② 외압에 의한 관 두께 결정

강관 매설 후 되메우기, 토압 및 통과차량에 의한 압력으로 관 내 도장을 손상시키지 않기 위하여 액상 에폭시 도복장강관인 경우에는 이들 중량에 의한 관체변형이 관경의 5% 미만이어야 하고, 시멘트모르타르 도장인 경우 관경의 3% 미만이어야 한다. 통과차량에 의한 작용하중에는 50 %의 토피(土被)를 감안한 충격계수를 고려하여야 한다.

③ 특수부분 외압에 의한 관 두께 결정

대기에 노출시키는 강관을 교량형식으로 지지하고자 할 때에는 그 지지형식이 새들(saddle)인지 또는 링거더(ring girder)인지에 따라 그 지지부의 응력을 검토하여야 한다.

5.2 도수 및 송수

5.2.1 도수 및 송수방식

도수는 수원에서 취수한 물을 정수장까지, 송수는 정수장으로부터 정수된 물을 배수지까지 보내는 것을 과정이며, 도수 및 송수방식은 노선의 시점과 종점 간의 고저에 의한 수위차 및 노선의 지형에 따라 자연유하식과 펌프가압식으로 구분할 수 있다.

또한 유송관로를 수리학적으로 분류하면 개수로와 관수로로 구분되며 도수관로에서는 개수로를 채택할 수 있으나 관수로와 개수로를 비교할 때는 동수경사, 지표면상태, 경제성, 수질보전 등을 고려하여 결정하여야 하며, 동수경사선이 지표면보다 높을 때에는 일반적으로 관수로를 채택한다.

① 자연유하식

중력식이라고도 하며 펌프를 사용하지 않고 경사로 인한 중력의 작용으로 유하하는 것을 말하며 암거, 터널 등도 만류상태가 아닌 흐름은 개수로의 수리학적 원리를 따른다.

개수로는 수두경사선(hydraulic grade line)과 수면이 일치하며 자유수면을 가지는데, 뚜껑이 있는 암거(closed conduit)와 뚜껑이 없는 개거(open conduit)의 두 가지 형태가 있으나 송수관로는 물론 도수관로의 경우도 외부로부터의 수질 오염을 받지 않고 증발에 의한 손실이나 생물 등의 번식이 없는 암거를 사용하는 것이 바람직하다. 또한 개수로는 수압을 받지 않기 때문에 외부로부터 오수가 쉽게 유입할 우려가 있어 특별한 경우 이외에는 송수관로에는 사용하지 않는 편이 좋고 주로 도수관로에 이용된다.

정수장과 배수지 사이에 필요한 수량을 송수하기 위해 충분한 수위차를 확보할 수 있는 경우에는 안정성이 높고, 유지관리가 용이하며, 동력비가 불필요한 자연유하식이 일반적이다. 그러나 정수장이 배수지의 위치보다 낮은 경우나 필요한 수량의 송수에 충분한 수위차가 확보될 수 없는 경우에는 펌프가압식으로 하는 것이 바람직하다.

자연유하식의 특징은 다음과 같다.

- 도수나 송수가 안전하며 확실하다.
- 유지관리가 용이하며 유지관리비가 적게 든다.
- 관로의 길이가 길어지며 이에 따라 건설비가 많이 든다.
- 급수지역의 선택이 자유롭지 못하다.
- 오수의 침입 우려가 있다.

② 펌프가압식

자연유하식은 유지관리상 안전은 확실하지만 시점수위가 종점수위보다 낮을 때는 펌프가압식을 택할 수밖에 없다. 관로가 최소동수경사선 밑에 위치하고 있으면 노선을 비교적 자유로이 선택할 수 있으므로 지형의 기복 때문에 같은 기울기로 도수가 불가능한 경우에는 지표면의 종단형상과 관계없이 물을 수송할 수 있는 압력관로를 사용하는 것이 바람직하다. 즉, 도수 및 송수방식은 시점과 종점의 유효낙차, 노선연장, 지형, 도수량 및 송수량, 경제성 등을 종합 검토하여 결정하여야 한다.

펌프가압식의 특징은 다음과 같다.

- 수원을 지형에 관계없이 급수구역 가까운 곳에서 택할 수 있다.
- 거리가 짧으면 건설비가 절감되고 수압조절을 임의로 할 수 있어 관의 손실, 누수, 사고 등을 줄일 수 있다.
- 전력 등의 유지관리비가 많이 든다.
- 정전이나 펌프의 고장 등 수송에 대한 안전성이 떨어진다.

5.2.2 노선의 결정

관로의 노선은 원칙적으로 공공도로 또는 수도 용지로 하여야 한다. 노선의 평면 혹은 종단 계획 시에는 수평이나 수직의 급격한 굴곡을 피하고 어느 경우라도 최소동수경사선 이하가 되도록 하여야 한다. 만일 노선 계획 시 불가피하게 관이 동수경사선보다 상승하는 경우에는 상류 측의 관 지름을 크게 하여 동수경사선을 상승시킨다. 만일 펌프의 양수거리가 클 경우에는 필요에 따라 관로에 안전 밸브 또는 조정탱크 등을 설치하여 수격작용에 대비하여야 한다. 또한 사고의 경우를 고려하여 필요에 따라 관을 2조 부설하고 중요한 장소에 연결관을 설치하여야 한다.

그밖에 가능한 한 마찰손실수두가 최소가 되도록 노선 결정 시 관로의 연장을 짧게 하는 것이 좋으며 양호한 지반을 택하도록 하여야 한다.

5.2.3 관로의 매설

공공도로에 도수 및 송수관을 매설할 때는 도로법에 의해 도로관리자와 협의하여야 하며 도로관리자와의 협정이 없을 경우와 공공도로 이외에 관을 매설할 경우에는 다음의 기준을 따라야 한다.

- 관의 매설 깊이

  관 지름 900 mm 이하 : 120 cm 이상

  관 지름 1,000 mm 이상 : 150 cm 이상

지반이 암반인 경우 등으로 부득이 관을 기준보다 얕게 매설할 경우에는 관 보호공을 설치해야 하며, 한냉지에서의는 동결심도보다 20 cm 이상 깊게 매설하여야 하며, 구경 500 mm 이상의 관에서는 관경의 0.5배 이상 깊게 매설하여야 한다.

관로의 매설 깊이는 토압과 노면 하중으로부터 관을 보호하는 것이므로 토질, 노면상태, 도로등급과 종별에 따라 달라지며, 또 관의 재질, 구조, 관경에 따라 결정하여야 하지만 일반적으로 관경이 클수록 흙의 피복깊이를 깊게 해야 한다.

5.3 배 수

5.3.1 배수계획

배수시설은 정수를 저류, 수송, 분배, 공급하는 기능을 가지며 배수지, 배수탑, 고가 탱크(이하 '배수지 등'이라 한다), 배수관, 펌프 및 밸브와 기타 부속설비로 구성된다. 배수시설은 합리적인 계획으로 배치하여 시간적으로 변동하는 수요량에 대하여 적정한 압력으로 연속적이면서 안정적으로 공급하는 것은 물론, 유지관리가 효율적이고 용이한 것이어야 한다. 또한 배수 과정에서 정수가 오염되거나 변질되지 않도록 수질을 적절하게 유지하고 관리해야 한다. 더욱이 소방용수를 고려하여 시설을 설계하고 배치하는 것도 중요하므로 함께 배려해야 한다.

배수시설의 계획은 신설이든 개량이든 사전조사 및 검토를 충분히 행한 후 정비계획을 세워 평상시는 물론 비상시에 필요한 물의 공급을 확보할 수 있도록 안정성이 높은 시설을 목표로 하여야 한다.

(1) 계획배수량

배수관의 계획배수량은 평상시에는 해당 배수구역의 계획시간 최대배수량으로 하며, 화재 시에는 계획 1일 최대급수량의 1시간당의 수량과 소화용수량을 합산한 것으로 한다.

계획배수량은 배수관의 관 지름을 산정하는 데 필요한 수량이며 평상시에는 각각의 배수관이 담당하는 계획배수구역의 계획 1일 최대급수 시의 시간 최대배수량으로서 그 배수구역 내의 계획급수인구 전체가 계획시간 최대배수량을 일제히 사용한다고 가정하여 결정하는 것이다.

① 계획시간 최대배수량

계획시간 최대배수량은 배수시설의 규모를 결정하는 데 기준이 되는 양으로서 계획연수의 1일 최대급수량 사용일의 시간적 최대 1시간당 수량을 의미한다.

즉, 계획시간 최대배수량은 계획 1일 최대급수량의 1시간량에 대도시와 공업도시에서는 30% 증가량, 중소도시에서는 50% 증가량, 소도시 또는 특수지역에서는 100% 증가량을 표준으로 하게 된다.

이를 식으로 표시하면 다음과 같다.

$$계획시간\ 최대배수량 = \frac{계획\ 1일\ 최대급수량(\mathrm{m}^3/일)}{24} \times K$$

여기서 K값은 시간계수로서 시간최대배수량의 시간평균배수량에 대한 비율이며 다음과 같은 값을 가진다.

표 5.5 도시규모에 따른 가중치

도시의 규모 및 형태	K
대도시와 공업도시	1.3
중도시	1.5
소도시 또는 특수지역	2.0

② 소화용수량

배수지의 용량 및 배수관 산정 시에는 기준수량에 소화용수량을 가산하여야 한다. 배수지가 담당할 계획급수구역 내의 계획연수 인구가 5만 이하일 때는 다음 표에 나타낸 수량 이상을 배수지 용량에 더해준다.

표 5.6 배수지 용량에 가산할 소화용수량

인구(만 명)	소화용수량(m³)
0.5 이하	50
1 〃	100
2 〃	200
3 〃	300
4 〃	350
5 〃	400

표 5.7 계획 1일 최대급수량에 가산할 인구별 소화용수량

급수인구(만 명)	소화용수량(m³/min)	급수인구(만 명)	소화용수량(m³/min)
0.5 미만	1 이상	0.6 미만	8 이상
1 미만	2	7 미만	8
2 미만	4	8 미만	9
3 미만	5	9 미만	9
4 미만	6	10 미만	10
5 미만	7	–	–

(2) 배수방식

배수방식에는 자연 낙차를 이용하는 자연유하식(gravity system)과 펌프를 사용하는 펌프가압식(direct pumping system) 및 이들을 병용하는 방식이 있다.

자연유하식은 배수지가 급수지역보다 높은 위치에 있을 때 사용되며 정수장으로부터 배수지까지의 송수는 자연유하 또는 펌프를 이용한다.

자연유하식의 장점은 양수장치의 설치와 그에 따른 동력비 등의 소요가 불필요하며, 운정요원 등의 인건비가 감소되고, 정전 시 단수의 염려가 없다는 것 등이다. 반면 단점은 배수관의 파열 시 응급조치가 늦어지면 다량의 물이 누출되기 쉬우며, 평상시에 수량과 수압의 조절이 곤란하고 야간 또는 동절기에는 필요 이상으로 수압이 높아져 배·급수관의 누수 및 파열을 초래할 우려가 있다. 안정급수의 확보를 위해서는 자연유하식이 바람직하나 상기한 바와 같은 이유로 적당한 곳에 압력밸브를 설치하여 수압의 조절에 유의해야 한다.

펌프가압식의 장점은 다음과 같다.

평상시 급수구역의 필요수압을 적절하게 조절할 수 있고, 간선 파열 시에도 쉽게 단수, 감압, 통보 등 응급조치를 취하기 쉬워 관에서의 분출수에 의한 피해를 방지할 수 있다. 또한 배수시설의 위치가 지형상의 지배를 받는 일이 적으며 배관상 적당한 위치를 선택할 수 있는 이점이 있다.

펌프가압식의 단점은 외부로부터 오염의 우려는 없으나 펌프 설치나 동력비 등의 경상비가 많이

소요되며 정전 등으로 인한 단수의 우려가 있다. 또한 수압으로 인한 관의 파열 등으로 누수의 우려가 있다.

배수지의 위치가 자연유하식으로 하기에는 충분한 높이가 확보되지 않은 경우 배수지 위치에 펌프가압장을 설치하여 필요한 기간 동안만 펌프 직송방식을 취하거나 혹은 중간에 2차 배수지를 설치하여 시간적으로 필요한 경우에만 보충하는 방법을 사용할 수 있으므로 이들 방법을 적당히 조합하여 사용할 수 있다.

5.3.2 배수시설

(1) 배수시설의 배치

배수시설은 시간에 따라 변화하는 상수도 소비량을 충족시키고 운영 수압을 균등하게 조절하기 위한 목적으로 설치되며 배수시설의 전체적인 배치는 물이 지닌 위치에너지를 최대한 활용하고, 전력비 등을 절약할 수 있는 배치로 하는 것이 바람직하다. 배수시설의 배치 시 고려할 사항은 다음과 같다.

① 지형, 지세에 대하여 적합한 시설을 택한다.
② 배수관은 원칙적으로 관망(pipe network)을 형성하도록 배치하며 합리적인 배수구역을 설정하고 배수관의 적정배치에 의해서 관망을 계획할 수 있도록 한다.
③ 유지관리가 용이하며, 관리비가 경제적인 배치로 해야 한다.
④ 정수시설 및 송수시설과의 조정 및 유지관리가 편리한 위치를 택한다.
⑤ 인접한 다른 수도사업자 등의 배수관, 송수관과 연결을 도모한다.

(2) 배수지

배수지는 계획배수량에 대하여 잉여수를 저장하였다가 수요 급증 시 부족량을 보충하는 조절지의 역할과 급수구역에 소정의 수압을 유지하기 위한 시설이다.

① 위치
배수지의 위치는 가능한 한 급수구역의 중앙에 위치하는 것이 수두손실의 감소에 의한 관경의 축소나 경제적인 배수관 부설을 위해 바람직하다. 또한 배수지의 높이는 관 말단부에서 최소 $1.5\,\mathrm{kg/cm^2}$ (수두 15 m)의 동수압이 확보될 수 있는 높이에 위치해야 한다.

급수구역 내의 지반 고저차가 30~40 m로 현저할 경우나 지역이 넓은 경우는 배수관의 경제성과 유지관리의 안전성으로 볼 때 고지역, 저지역, 중지역의 2~3개 구역으로 나누어서 각 구역마다 배수지를 만들거나 감압 밸브 또는 증압 밸브를 설치해야 한다.

② 용량

배수지는 생산량과 급수량의 조절 때문에 필요한 시설이므로 계획 1일 최대급수량이 발생하는 날의 시간적 변화를 추정하여 용량을 계산한다.

배수지에는 매일 일정량의 정수가 배수지에 보내지나 사용량에는 시간적 변화가 있기 때문에 사용량이 적은 야간에 정수를 저류하여 주간에 필요한 수량을 배수지에서 유출시켜 수급의 균형을 유지하게 된다.

그림 5.1에서 보듯이 사선부는 계획 1일 최대급수량의 1시간분을 초과하는 시간급수량을 나타낸 것으로 과거 실적에 의하면 5.68시간분이 됨을 나타내며 여기에 소화용수량 및 기타 여유 수량을 가산하여 배수지의 유효용량은 급수구역의 계획 1일 최대급수량의 8~12시간분을 표준으로 하고 적어도 6시간분 이상의 용량을 확보함을 원칙으로 한다.

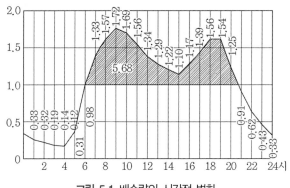

그림 5.1 배수량의 시간적 변화

배수지 고수위와 저수위와의 간격인 유효수심은 3~6 m를 표준으로 하며, 구조는 수밀구조로 하여 외부 온도의 영향을 받지 않도록 한다.

예제 5.6

그림 5.1은 어떤 도시에서 급수량의 시간적 변화를 나타낸 것이다. 급수비율이 1.0 이상인 사선 부분 면적은 5.68시간이다. 이 도시에서 1일 최대급수량이 12,000 m³/day일 때 배수지의 용량을 구하시오.

계획 1일 최대급수량에 의한 배수지의 용량

$$C = D \times \frac{t}{24}$$

여기서, C : 배수지 용량(m^3)

D : 계획 1일 최대급수량(m^3/day)

t : 배수지 저수시간(hr)

그림에서 빗금 친 부분의 면적이 저수시간을 나타내므로

$$\therefore \ C = 12000 \times \frac{5.68}{24} = 2843 \ \text{m}^3$$

(3) 배수탑 및 고가 탱크

배수탑 및 고가 탱크는 배수구역 내에 배수지를 설치하는 적당한 높은 장소가 없을 경우에 배수량의 조절이나 펌프가압구역의 수압조절 등을 목적으로 설치되는 구조물이다.

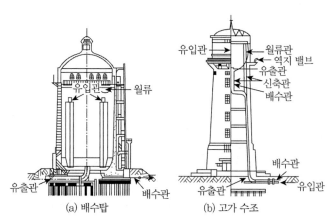

그림 5.2 배수탑 및 고가 탱크

일반적으로 배수량을 조절하기 위한 목적일 경우에는 배수지와 같은 기능을 발휘해야 하기 때문에 유효용량은 배수지에 준해서 산정한다.

설치 위치는 배수지와 마찬가지로 원칙적으로 배수구역의 중앙 부근에 설치하나, 수압조절의 목적을 겸하는 경우에는 말단 부근의 적당히 높은 위치에 설치하는 것이 유리할 때도 있다.

이 구조물은 구조적으로나 위생적으로 안전하고 충분한 내구성 및 수밀성을 지닐 수 있는 구조이어야 하므로 철근 콘크리트, 프리스트레스트 콘크리트 또는 강재 구조물로 제작해야 한다. 형상은 수압, 풍압에 대해 안전하도록 원형이 많이 쓰인다.

배수탑의 총수심은 20 m를 한계로 하며, 고가 탱크의 수심은 3~6 m를 기준으로 한다.

5.3.3 배수관로

(1) 배수관의 배치

배수관의 배치, 즉 관망의 설계 시 주의해야 할 사항은 관망을 형성하지 않고 관망에서 분지되어 있는 배수관의 유량과 수압을 항상 고려해야 한다. 분지관의 말단에서는 평상시는 물론 화재 시에도 소정의 최소동수압이 필요하므로 분지관의 분지점에서 필요한 동수압을 확보하여 두어야 한다.

배관상 특별히 주의해야 할 것은 물의 정체, 즉 사단(dead end)을 형성시키지 않는 일이다. 사단은 물을 정체 부패시키며 한랭의 지방에 있어서는 동결의 원인이 된다.

배수관의 배치방식에는 망목식, 수지상식, 종합식 및 기타 방식이 있으며, 일반적으로 사단을 방지하기 위한 배관의 배치방식은 망목식이 좋다.

① 망목식(網目式 또는 格子式, gridiron system)

관을 망목(그물 모양)처럼 서로 연결하는 것으로, 사단과 단수 지역이 안 생기고 수압도 유지하기 쉬우며 화재 시 유리하다. 그러나 고가의 공사비가 요구된다.

② 수지상식(樹枝狀式, branching system)

간선은 주도로를 따라 매설되고 지선은 모두 사종점(死終點)을 가지도록 배관되는 방식이다. 나뭇가지 모양으로 말단으로 갈수록 가늘어지고 수압이 저하된다. 시공이 쉬운 반면 단수 지역이 생기기 쉽고 사종점의 물이 정체하여 냄새, 맛, 적수(赤水) 등의 원인이 된다.

③ 종합식

망목식과 수지상식을 병용한 방식으로 지형이 허락하는 곳에서는 물의 순환을 위해 망목식으로 하고, 그렇지 못한 곳에는 수지상식으로 하여 공사비가 적게 소요되는 이점이 있다.

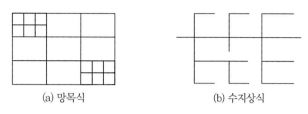

| (a) 망목식 | (b) 수지상식 |

그림 5.3 배수관망

(2) 배수관망 해석

관망 설계를 위하여 가장 많이 사용되는 방법에는 Hazen-Williams 공식이 이용되는 등치관법과 Hardy Cross 법(반복 근사해법)이 있다.

① 등치관법(等値管法, the equivalent pipe method)

Hardy Cross 법에 의해서 관망을 설계하기 전에 복잡한 관망을 좀 더 간단한 관망으로 골격화시키기 위한 예비 작업에 적용할 수 있다. 관 내부로 일정한 유량의 물이 흐를 때 생기는 수두손실이 대치된 관에서 생기는 수두손실과 같을 때 그 대치된 관을 등치관이라 한다.

그림 5.4 등치관

지름이 D_1인 관을 지름 D_2인 등치관으로 바꾸는 경우의 식은 Hazen-Williams 공식으로부터 다음과 같이 얻을 수 있다.

$$Q_1 = KCD_1^{2.63} h_1^{0.54} L_1^{-0.54}$$
$$Q_2 = KCD_2^{2.63} h_2^{0.54} L_2^{-0.54}$$

(5.10)

$Q_1 = Q_2$, $h_1 = h_2$이므로 다음과 같다.

$$\frac{Q_1}{Q_2} = 1 = \left(\frac{D_1}{D_2}\right)^{2.63}\left(\frac{L_2}{L_1}\right)^{0.54} \tag{5.11}$$

따라서 다음과 같은 식이 성립된다.

$$L_2 = L_1\left(\frac{D_2}{D_1}\right)^{4.87} \tag{5.12}$$

길이와 지름이 각각 $D_1 L_1$ 그리고 $D_2 L_2$인 병렬로 연결된 관을 길이와 지름이 D_x, L_x인 등치관으로 바꾸어보면 관 1과 관 2는 모든 조건이 같고 길이만 다르므로 다음 식이 성립된다.

$$Q_1 = Q_2\left(\frac{L_2}{L_1}\right)^{0.54} \tag{5.13}$$

예제 5.7

길이가 700 m, 안지름이 50 cm인 관을 안지름 20 cm의 등치관으로 바꾸었을 때의 길이를 구하시오.

해설

등치관이란 어느 배수관로에서나 흐름에서 유속계수가 같고, 같은 유량에 대하여 동일한 수두손실을 나타내는 관을 말하며, 다음 식으로 나타낸다.

$$L_2[\text{m}] = L_1\left(\frac{D_2}{D_1}\right)^{4.87} = (700\text{m})\left(\frac{0.20}{0.50}\right)^{4.87} ≒ 8.07\,\text{m}$$

② Hardy Cross 법

관망이 간단한 경우에는 등치관법에 의하여 계산이 되지만, 관망이 대단히 복잡한 경우에는 등치관법으로 안되므로 이 경우에는 Hardy Cross 법을 사용해야 한다. 이를 적용하면 관망에서의 유량과 수두손실을 정확히 계산할 수 있다.

이 방법은 처음에 적절히 배수관망의 형상을 배치함으로써, 관망을 구성하는 각 관로의 안지름, 연장 및 관의 조도가 주어진 것이라 하고, 또한 관망의 각 절점에서 유입 또는 유출하는 유량이 주어진 것이라 하여, 각 관로의 유량과 손실수두를 구하는 것이다. Hardy Cross의 계산법에 있어서 하나의 폐합관은 다음과 같은 조건을 만족하는 것으로 가정한다.

가) 각 분기점 또는 합류점에 유입하는 수량은 그 점에서 정지하지 않고 전부 유출한다.
나) 각 폐합관에 있어서 시계 방향 또는 반시계 방향으로 흐르는 관로의 손실수두의 합은 0이다.

지금 관망에서 정류량(Q), 가정 유량(Q_0), 보정 유량(ΔQ)이라 하고, 이에 대응하는 관로의 손실수두를 각각 h_L, $h_L{}'$, Δh_L이라 하면 다음과 같다.

$$Q = Q_0 + \Delta Q, \ \ h_L = h_L{}' + \Delta h_L$$

$$h = f\frac{l}{D} \cdot \frac{V^2}{2g} = f\frac{l}{D} \cdot \frac{1}{2g}\left(\frac{4Q}{\pi D^2}\right)^2 = kQ^2$$

$$h = h' + \Delta h = k(Q' + \Delta Q)^2$$

$$= kQ_0^2 + 2kQ_0\Delta Q + k\Delta Q^2$$

(5.14)

ΔQ^2를 무시하면 다음과 같다.

$$h' + \Delta h = kQ_0^2 + 2kQ_0\Delta Q$$

$$\therefore \ \Delta h = 2kQ_0\Delta Q$$

지금 ABDCA의 회로를 예를 들어 계산하면 다음과 같다.

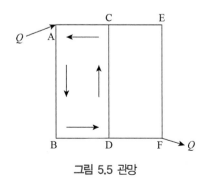

그림 5.5 관망

$$\sum h = h_{AB} + h_{BD} + h_{DC} + h_{CA} = 0$$

$$\therefore \ \sum h = \sum h' + \sum \Delta h = 0$$

$$\therefore \ \sum h' = -\sum \Delta h = -\sum 2kQ_0 \Delta Q \qquad (5.15)$$

$$\therefore \ \Delta Q = \frac{-\sum h'}{2\sum kQ_0}$$

ΔQ는 회로 ABDCA에 대한 보정량이다. 같은 방법으로 다른 회로에서도 계산하여 가정 유량에 보태면 각 관로의 보정된 유량 $Q_0 + \Delta Q$가 된다. 이 값을 기준으로 하여 각 관의 손실수두를 계산하여 폐합관에 대한 $\sum h_L \coloneqq 0$이 되도록 반복계산함으로써 점차적으로 옳은 값을 구하게 된다.

(3) 수압 및 유속

최소동수압은 $1.5 \ \mathrm{kg/cm^2}$를 표준으로 하나, 5층 이하 직결급수 시행지역은 $2.5 \ \mathrm{kg/cm^2}$를 기준으로 한다. 최대동수압은 가능한 $4 \ \mathrm{kg/cm^2}$ 이내로 하는 것이 타당하다.

표 5.8 수도용 보통압 주철관의 경제적인 유속

관 지름(mm)	75~150	200~300	350~600
유속(m/s)	0.7~1.0	0.8~1.2	0.9~1.4

예제 5.8

배수지의 저수위와 배수구역 관말까지의 관로 길이가 $3 \ \mathrm{km}$이고 관로 경사가 3%일 때 두 지점 간의 고저차를 구하시오. (단, 배수관말의 적정 수압을 고려한다.)

해설

① 배수관말의 최소수압을 수두로 나타내면, $1.5 \ \mathrm{kg/cm^2} = 15 \ \mathrm{m}$

② $I = \dfrac{\Delta h}{L}$에서, $\Delta h = I \cdot L$이므로 여기에, 최소수압을 고려하면,

$$\therefore \ \Delta h = \frac{3}{1000} \times 3000 + 15 = 24 \ \mathrm{m}$$

(4) 매설위치와 깊이

유지관리의 용이성을 고려하여 공공도로에 관을 부설하며 이 경우 도로법 및 기타 관계법령을 따르고 또한 도로관리자와의 협정에 따른다.

기타 배수관의 매설 시 고려할 사항은 다음과 같다.

① 보도에 부설하는 배수관의 매설 깊이는 흙 두께 90 cm 정도를 표준으로 한다.
② 도로관리자와의 협정이 없을 경우나 공도 이외에 관을 매설할 경우에는 관 지름 900 mm 이하는 120 cm 이상, 관 지름 1,000 mm 이상은 150 cm 이상의 매설 깊이를 가지도록 해야 한다.
③ 지하 매설물과는 최소 30 cm 이상 간격을 두어야 한다.
④ 오수관과 부득이하게 인접 시는 오수관보다 높게 매설한다.

(5) 관로의 부속시설

① 소화전

소화전은 소화용수를 공급하기 위해 소화용 호스를 연결한 수전으로서 소방활동에 편리한 곳에 설치하여야 하므로 일반적으로 도로의 분기점, 교차점 부근 등에 설치한다.

배치는 도로 연도의 건물상황에 따라 100~200 m 간격으로 설치하며 소화전 지름의 크기는 63.5 mm를 표준으로 한다.

② 제수 밸브

유지관리 및 사고 발생 시 통수, 배수, 충수 작업을 위한 시설로서 관의 파손, 누수, 공사, 관의 세정, 배수, 분기공사를 위하여 설치한다.

제수 밸브는 중요한 역사이편, 교량, 철도 횡단 등의 전후, 니토관 및 계통이 다른 배수관의 연결관에는 반드시 설치하며, 직선 구간에도 500~1,000 m 간격으로 설치한다.

③ 감압 밸브와 안전 밸브

감압 밸브는 상류부의 고압수를 저압으로 변화시켜 하류로 보내는 밸브이며, 안전 밸브는 관로 내에 이상한 수압이 생기는 경우, 관의 파열을 방지하기 위해 자동적으로 물을 배출하는 밸브이다.

감압 밸브는 수압이 다른 배수구역을 연결하는 경우와 수압이 지나치게 높은 그 상류 측의 배수관에 설치하며, 안전 밸브는 배수 펌프 또는 가압 펌프의 출구나 기타 수충작용이 일어나기 쉬운 곳에 설치한다.

④ 공기 밸브

관 내의 공기를 자동적으로 배제하고 흡인하는 밸브로 배수지관에는 특별히 공기 밸브를 설치할 필요가 없으나 배수 본관에는 관로의 제일 높은 부분에 공기 밸브를 설치한다. 제반 규정은 도·송수관의 공기 밸브와 동일하다.

(6) 관로표지

관의 식별을 위하여 매설관에는 사업자명, 시공자명, 부설연도, 제조업체명 등을 적절한 방법으로 표시하여야 한다. 관 지름 80 mm 이상의 상수도 관로에는 반드시 관로표지를 설치하여야 하며 관로표지의 위치는 다음과 같다.

① 도로상의 직선구간은 25 m 내외
② 고수부지, 제방, 하천, 임야는 200 m에 1개소
③ 관로 및 관 지름 변경지점
④ 분지점 및 관로 교차지점
⑤ 기타 유지관리에 필요한 지점

(7) 누수 방지

누수는 정수가 낭비되는 것이므로, 그 손실은 경제적인 면뿐만 아니라, 수자원의 효율적 이용이라는 점에서도 문제가 된다. 또한 손실은 그 외에 누수가 발생하는 곳은 단수 시에 부압이 발생하여 역으로 오수를 빨아들이므로 위생상 중대한 문제가 되며, 배수관의 통수 능력도 누수량만큼 더 필요하므로 배수관의 용량을 그만큼 크게 하지 않으면 안 된다. 누수를 감소시키면 그만큼의 수량을 간접적으로 확장공사에 의하여 증량시킨 것과 동일한 효과를 나타낸다.

① 누수가 발생하기 쉬운 장소
가) 주철관의 납이음의 누출
나) 메커니컬 이음의 누수
다) 강관의 부식으로 인한 누수
라) 관의 절손으로 인한 누수
마) 배킹 재료의 노후에 의한 누수
바) 이음시공의 불량으로 인한 누수

② 누수량의 산정

누수공으로부터의 유량은 관 내 압력수두의 제곱근에 비례하며, 다음 식으로 계산한다.

$$Q = \sqrt{\frac{P}{P_0}} Q_0 \qquad (5.16)$$

여기서, Q : 관 내 압력수두가 $P[\text{kg/cm}^2]$일 때의 누수량

Q_0 : 관 내 압력수두가 $P_0[\text{kg/cm}^2]$일 때의 누수량

5.4 급 수

(1) 설계수량

급수장치의 설계 수량은 1인 1일당 사용수량, 단위바닥면적당 사용수량 또는 각 수전의 용도별 사용수량과 이들의 동시 사용률을 고려한 수량을 표준으로 하여 결정한다. 다만, 수조를 만들어 급수하는 경우에는 사용수량의 시간적 변화나 탱크의 용량을 고려하여 정한다.

(2) 급수방식

① 직결식

배수관의 관 지름과 수압이 급수장치의 사용수량에 대하여 충분한 경우에 적용되는 것으로 2층 건물까지는 이 방식에 의한 급수를 할 수 있다.

② 탱크식

고층 건물에는 수도 직결식으로는 수압이 낮아 급수가 불가능하고 수세식 변소에서 수도 직결 세척밸브를 사용하는 장치는 유량이 많기 때문에 수도 계량기나 세척 밸브 등의 손실수두가 커서 배수관의 동수압이 부족하다. 때문에 장치의 중간에 저치 탱크나 고치 탱크 또는 압력 탱크를 설치 하여 일단 여기에 저수하였다가 말단에 급수하는 간접적인 방법을 탱크식이라 한다.

탱크식 급수방식을 필요로 하는 경우는 다음과 같다.

가) 배수관의 수압이 소요압에 비해 부족할 경우

나) 일시에 많은 수량을 필요로 하는 경우

다) 항시 일정한 수량을 필요로 하는 경우

라) 배수관의 고장에 따른 단수 시에도 어느 정도의 급수를 지속시킬 필요가 있는 경우

마) 배수관의 수압이 과대하여 급수장치에 고장을 일으킬 우려가 있는 경우

③ 병용식

고층 건물에서 2~3층 정도까지는 직결식 급수로, 그 이상의 층은 탱크식 급수를 행하는 방식이다. 탱크는 어떠한 경우라도 밝고 환기가 잘 되며, 점검이 쉽고 절대로 오염을 받지 않는 장소에 설치한다. 특히 저위층 탱크는 위치 결정에 유의할 필요가 있으며, 탱크는 철근 콘크리트조 또는 강판제로 하고 상부에는 덮개를 설치하여 방수에 충분히 유의한다.

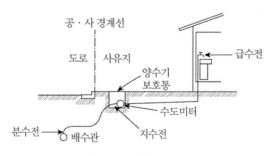

그림 5.6 급수장치의 표준도

(3) 급수관

급수장치는 공도(公道) 아래에 설치되어 있는 배수관으로부터 분지(分枝)하여 각 수용자의 급수전에 이르기까지의 설비를 말하는 것으로, 기구비 및 공사비는 대부분 토지 및 가옥의 소유자가 부담한다.

급수관은 강도가 크고 가공이 쉬우며 가격이 싼 것이 요구된다. 급수관은 대부분 지름 50 mm 이하의 것이 이용되며 관의 종류로는 다음과 같은 것이 있다.

① 납관

일반적으로 납관이라 함은 합금납관을 말한다. 합금납관은 납에 소량의 다른 금속을 가한 것이다. 납관은 점성이 크고 굴곡, 절단, 접합이 모두 쉬우므로 설치에 편리하나 내압, 동결 및 외상에 약하

고 알칼리에 부식되기 쉬우므로 콘크리트에 매설할 수는 없다.

② 아연도금 강관

탄소강 강관에 용용아연을 도금한 것으로 내압, 외압에 대해서는 강하지만, 산이나 해수에 부식되기가 쉬우며 가공도 어렵다. 여러 가지 형태의 관이 있다.

③ 동관

가볍고 만곡성도 크고 인장강도가 크며 시멘트에 침식되지 않는 반면에 얇기 때문에 찌그러지기 쉽다. 운반 취급에 주의를 요한다.

④ 경질 염화비닐관

인장강도가 비교적 크고 부식되지 않으며, 경량으로 가공이 매우 쉬운 반면에 열이나 충돌에 대하여 약한 단점을 가지고 있다. 여러 가지 형태의 관이 있다.

⑤ 폴리에틸렌관

경질 염화비닐관에 비해 만곡성도 크고 가벼우며 내한성, 내충돌 강도가 작고 가연성이다. 고온에 대하여 약하다.

⑥ 기타

관 지름이 50 mm 이상인 것을 사용하는 경우에는 상기의 관 이외에 주철관, 강관, 석고 시멘트관 등도 이용된다.

(4) 부속설비

① 분수전(分水栓)

배수관으로부터 급수관을 분지하는 데 사용하는 기구로, 내식성이며 누수가 없는 구조와 재질이어야 한다.

② 지수전(止水栓)

급수의 개시, 중지 혹은 장치의 수선 등 기타의 목적으로 급수를 제한 또는 정지하기 위해 사용하는 기구이다.

③ 급수전

급수관의 말단에 접속되어 사용자가 자유로이 개폐하여 필요로 하는 수량을 얻는 기구 및 장치를 말하며, 한랭지나 동절기에는 동결로 인한 파열에 대한 적절한 방한장치가 필요하다.

④ 계량기

사용수량을 정확히 계량하기 위해서 급수관의 도중에 설치하며, 설치 장소로는 부지 내에서 점검이 쉽고 건조한 장소로서 관거 내에 설치한다.

설치 위치로는 원칙적으로 급수관과 같은 지름의 것을 급수전보다 낮은 위치에서 수평으로 설치한다.

⑤ 저수조(물탱크)

안정적인 급수나 비상시의 급수를 위하여 설치하며, 위치에 따라 지하저수조, 고가수조, 가정용 수조로 구분한다.

(5) 급수관의 마찰손실수두

급수관의 마찰손실수두 계산은 관 지름이 50 mm 이하의 경우에는 다음과 같은 Weston 공식에 의한다. 관 지름 80 mm 이상의 관에 대해서는 Darcy-Weisbach 공식에 준한다.

$$h_L = \left(0.0126 + \frac{0.01739 - 0.1087d}{\sqrt{V}}\right) \cdot \frac{l}{d} \cdot \frac{V^2}{2g} \tag{5.17}$$

여기서, h_L : 관의 마찰손실수두(m)

V : 관 내의 평균유속(m/s)

l : 관의 길이(m)

d : 관의 안지름(m)

g : 중력가속도(9.8 m/s^2)

(6) 급수관의 매설 깊이와 포설

급수관의 매설심도는 일반적으로 60 cm 이상으로 하는 것이 바람직하며, 관 지름 80 mm 이상의 관에 있어서는 관 지름 900 mm 이하는 120 cm 이상, 1,000 mm 이상은 150 cm 이상으로 한다.

한랭지에 있어서는 동결심도 이하에 매설하여야 하며, 급수관을 매설물과 근접하는 장소에 포설할 때는 타 매설물과 적어도 30 cm 이상의 간격을 유지하여야 한다. 또한 급수관이 노출 배관되는 장소는 적당한 간격으로 건물에 고정시켜야 한다.

5.5 부대시설

(1) 터널

터널은 일반적으로 지형상 하천을 수원으로 하는 경우 수문식 취수구로부터 정수장까지의 도수에 이용되며 또는 개거수로가 산악 등을 통과하는 경우에 부설된다. 일반적으로 공사비가 많이 소요되나 수로연장이 단축되고 수두의 손실이 적은 이점이 있다. 터널의 단면형상으로는 상악터널의 경우, 보통 말굽형 단면이나 원형 단면 등이 이용된다. 터널의 단면은 계획 도수 및 송수량을 유하할 수 있는 크기를 가져야 하며 단면 결정 시 수심을 터널 높이의 약 80 % 이하로 결정하는 것이 안정된 흐름상태를 유지하기에 안전하다. 유속은 침전이 발생하지 않도록 0.8~1.0 m/sec가 적당하며 마모를 피하기 위해 3.0 m/sec를 초과하지 않도록 한다.

수로 터널은 물의 확실한 수송이 최대의 목적이므로 수밀성을 높이기 위해 지반이 양질의 지반이라 할지라도 콘크리트라이닝을 하여야 한다.

터널을 압력수로로 사용하는 경우에는 내외부 수압에 견디기 위해 철근 콘크리트로 라이닝하는 것이 좋으며, 입출구부에는 강관 또는 닥타일주철관과 연결하거나 안질이 좋지 않은 구간에 대해서는 30 cm 이상 강관 또는 닥타일주철관을 삽입하여야 한다.

(2) 수로교

도수 및 송수관거가 깊은 계곡이나 하천을 횡단할 경우에 상수도 전용교량을 설치하여 상부구조를 수로로 이용하는 경우가 있다. 그 밖에 관 자체를 주 보(beam)로 하는 수관교를 가설하거나 기존의 공공도로교에 관을 부설하는 교량첨가관을 이용하는 방법이 있다.

(3) 침사지(grit chamber)

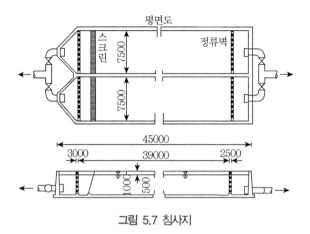

그림 5.7 침사지

하천에서 원수를 취수하는 경우, 취입구 직후에서 도수로 지점 가까이에 설치하여 물과 함께 유입하는 토사, 자갈 등을 침전, 제거하기 위한 목적을 가진다. 침사지는 가능한 한 취수구에 가까운 제내지에 설치하여야 하며 모양은 장방형으로서 유입부는 점차적으로 확대되고 유출부는 차차 축소되는 형태로 만든다. 침사지의 길이는 폭의 3~8배가 되게 한다.

장방형의 모양을 가진 침사지에서 길이는 다음 식을 이용하여 결정한다.

$$L = k\left(\frac{h}{u}V\right) \tag{5.18}$$

여기서 L은 침사지의 길이(m), h는 유효수심(m), u는 모래의 침강속도(cm/sec), V는 지내의 평균유속(cm/sec)이며 k는 1.5~2.0 범위의 값을 가지는 안전율이다.

모래입자의 침강속도는 표 5.9에 나와 있다.

표 5.9 모래입자의 침강속도

입자의 직경 (mm)	침강속도 (cm/sec, 10°C)	비중
0.30	3.2	
0.20	2.1	
0.15	1.5	2.65
0.10	0.8	
0.08	0.6	

침사지의 수는 청소, 수리 등에 대비하기 위하여 최소한 2개 이상으로 설치하며 그렇지 않은 경우에는 격벽을 설치하여 분리하거나 우회시킬 수 있도록 측관(by-pass)을 설치하여야 한다.

상수도용 침사지의 각종 제원은 다음과 같다.

- 용량 : 계획취수량을 10~20분간 저류할 수 있는 용량
- 평균속도 : 2~7 cm
- 여유고 : 지내에 월류설비가 없을 때는 60~100 cm, 월류설비가 있을 때에는 30 cm
- 유효수심 : 3~4 m가 표준이며 침전되는 모래의 높이를 감안하여 0.5~1 m의 여유를 추가
- 바닥경사 : 종방향으로는 1/100, 횡방향으로는 중앙을 향하여 1/50

(4) 양수정(gauging well)

송수량을 측정하기 위하여 송수관로의 시점 또는 종점 두 곳에 설치하거나 거리가 짧을 때에는 한곳에 설치한다. 시점과 종점 두 곳에 설치하면 두 곳의 유량을 비교하여 관로의 고장, 누수 등을 발견할 수 있다.

(5) 접합정(junction well)

관로의 수압을 경감하는 목적으로 설치하는 것이므로 그 위치는 실제로 작용하는 정수압이 관종의 최대사용정수두 이하가 되고 배수하기 용이한 수로가 있는 부근에 장소를 선정한다.

또한 관로의 도중에 설치하는 경우는 수압을 조절할 목적으로 설치하기 때문에 관로에 작용하는 수압 외의 수리학적 상황을 종합적으로 검토하여 결정하여야 한다.

(6) 맨홀(manhole)

맨홀은 사고의 가능성이 많은 수관교, 역사이펀, 제수 밸브, 지형과 지질이 변하는 장소와 기타 중요한 장소에 설치하며, 일반 관로에도 관경 800 mm 이상인 경우에는 관로 내부의 검사와 보수를 위하여 적당한 간격으로 설치한다.

(7) 제수 밸브(gate valve, regulating valve)

유지관리에 있어 수량을 조절하기도 하고, 사고 또는 공사 시에 단수를 하여 작업을 신속히 행하기 위한 목적을 가진 밸브이며, 설치기준은 다음과 같다.

- 도수관 및 송수관의 시종점, 분기장소, 연결관 및 중요한 이토관에는 원칙적으로 제수 밸브를 설치하고 역사이편부, 교량, 철도횡단 등으로 사고의 가능성이 크고 복구가 곤란한 곳에서는 그 전후에 설치하여야 한다.
- 전항 이외의 장소에도 3~5 km 간격으로 설치하는 것이 바람직하다.
- 수압이 높은 장소에서 관 지름 400 mm 이상인 제수 밸브에는 부제수 밸브를 설치하여야 한다.
- 관 지름 800 mm 이상의 제수 밸브실에는 밸브 후단에 맨홀을 설치하는 것이 바람직하다.
- 제수 밸브실은 도로의 종류별, 배관의 지름별 및 현장조건에 따라 소형, 중형, 대형으로 구분하여 설치하여야 한다.
- 제수 밸브실은 이상수압의 발생을 감지하기 위한 수압계 및 배수 및 점검을 위한 설비를 갖추어야 한다.

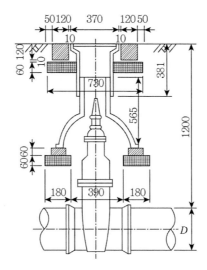

그림 5.8 제수 밸브실(단위 : mm)

(8) 공기 밸브(air valve)

공기 밸브는 관 내의 공기를 자동적으로 배제하고 배수 시에 관 내로 공기를 흡인시키기 위한 목적으로 설치된다. 공기 밸브실의 지하수위보다 높을 때는 오수가 역류하지 않도록 필요한 높이의 관을 연결해서 공기 밸브가 지하수위보다 높은 위치에 설치되도록 한다.

공기 밸브는 관로의 상단부에 설치하며 관 지름이 400 mm 이상인 경우에는 쌍구공기 밸브 또는 급속공기 밸브를 설치하여야 하며 필요에 따라 보수용의 제수 밸브를 설치하여야 한다.

(9) 역지 밸브(check valve)

펌프의 고장이나 정전 등으로 물의 압송이 중단되는 경우 관 내 물의 역류로 인한 펌프의 손상을 방지하기 위하여, 또는 고지 배수지로 연결된 송수관의 말단부, 긴 상향경사의 시점 등에 순간적으로 물의 역류를 차단하기 위한 목적을 가진다.

(10) 배출수설비

이 설비는 이토관(泥吐管), 또는 배니관(排泥管)이라고도 하며 관을 부설했을 때 관저에 남는 이토나 모래 등을 배출시키고 또한 평소 관 내 청소와 정체수의 배제 등을 하기 위한 목적을 가진다.

(11) 신축이음

온도 변화에 따른 관로의 수축 작용으로 인하여 관벽에 균열이 발생하거나 수로교 전후에 부등침하의 가능성에 대비하여 신축이음을 설치한다. 신축이음은 일반적으로 관수로의 경우에는 20~30 m, 개수로의 경우에는 30~50 m 간격으로 설치한다.

(12) 역사이펀관(inverted syphon)

관로가 하천, 철도 및 기타 지하 장애물을 횡단할 때 설치한다. 역사이펀은 유지관리가 곤란하고 양단부 접속실에 검불이 모이고, 가스가 발생하는 등 결점이 있다.

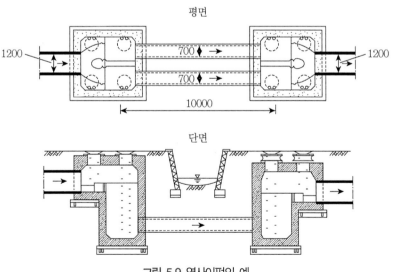

그림 5.9 역사이펀의 예

역사이펀의 구조는 장애물 양측에 수직으로 역사이펀실을 설치하고 이들을 수평 또는 하향 경사의 역사이펀 관거로 연결한다. 역사이펀관은 청소, 보수 등의 유지관리를 위하여 2조 이상의 복수로 설치하며, 연약지반에서는 기초를 완전하게 하여 부등침하에 대비할 수 있어야 한다.

1. 도수 및 송수방식에 대하여 설명하시오.

2. 개수로와 관수로의 특징과 유속 공식을 설명하시오.

3. 관 내 마찰손실수두 산정 공식과 소손실에 대하여 설명하시오.

4. 침사지의 역할, 위치 및 설계사항에 대하여 설명하시오.

5. 어떤 정수장에서 3 km 떨어진 배수지로 5 m³/s의 유량을 송수할 때 관로의 손실수두(또는 관로경사)가 2%라면 송수관의 지름을 구하시오. (단, 마찰손실만 고려하며 손실계수 f = 0.030이다.)

6. 수평으로 부설한 지름 30 cm, 길이 1,500 m의 주철관 수로로 1일 10,000톤의 물을 수송할 때 펌프에 의한 송수압이 5.5 kg/cm²이면 관수로 끝에서 일어나는 압력을 구하시오. (단, 마찰손실계수 f = 0.033)

7. 제수 밸브와 역지 밸브에 대하여 설명하시오.

8. 개수로 및 관수로의 유속범위와 최소 및 최대유속을 제한하는 이유에 대하여 설명하시오.

9. 계획배수량에 대하여 설명하시오.

10. 배수지의 역할, 위치 및 용량에 대하여 설명하시오.

11. 배수관의 배치방식에 대하여 설명하시오.

12. Hardy Cross 법의 가정사항에 대하여 쓰시오.

13. 급수방식에 대하여 설명하시오.

14. 급수관의 종류 및 특성에 대하여 설명하시오.

CHAPTER 06 정 수

6.1 개 요

대개의 경우 원수 그 상태로는 수도수로 사용할 수 없다. 따라서 원수의 수질과 요구되는 수질과의 차이를 어떤 조작으로 처리해주지 않으면 안 된다. 이와 같이 수질을 사용 목적에 적합하게 개선하는 것을 정수(water purification) 또는 수처리(water treatment)라고 한다.

6.1.1 계획정수량 및 시설능력

정수시설의 계획 정수량은 계획 1일 최대급수량을 기준으로 하고 그 밖의 필요에 따라 작업용수 등의 여유를 두어야 한다. 작업용수는 침전지의 슬러지, 여과지의 세척 또는 세사 배출수, 약품 용해수, 염소 주입용 압력수, 냉각수, 청소용수, 분수 등과 기타 손실수량으로서는 월류수와 배슬러지 등을 고려하여야 한다.

정수시설은 계획정수량을 적정하게 처리할 수 있는 능력이 있어야 한다. 그리고 개량, 개체 시에도 정수능력을 확보하기 위하여 예비 능력을 갖는 것이 바람직하다.

6.1.2 정수장 부지 선정

정수장의 입지를 계획할 때에는 다음 사항들에 대하여 조사해야 한다.

(1) 상수도시설 전체에 대한 배치 고려

정수시설은 취수로부터 배수에 이르기까지 정수시설 이외의 다른 시설들과 일체가 되어 상수도시설로서 기능을 발휘하므로, 입지계획은 상수도시설 전체의 평면배치와 수위관계를 고려해야 한다.

(2) 위생적인 환경

정수장은 음용수를 생산하는 곳이므로 인근에 오염원이 있는 장소는 피해야 하며, 특히 취수지점 상류에 공장이나 사업장 등에서의 폐수방류 상황을 조사해야 하고 또한 정수장은 넓은 수면이 노출되어 있고 외부로부터 오염되기 쉬우므로 공중을 날아다니는 오염물질과 관련되는 오염원(쓰레기처리장이나 농약공중살포의 실시 등)을 포함하여 주위 환경을 조사해야 한다. 부득이하게 오염원 인근에 장소를 선정해야 하는 경우에는 처리를 강화하거나 개방수면(특히 여과지)에 지붕을 설치하는 등의 대책을 고려해야 한다.

(3) 재해에 대한 안전

정수장뿐만 아니라 모든 상수도시설은 재해에 대하여 안전해야 하며 재해로 인하여 정수장 기능이 정지되어 급수가 불가능하면 안 된다. 수도시설이 재해를 입더라도 최소한의 생명선으로서 기능할 수 있도록 안정성을 높여서 설계해야 할 필요가 있다.

지진, 호우, 태풍 등으로 인하여 시설이 도괴·파손, 침수, 염해 등의 재해를 받기 쉬운 장소에 시설을 계획하는 것은 급수의 안정성을 확보한다는 관점에서 바람직하지 못하며, 입지계획을 할 때에는 이러한 자연재해에 대하여 안전한 장소를 선정하는 것이 중요하다.

지진에 대해서는 연약지반을 피하고 지반이 견고한 장소를 선정해야 하며, 호우나 침수의 우려가 있는 저지대는 피하고 배수가 양호한 장소를 선정해야 한다.

(4) 필요한 면적과 형상을 갖는 용지를 확보

정수장 용지는 정수시설 이외에 관리용 건물과 관로 및 유지관리를 위한 공간도 필요하므로 정수장을 건설하는 데 충분한 면적의 용지가 필요하며, 가능한 한 동일 평면의 용지이어야 한다. 용지가 충분히 확보되지 않을 경우에는 정수시설의 기능이 부적합할 뿐만 아니라 유지관리하기도 불편하다.

정수시설의 건설계획은 몇 단계로 나누어 단계별로 건설되는 경우가 많으나 용지를 그때마다 취득하는 것은 곤란하므로 처음부터 전체 용지를 확보하는 것이 일반적이다. 또한 시설을 개량하거나 갱신하기 위한 필요용지도 고려해두는 것이 바람직하다.

한편 용지의 형상은 좁고 긴 것보다는 장방형 용지가 시설을 배치하는 데 유리하며, 가능한 한 평탄한 것이 바람직하나 고저차가 있더라도 처리시설의 수위관계와 맞출 수 있다면 불리하지 않으며, 일부 낮은 장소는 배출수 처리시설을 배치하는 방법도 있다.

(5) 시설물을 유지관리하기에 편리한 위치

정수장은 상수도시설 중에서 중추시설이고 상수도시설을 유지관리하는 근간이 되므로 일상의 유지관리가 용이한 위치에 배치하는 것이 유리하며, 또한 정수장에는 정수약품이나 자재 등을 반입하기 용이해야 한다.

그리고 정수장에는 관련되는 취수시설, 도수시설, 송수시설 등을 원격 관리하는 경우가 많으며, 원거리의 시설을 무선으로 제어하는 경우에는 도중에 전파방해가 없는지를 조사해야 한다.

(6) 기타

도시지역에서는 정수장 용지를 취득하기가 대단히 어렵고 앞의 (1)~(5)항까지 사항 이외에 부지가 도시계획상 어떤 규제가 되며, 그 외의 법규에 제한을 받고 있는지, 주변은 장래에 어떻게 발전할 것으로 예상되는지를 확인하는 것이 필요하다. 또한 문화재 등의 매장물이나 유적 등도 사전에 충분히 조사하는 것이 필요하다.

이상과 같이 정수장의 입지에 대해서는 여러 가지 사항들을 고려하여 종합적으로 판단해야 한다.

6.1.3 수중 불순물질과 제거법

(1) 부유물질, 콜로이드 입자의 제거

원수 중에는 부유물의 종류가 매우 많지만, 정수 과정에서 문제가 되는 것은 제거하기 어려운 미세한 물질이다. 부유물질의 제거에는 침전과 모래여과가 효과적이다. 또한 침전에서의 약품 사용 여부와 여과의 속도로 정수법은 보통 침전과 완속여과, 약품 침전과 급속여과로 나눌 수 있다.

약품 침전에서 주로 많이 사용되는 약품은 알루미늄과 철의 염류이다. 약품으로 미세한 부유물질이 대형 floc으로 응집되어 침전과 여과작용에서 쉽게 제거될 수 있으나 세균은 완전히 제거되지 않고, 콜로이드질은 제거가 잘 된다.

(2) 용해성 물질의 제거

원수 중의 용해성 물질에는 칼슘, 마그네슘, 철, 망간, 염소이온, 황산이온, 질소화합물 등이 있다. 침전이나 여과에 의해서는 잘 제거되지 않지만 완속여과에서는 철, 망간이 산화작용으로 어느 정도 제거되며, 암모니아성 질소도 대부분 산화되어 질산염으로 된다. 대량으로 제거하기 위해서는 사전에 화학적 처리방법으로 용해성 물질을 불용성 물질로 변화시킬 필요가 있다. 경수의 연수화법, 철 제거법, 망간 제거법은 이를 응용한 방법들이다. 한편, 용해성 물질 중에는 계면활성제와 같이 취미를 발하는 물질 등 활성탄의 흡착성을 이용하여 제거하지 않으면 안 되는 것들도 있다.

(3) 세균의 제거

원수 중에는 병원균을 비롯하여 대장균군, 일반세균 등 많은 종류의 세균이 있다. 세균은 보통 침전에 의해 어느 정도 제거가 가능하며, 약품 침전으로도 제거할 수 있다. 완속여과의 세균제거율은 급속여과보다 좋으며, 급속여과로는 세균이 완전히 제거되지 않는다.

세균의 효과적인 제거법은 살균(소독)법으로, 염소 등 살균제로 직접 살균하는 방법이 있으며, 모래여과에서 통과된 세균은 이 방법으로 제거한다.

(4) 생물의 제거

세균 이외의 원수 중에 존재하는 미생물로 주된 것은 조류(藻類)로, 특히 규조류가 많은 것이 보통이다. 조류는 세균보다 대형이므로 사여과로 잘 제거된다. 그러나 그 수가 많을 때는 여과지의 폐색을 촉진시킴으로써, 사전에 황산동($CuSO_4$)의 투입을 포함한 여러 조류제거법으로 제거하여야 한다. 최근에는 microstrainer라는 일종의 스크린으로 여과한 후 모래여과를 하기도 한다.

표 6.1 각종 정수방법의 불순물 제거 특성

불순물 정수법	유기물				무기물			
	부유성	콜로이드성	용해성		부유성	콜로이드성	용해성	
			생물분해성	생물난분해성			응석성	이온성
응집침전, 여과	◎	◎	×	×	◎	◎	○	×
활성탄흡착	×	×	△	◎	×	×	×	×
이온교환	×	×	×	×	×	×	×	◎
역삼투	×	×	○	◎	×	×	×	○
증류			△	△			○	◎

※ 응석성(凝析性)이란 약품에 의하여 침전이 형성되어 불용화될 수 있는 특성
◎ : 양호한 제거 가능, ○ : 어느 정도 제거 가능, △ : 약간의 제거 가능, × : 제거 불가능

(5) 물의 연수화(軟水化)

물속의 경도성분인 Ca^{++}, Mg^{++} 등을 제거함으로써 센물(硬水)을 단물(軟水)로 바꾸는 조작이다. 경수는 인체에 유해한 것은 아니나 세탁용수나 공업용수의 사용에 어려움을 준다. 특히 경도가 높은 물은 보일러나 수관(水管) 내에 $CaCO_3$, $CaSO_4$ 등의 scale이 형성되어 보일러의 열전도율을 저하시키고 파이프 등의 폐색을 일으키므로 경도성분의 제거가 필요하다.

① 자비법(煮沸法, process of boiling)
일시 경도(탄산 경도를 소규모로 간단히 처리할 수 있는 방법이다.)

$$Ca(HCO_3)_2 \xrightarrow{\text{가열}} CaCO_3 \downarrow + CO_2 \uparrow + H_2O$$

② 석회-소다회법(lime-soda ash process)
수중의 용존 CO_2와 탄산 경도 성분은 석회($Ca(OH)_2$)를 사용, 비탄산 경도 성분은 소다회(Na_2CO_3)를 사용하여 제거한다. Ca_2^+와 Mg_2^+은 각각 $CaCO_3$, $Mg(OH)_2$로 형성되어 침전 제거된다.

③ 이온교환법
이온교환수지를 이용하며 폐수의 고도처리, 유용자원의 회수, 탈염수의 제조 등을 위하여 사용되는 처리법이다. 폐수 중에 용존되어 있는 이온을 양이온교환수지 또는 음이온교환수지로서 이온 간의 교환을 이루어지게 하여 수중에 유독성 이온을 제거하거나 회수하는 방법이다.

④ Zeolite 법
일반식은 Na_2O-Z로 표시되며, 일반식만 다를 뿐 반응원리는 이온교환수지법과 같다. 성분조성은 $Na_2O \cdot Al_2O_3 \cdot 2SiO_2 \cdot 6H_2O$로 나타낼 수 있고, 이온교환수지법과 같은 특징이 있다.

(6) 철 · 망간의 제거
① 산화법
공기, 염소, 과망간산칼륨($KMnO_4$) 등의 산화제를 사용하여 철과 망간을 3가나 4가로 산화시킨 다음 침전 혹은 여과시킨다.

② 접촉산화법

자연에 존재하는 green sand zeolite의 표면에 MnO_2를 피복시킨 망간 Zeolite를 사용하는데, MnO_2가 철이나 망간을 산화시키는 데 일종의 촉매작용을 하는 셈이 된다.

③ 석회-소다회법

④ 화학침전법(수산화물 침전)

pH를 증가시켜 불용성인 수산화물로 침전시키는 방법으로 폐수 내 중금속 제거에도 이용된다.

⑤ 이온교환법

⑥ 철박테리아법

철을 산화시키는 독립 영양균인 철박테리아(Thio bacci-llus ferroxidans, Leptothrix, Gallinella 등)를 이용하여 철을 산화·침전시키는 방법이다.

(7) 해수의 담수화(淡水化)

① 증류(distillation)

가장 오래된 방법으로, 물을 전부 또는 일부 증발시킨 다음 냉각시키는 방법이다.

② 냉각법(freezing process)

−8.3℃ 이상의 온도에서 실시되어야 하며, 해수를 냉각시키면 순수한 물로 된 얼음이 생겨 높은 염도를 가진 물과 구분된다.

③ 역삼투법(reverse osmosis)

물은 통과시킬 수 있으면서도 용존 고형물은 통과시킬 수 없는 여과막(반투막)을 사용하여 삼투압에 해당하는 압력만큼을 역으로 가해 물분자만 빠져 나가게 하는 공법이다.

④ 이온삼투압(osmionic process)

이온을 선택해서 통과시키는 막을 사용하는 전기투석의 일종이나, 동력이 외부에서 가해지는 것이 아니고 분리되는 물보다 더 높은 염농도를 가진 용액을 희석시킴으로써 얻어진다.

⑤ 전기투석법(electrodialysis)

물은 통과시키지 않고 특별한 이온만 선택적으로 통과시킬 수 있는 플라스틱 막에 전하를 가함으로써 담수화시키는 방법이다.

표 6.2 처리대상 물질과 처리방법

처리대상물질	냄새	트리클로로에틸렌등 (Trichloro-ethylene)	암모니아성 질소	트리할로메탄 (Trihalo-methane)	철·망간	음이온 계면 활성제	색도 (휴믹 물질)	침식성 유리탄산	생물
처리방법	① 포기 ② 생물처리 ③ 활성탄처리 ④ 오존처리	① 탈기처리 ② 활성탄처리	① 염소처리 ② 생물처리	① 중간염소처리 ② 활성탄처리 ③ 결합염소처리	① 전염소처리 ② 망간접촉여과 ③ 철박테리아이용법 ④ 포기	① 생물처리 ② 활성탄처리 ③ 오존처리	① 활성탄처리 ② 오존처리	① 포기 ② 알칼리제처리	① 마이크로스트레이너 ② 2단응집처리 ③ 다층여과 ④ 약품처리

6.1.4 정수방법 및 정수시설의 선정

정수시설은 수질기준에 적합한 필요 정수량을 안전하게 공급할 수 있는 충분한 기능을 갖추어야 한다. 정수방법은 원수의 수질, 정수량, 용지 취득, 건설비, 유지관리의 난이도, 관리 수준 등을 고려하여 다음의 각 방식 중 적절한 것을 선정하고 반드시 소독설비를 갖추어야 한다. 이 외의 방식을 선정할 경우에는 실험에 의하여 안전성, 확실성, 경제성 및 유지관리 계획 등을 명확히 하여야 한다. 또한 원수 수질 조건에 따라 필요할 경우 고도정수시설 등을 추가한다.

(1) 간이처리방식

원수의 수질이 언제나 안정, 양호[대장균군 50 이하(MPN), 일반세균 500 이하]하여 다른 정수시설을 설치하지 않고 소독처리만으로 급수하는 방식이다. 이 방식은 수질이 양호한 지하수를 수원으로 하는 경우에 적용하는 방식으로 정수처리 방법 중에서 가장 단순하며, 처리공정은 그림 6.1과 같다.

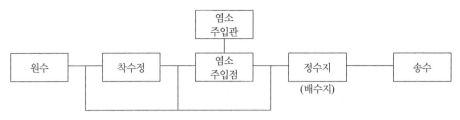

그림 6.1 간이처리방식의 처리공정도

(2) 완속여과방식

비교적 수질이 양호한 원수(대장균군 1,000 이하, BOD 2 mg/L 이하, 최고탁도 10도 이하)에 적용하며, 원수 중의 유기성과 무기성 물질이 여층표면에 퇴적하여 생물학적 작용으로 생성된 생물막에 의하여 흡착 및 생물화학적 작용으로 정화된다. 이들 생물 여과막은 미량의 암모니아나 망간 및 냄새나는 물질 등을 정화하는 능력이 있으므로 여과수가 위생상 안전도가 높은 좋은 수질이 된다.

이 방식은 지하수, 부영양화가 진행되지 않는 댐수 및 호소수, 오염이 진행되지 않는 하천수 등에서 원수 중에 소량의 탁질 및 미량의 유기물질 제거를 목적으로 하는 경우에 적합하며, 처리공정은 그림 6.2와 같다.

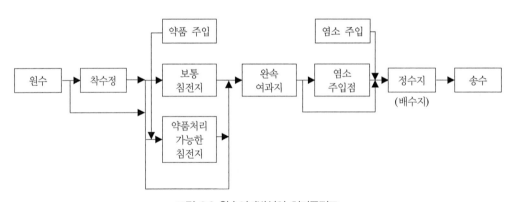

그림 6.2 완속여과방식의 처리공정도

(3) 급속여과에 의한 방법

원수의 수질이 간이처리 방식 및 완속여과 방식으로 정화할 수 없는 경우에는 급속여과방식이 적합하다. 이 방식은 약품 침전지, 급속여과지, 소독시설로 구성되며, 완속여과와 같이 여층 표면에 여과막을 형성하는 것이 아니고 현탁물질을 처음부터 약품처리에 의해 응집시켜 floc을 침전지에서 효율적으로 침전 제거한 후 급속여과지에서 여과 제거하는 방식이다. 비교적 대량의 부유물질의 제거가 가능하나 용해성 물질의 종류 및 제거능력은 적으므로 용해성 물질의 종류 및 농도에 따라

고도정수처리시설을 추가할 필요가 있으며, 일반적인 급속여과방식의 처리공정은 그림 6.3과 같다.

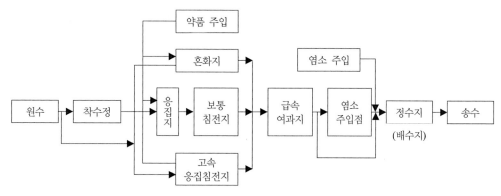

그림 6.3 급속여과방식의 처리공정도

(4) 특수처리를 포함한 방법

위에서 설명한 처리방법만으로는 수질기준에 적합한 처리수를 얻을 수 없을 때나 송배수관의 보전 상 해로울 때에 위의 시설 외에 특별성분을 제거할 수 있는 특수처리방법을 조합한 처리방식이다.

6.2 정수방법

6.2.1 침전(沈澱, sedimentation)

침전은 부유물질을 제거하는 것을 목적으로 하는데, 침전으로 물을 정화하는 것은 고대부터 행하여 왔고, 고대 로마의 수도에서는 도수로 도중에 침전실을 설치하였다. 인공적 정수방법으로는 가장 오래되었으며, 모래여과가 채용될 때까지는 침전이 유일한 정수방법이었다. 정수에 사용되는 침전지는 관용적으로 보통 침전지, 약품 침전지, 부유물 접촉 침전지(최종 침전지)의 세 종류로 크게 나뉜다. 그 외 정수에서 침전 이론이 적용될 수 있는 특수한 경우로는 슬러지의 농축조를 들 수 있다.

(1) 침전이론

침전을 입자군의 침전 양식에 의하여 분류하면 그림 6.4 침전양식에 나타나 있는 것과 같이 크게 네 가지로 구분된다.

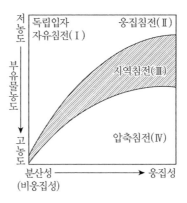

그림 6.4 침전양식

① 독립침전(I영역)

부유입자의 농도가 낮고 입자가 서로 응집하는 성질을 갖지 않을 때, 입자의 침전은 독립입자 (discrete particle)의 자유침전으로 보아 독립입자의 침전(I)이라 한다.

② 응집침전(II영역)

저농도에서는 보통 침전입자 상호 간의 간섭이 무시되는 자유침전이 이루어지지만, 입자의 대소 (침전속도의 대소)의 차에 따라 큰 입자에 의하여 입자 간의 충돌이 발생하여 입자끼리 합체를 이루게 된다. 따라서 더욱 커진 1개의 입자로 성정하여 침전하는 상태를 응집침전(flocculent settling) (II) 또는 응집성 자유침전이라고 한다.

③ 지역침전(III영역)

집단침전이라고도 하며, 부유물의 농도가 큰 경우 가까이에 위치한 입자들의 침전은 서로 방해를 받으며, 독립 입자로서 침전하는 것이 아니고 집단체로서 침전하므로 침전하는 부유물과 액체 간의 경계면을 일으키면서 침전한다.

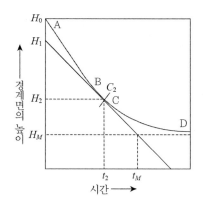

A–B : 부유물–경계면의 방해 침전
B–C : 압축 지역전의 전이 부분
C–D : 압축 침전
C_2 : 슬러지의 취급 능력을 지배하는 임계농도

그림 6.5 지역침전 시 경계면의 위치와 시간

④ 압축침전(IV영역)

입자군이 침전지 바닥에 쌓여 굉장히 높은 농도가 될 때, 개개의 입자가 서로 접촉하여 위 입자의 중량에 의해 아래 입자가 압축변화를 받고, 여분의 물을 위로 배출시켜 농축이 이루어지게 된다. 이와 같은 영역에 있어서의 침전을 압축침전(compression settling)(IV)이라 한다.

침사지, 보통 침전지에서의 침전은 편의상 I영역에 속한다고 할 수 있고, 약품 침전지의 경우는 floc의 응집성이 강하여 침강하면서 다른 입자를 흡착하여 비대해지므로 침전속도가 증가하면서 침전되어 II영역에 속한다고 할 수 있다. 한편, 상하류식 부유물 접촉 침전지는 III영역이, 침전지의 슬러지 배출부분과 슬러지 농축조에는 III영역과 IV영역이 결부된다.

(2) 침전속도

침전지에서는 유속이 극히 작아 $Re < 0.5$이므로 Stoke의 침강속도식이 적용된다.

① Stoke's 법칙 : 어떤 액체 중에 1개의 입자가 독립침강 과정에 있는 경우 그 크기, 형태, 중량이 변하지 않는다고 가정하면 입자의 침강속도는 다음 식으로 표현할 수 있다.

$$V_s = \frac{(\rho_s - \rho_w)gd^2}{18\mu} \tag{6.1}$$

여기서, V_s : 입자의 침강속도(cm/s)

g : 중력가속도(980 cm/s^2)

ρ_s : 입자의 밀도(g/cm^3)

ρ_w : 액체의 밀도(g/cm^3)

μ : 액체의 점성계수(g/cm · s)

d : 입자의 지름(cm)

(3) 수면적 부하(표면 침전율, 표면적 부하)

입자가 100% 제거되기 위하여 요구되는 침전속도를 말하는 것으로 다음 식으로 나타낸다.

$$V_o = \frac{Q}{A} = \frac{h}{t} \, [\text{m}^3/\text{m}^2 \cdot \text{day}] \tag{6.2}$$

여기서, Q : 유입수량(m^3/d)

A : 침전지의 수표면적(m^2)

h : 침전지 수심

t : 침전지 내 체류시간

(4) 월류부하와 체류시간

$$\text{월류부하} = \frac{Q}{L} \, [\text{m}^3/\text{m} \cdot \text{day}] \tag{6.3}$$

$$\text{체류시간}(t) = \frac{V}{Q} \, [\text{hr}] \tag{6.4}$$

여기서, Q : 유량(m^3/day, m^3/hr)

L : weir의 길이(m)

V : 침전조의 용적(m^3)

(5) 침전효율

$$E = \frac{V_s}{V_0} = \frac{V_s}{Q/A} = \frac{V_s}{h/t} \tag{6.5}$$

여기서, E : 침전처리효율

Q : 유량

A : 침전부의 표면적

V_0 : 수면적 부하

V_s : 입자의 침강속도

① 침전효율에 영향을 주는 인자

가) 침전지의 수표면적 : 클수록 효율은 양호해진다.

나) 유체의 흐름 : 등류로서 층류이어야 한다.

다) 수온 : 높을수록 좋다.

라) 체류시간 : 길수록 좋다.

마) 입자의 지름 및 응결성 : 클수록 좋다.

② 침전지에서 침강입자가 완전히 제거(침강)될 수 있는 조건

$$V_s \geq V_0$$

(6) 경사판에 의한 유효분리면적

침전지의 처리효율은 표면적에 의해 좌우되므로 침전지에 침전효율을 증가시키기 위해서는 경사판을 설치하게 된다. 이 경우 경사판의 유효분리면적은 다음 식으로 나타내진다.

$$유효분리면적 = n \cdot a \cdot \cos\theta \tag{6.6}$$

여기서, n : 경사판의 매수

a : 경사판의 면적(m^2)

θ : 경사각(보통 $\theta = 60°$)

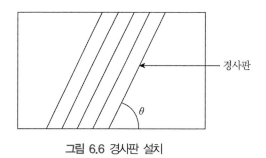

그림 6.6 경사판 설치

Q/h_2 → $Q/2$

Q

$h\{$

$h_1\{$ → $Q/2$

(1) h의 범위에 유입한
입자는 침전한다.

(2) h_1h_2의 범위에 유입한
입자는 침전한다.

그림 6.7 경사판의 효과

예제 6.1

수심이 4 m이고, 처리수의 체류시간이 2시간인 침전지의 표면 부하율을 구하시오.

해설

$$V_o = \frac{Q}{A} = \frac{h}{t} \text{에서}, \quad V_o = \frac{4}{2/24} = 48\,\text{m/day}$$

예제 6.2

침전 1시간이고 침전지의 깊이가 3 m, 침강 입자의 침전속도 V = 0.0375 m/min일 때의 침전 효과를 구하시오.

해설

$$E = \frac{V_s}{V_o} = \frac{V_s}{Q_o/A} = \frac{V_s}{H/t} = \frac{0.0375 \times 60}{3/1} = 0.75 \times 100\,\% \fallingdotseq 75\,\%$$

침전지의 유효수심이 2 m, 1일 최대사용수량이 240 m³, 침전시간이 6시간일 경우의 침전지 수면적을 구하시오.

$V_o = \dfrac{Q}{A} = \dfrac{h}{t}$ 에서, $\dfrac{240/24}{A} = \dfrac{2}{6}$

$$\therefore \ A = 30\,\mathrm{m}^2$$

침사지 내에서의 다른 모든 조건은 동일할 때 비중이 1.8인 입자는 비중이 1.2인 입자에 비하여 침강속도를 구하시오.

$$\frac{V_A}{V_B} = \frac{\dfrac{g(1.8-1)d^2}{18\mu}}{\dfrac{g(1.2-1)d^2}{18\mu}} = \frac{(1.8-1)}{(1.2-1)} = 4$$

6.2.2 응집(凝集, coagulation)

일반적인 침전처리에서 제거되지 않는 미세한 점토, 유기물, 세균, 조류, 색소, 탁도 성분이나 콜로이드 상태로 존재하는 물질 및 맛과 냄새를 제거하기 위해서 약품을 사용하는 단위공법이다.

(1) 응집 원리

수중에 현탁되어 있는 colloid성 입자는 전기적 반발력(Zeta potential), 전기적 인력(Vander Waals), 중력에 의해서 전기 역학적으로 평형되어 있다. 크기($10^{-6}\sim10^{-4}$ mm)가 매우 작아서 비중이 물과 거의 같기 때문에 잘 가라앉지도 않고 표면에 떠오르지도 않아 매우 안정하게 현탁되어 있으며, 또한 같은 전하끼리는 대전하고 있어 서로 반발을 일으켜 더욱 침전하기 어렵다. 즉, 응집이란 콜로이드의 전기적 특성으로 콜로이드가 띠고 있는 전하와 반대되는 전하를 갖는 물질을 투여하여 그 특성을 변화시키고 pH의 변화를 일으켜 콜로이드가 갖고 있는 반발력을 감소시킴으로써 입자가 결합되게 한 것으로 입자 무게에 대한 표면적비를 감소시켜주어 침전이 일어나도록 한 것이다. 이때 가한 화학약품을 응집제, 입자의 덩어리를 floc이라 한다.

그림 6.8 전기적 중화의 개념도

(2) 응집 처리의 설계 이론

① 혼합과 응결

정수를 위한 응집은 혼합→응결→침전의 3단계로 이루어진다.

가) 혼합(mixing) : 정수나 폐수 처리 시 물을 휘저어 화학약품 등을 빠른 시간 내에 용해시키기 위한 동작으로 패들(paddle), 터빈 임펠러(turbine impeller), 프로펠러 등을 사용한다.

나) 응결(flocculation) : 응집 시 입자의 접촉을 증가시켜 큰 응결물(floc)을 형성시키기 위하여 혼합하는 조작으로, 달리 형성되는 응결물이 깨어지지 않으면서 충분한 난류가 일어나도록 하여야 한다.

② 속도경사(velocity gradient)

응결 시설의 설계 자료로 사용하기 위한 값으로 사용되며 그 값은 다음 식으로 나타낸다.

$$G = \sqrt{\frac{P}{\mu V}} \tag{6.7}$$

여기서, G : 속도경사(s^{-1})

P : 동력의 크기

V : 응결지(또는 침전지)의 부피(m^3)

μ : 폐수의 절대 점성계수(kg/m · s)

floc의 형성은 속도경사 G값에 비례하나, Camp는 많은 실례를 검사한 결과 $G=10\sim75\ sec^{-1}$가 floc 형성에 알맞은 교반 조건이라 하였다. 그 후에 수리적 조건뿐만 아니라 체류시간도 관계된다고 하여 GT(G값에 floc 형성지의 체류시간 T를 곱한 것)값을 제시하였으며, $GT=23,000\sim210,000$이 알맞은 교반조건이라 하였다.

③ Jar Test(응집 교반시험)

응집반응에 영향을 미치는 인자는 pH, 응집제 선택, 수온, 물의 전해질 농도, 콜로이드의 종류와 농도 등이 있으나, 현장 적용 시에는 Jar Test를 하여 효과적으로 처리하기 위한 최적 pH나 응집제량을 조절해주는 것이 좋다. 각각의 폐수에 맞는 응집제와 응집보조제를 선택한 후 적정 pH를 찾고 그 pH값에서 최적 주입량을 결정하는 조작이다.

● Jar－Tester 시험방법

가) 처리하려는 물을 6개의 비커에 동일량(500 mL 또는 1 L)을 채운다.

나) 교반기로 최대의 속도(120~140 rpm)로 급속혼합(flash mixing)시킨다.

다) pH 조정을 위한 약품과 응집제를 짧은 시간 내에 주입한다. 응집제는 왼쪽에서 오른쪽으로 증가시켜 각각 다르게 주입한다.

라) 교반기 회전속도를 20~70 rpm으로 감소시키고, 10~30분간 완속교반한다(floc 생성). 그리고 floc이 생기는 시간을 기록한다.

마) 약 30~60분간 침전시킨 후 상징수를 분석한다.

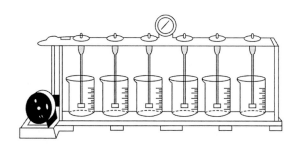

그림 6.9 Jar Tester

(3) 응집제의 용해도와 pH

응집제의 응집 효과는 그 용해도에 따라 다르게 나타나는데, 이는 pH의 영향을 크게 받는 것으로 다음 그림과 같이 최적 pH의 범위는 실험 조건에 따라 다르지만, 황산알루미늄의 경우는 5.8~7.8이다. 그러나 색도가 높은 니탄지(泥炭地)나 소택지(沼澤地)의 물은 pH 5 전후가 최적의 조건이다. 또 황산제2철 $Fe_2(SO_4)_3 \cdot 9H_2O$는 pH 8.5 부근, 제1철염은 pH 4가 최적치이다.

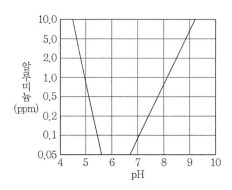

그림 6.10 수산화알루미늄 용해도

(4) 응집제

가장 많이 사용되는 것은 황산알루미늄($Al_2(SO_4)_3$), 폴리염화알루미늄(poly alumiuum chloride, PAC), 철염($FeCl_2$, $FeCl_3$, $FeSO_4$ 등)이다. 황산알루미늄, 폴리염화알루미늄 등의 알루미늄염은 주로 정수처리에, 철염은 폐수 처리에 주로 사용된다. 종전에는 무기 응집제가 많이 사용되어왔으나, 근래에는 고분자 응집제 사용이 진보되어 단독 또는 다른 무기계 응집제와 같이 병용하는 형태로 많이 이용되고 있다.

황산알루미늄은 대부분의 탁질에 대하여 유효하며, 고탁도 시나 저수온 시 등에는 응집보조제를 병용함으로써 처리 효과가 상승된다. 폴리염화알루미늄은 액체로서 그 액체가 가수분해로 중합되어 있으므로 일반적으로 황산알루미늄보다 응집성이 우수하고 적정주입의 pH 범위가 넓으며, 알칼리도의 저하가 적은 특징이 있다. 그러므로 최근에는 처리가 쉬워서 소규모 시설과 한랭지 상수도에서도 상시 사용하는 곳이 많아졌다. 처리가 잘 되고 경제적인 면으로 보면 평상시에는 황산알루미늄(alum)을 사용하고, 고탁도 시나 저수온 시에는 폴리염화알루미늄을 사용하는 방법이 좋다.

표 6.3 응집제의 규격

응집제의 종류	수도용 황산알루미늄						수도용 폴리염화 알루미늄
규격	KS M1411						KS M 1510
종류	고형 1종		고형 2종		액체 3종		
	1급	2급	1급	2급	1급	2급	
겉모양	–	–	–	–	흑색 또는 엷은 황색을 띤 투명한액체		
비중(20℃)							1.19 이상
불용분(%)	0.1 이하	0.2 이하	0.4 이하	0.8 이하	0.05 이하	0.2 이하	–
pH	3 이상	3 이상	3 이상	3 이상	3 이상	2.9 이상	3.5~5.0
산화제이철(%)	0.01 이하	0.05 이하	0.9 이하	0.9 이하	0.03 이하	0.3 이하	0.01 이하
산화알루미늄(%)	17 이상	17 이상	16 이상	16 이상	7 이상	7 이상	10~18.0
암모니아성질소(%)	0.03 이하	0.03 이하	0.03 이하	0.3 이하	0.01 이하	0.01 이하	0.01 이하
비소(%)	–	–	–	–	–	–	0.005 이하
SO_4 이온(%)	–	–	–	–	–	–	3.5 이하
Mn(%)	–	–	–	–	–	–	0.0025 이하
Cd(%)	–	–	–	–	–	–	0.0002 이하
Pb(%)	–	–	–	–	–	–	0.001 이하
Hg(%)	–	–	–	–	–	–	0.00002 이하
Cr(%)	–	–	–	–	–	–	0.001 이하
중금속(%)	0.02 이하	0.02 이하	0.02 이하	0.02 이하	0.01 이하	0.01 이하	–
염기도(%)	–	–	–	–	–	–	45~60

① 응집반응식의 예

명반(Alum)이나 철염을 물에 주입하면 알칼리도와 반응해서 $Al(OH)_3$의 응결작용으로 응집이 일어난다. 이때에는 수중에 충분한 양의 알칼리도가 존재하여야 한다. 부족한 경우에는 석회나 소다염 등의 염기를 가해주어야 한다.

$$Al_2(SO_4)_3 \cdot 18H_2O + 3Ca(HCO_3)_2$$
$$\rightarrow 2Al(OH)_3 \downarrow + 3CaSO_4 + 6CO_2 + 18H_2O$$
$$2FeCl_3 + 3Ca(HCO_3)_2 \rightarrow 2Fe(OH)_3 \downarrow + 3CaCl_2 + 6CO_2$$

응집의 다른 현상은 가교작용(架橋作用)이다. 고분자(高分子) 응집제는 분자 중 몇 개의 극성기(極

性基)를 가지고 있어, 이 극성이 대전입자에 접착하여 입자와 입자 간에 가교를 놓은 작용으로 입자가 크게 된다.

colloid 입자   고분자 응집제   응집

그림 6.11 가교의 개념도

(5) 응집보조제

강우로 인하여 원수의 탁도가 높아졌을 때, 겨울철에 저수온일 때, 또는 처리수량을 증가시키고자 할 때는 응집제만을 사용하는 일반적인 방법으로서는 floc 형성이 잘 되지 않고 침전수의 탁도가 상승하여 여과수 탁도가 높아질 때가 있다. 이와 같은 경우에 응집 효과를 증가시켜 침강속도를 크게 하거나 큰 floc을 형성하게 하는 작용을 하는 물질을 응집보조제라 한다.

① 유기성 응집보조제

한천, 전분, 젤라틴 등의 천연적인 것과 poly-electrolytes 등과 같은 유기 고분자 응집제가 있다. 천연적인 것은 가격이 비싸 비경제적이므로 잘 사용되지 않고, 주로 사용되는 것은 응집력이 크고 pH나 공존 물질의 영향을 잘 받지 않는 유기 고분자 응집제를 사용한다.

② 무기성 응집보조제

가) 점토 : 응결물을 크게 하여 침전을 쉽게 하는 것 외에 응결물의 형성을 촉진시키는 흡착 작용도 한다. 이때 가장 많이 사용되는 것은 bentonite이다.

나) 활성규사 : 특별한 방법으로 활성화된 sodium silicate로서 물에서는 전하를 띤 sol을 형성한다. 즉, 응집제에서 생긴 양전하의 금속 수산화물과 결합하여 쉽게 제거될 수 있는 floc을 형성한다.

표 6.4 무기성 응집보조제의 특성

품명	장점	단점	응집적정(pH)
황산반토	• 여러 원수 및 폐수에 작용 • 결정은 부식성 자극성이 없고 취급이 용이 • 철염과 같이 시설을 더럽히지 않음 • 저렴 무독성 때문에 취급이 용이하고 대량 첨가가 가능	• 응집 pH 범위(5.5~8.5)가 좁음 • floc이 가벼움	5.5~8.5
PAC	• floc 형성 속도가 빠름 • 성능이 좋음(A1의 3~4배) • 저온 열화(劣化)하지 않음	• 고가임	
황산제1철	• floc이 무겁고 침강이 빠름 • 값이 쌈 • pH가 높아도 용해되지 않음	• 산화할 필요가 있음 • 철이온이 잔류함 • 부식성이 강함	9~11
염화제2철	• 응집 pH 범위가 넓음(pH 3.5 이상) • floc이 무겁고 침강이 빠름	• 부식성이 강함	4~12

(6) 응집에 영향을 미치는 인자

① 콜로이드의 종류와 농도

② 물의 전해질 농도

③ pH

④ 응집제의 종류

⑤ 수온

⑥ 교반

6.2.3 여과(濾過, filteration)

다공질의 여층을 통해 현탁액을 유입시켜 부유물질을 제거하는 방법으로 상수도에서 흔히 이용되는 여과법은 완속모래여과법(slow sand filtration)과 급속모래여과법(rapid sand filtration)이 있다. 여과는 부유물, 특히 침전으로 제거되지 않는 미세한 입자의 제거에 가장 효과적인 방법이다.

(1) 여과방법의 종류 및 특징

① 완속모래여과(slow sand filter)

모래층과 모래층 표면에 증식한 미생물군에 의해서 수중의 불순물을 포착하여 산화분해하는 방법에 의존하는 정수방법이다. 그러므로 생물의 기능을 저해하는 조건을 무시하지만 않는다면 완속여과지에서는 수중의 현탁물질이나 세균이 고도로 저지될 뿐더러, 어느 한도 내에서는 암모니아성 질소, 취기, 철, 망간, 합성세제, 페놀 등까지도 제거할 수 있다. 여과작용은 여과→흡착→생물학적 응결작용의 혼합으로 미생물층이 모래층 상부 표면에 형성되면서 여과 작용이 이루어진다.

완속여과의 특징은 다음과 같다.

가) 세균 제거율이 98~99.5% 정도로 높다.

나) 여과속도는 4~5 m/day 정도이다.

다) 약품의 소요가 불필요하며, 유지관리비가 저렴하다.

라) 처리수의 수질이 양호하다.

마) 넓은 부지를 요구하며, 시공비가 많이 든다.

바) 탁도가 높거나 심하게 오염된 원수에는 부적당하다.

② 급속모래여과(rapid sand filter)

원수의 침전과 응집처리 후에 남는 비침전성 응결물과 불순물을 제거하는 방법이다. 급속여과 시에서는 비교적 굵은 입상층에 빠른 유속으로 물을 통과시켜 주로 여재에 부착되거나 여재에서의 체작용으로 현탁물질의 제거를 기대하는 것이므로 제거 대상의 현탁물질은 미리 응집처리를 받아서 부착이나 체작용으로 분리되기 쉬운 상태의 floc이 되어야 한다. 원수는 여과지 상부의 수압과 하부의 흡입력에 의하여 여과층을 통하여 흐르게 되면서 여과→응결→침전의 과정을 거쳐 여과작용이 진행된다.

급속여과의 특징은 다음과 같다.

가) 설치면적을 작게 차지하며, 건설비가 적게 소요된다.

나) 여과속도는 120~150 m/day 정도로 완속여과에 비하여 매우 높다.

다) 탁도가 다소 높은 원수의 처리에 적당하다.

라) 인력이 적게 소요되며, 자동 제어화가 가능하다.

마) 약품 사용, 동력 소비 등에 따른 유지관리비가 많이 소요된다.

바) 여과 시 손실수두가 크다.

표 6.5 완속여과와 급속여과의 비교

구분	완속여과	급속여과
여과속도	4~5 m/day	120~150 m/day
세균 제거	좋다	나쁘다
모래층 두께	70~90 cm	60~120 cm
모래 유효 지름	0.3~0.45 mm	0.45~1.0 mm
균등 계수	2.0 이하	1.7 이하
사상(砂上) 수심	90~120 cm	1 m 이상
여과지 천단까지의 여유고	30 cm 정도	30 cm 정도
모래 크기	최대지름 2.0 mm 이하	• 최대지름 2.0 mm 이하 • 최소지름 0.3 mm 이상
지(池)의 깊이	2.5~3.5 m	2.5~3.5 m
마모율	3% 이하	3% 이하
강열 감량	0.7% 이하	0.7% 이하
산가용률	3.5% 이하	3.5% 이하
세척 탁도	30도 이하	30도 이하
비중	2.55~2.65	2.55~2.65
적용 원수	저탁도	고탁도
손실수두	작다	크다
건설비	크다	작다
유지비	적다	많다

표 6.6 여과장치의 손실수두 영향인자

인자	조건	손실수두
모래층 두께	두꺼울수록	크다
	얇을수록	작다
모래입자의 크기	클수록	작다
	작을수록	크다
여과속도	클수록	크다
	작을수록	작다
물의 점성도	클수록	크다
	작을수록	작다
모래의 균일도	좋을수록	작다
	나쁠수록	크다

(2) 여과시설의 유지관리

① 여과재의 세척

여과 작업을 계속할 경우 여과지 상부나 여과재의 표면에는 미생물층의 과도한 발생과 부유물질 등의 여재가 퇴적되어 여과층의 손실수두가 증가함에 따라 여과층의 폐색을 초래하게 된다. 이에 따라 주기적으로 여과재 또는 여과층을 세척하여 이를 방지하여야 한다.

가) 삭토 : 주로 완속모래여과에 사용되는 방법으로, 미생물층이 형성된 여과지 상부의 모래 표면 을 5 cm 정도로 삭취한 후 새 모래로 채우는 방식이다.

나) 역세척 : 주로 급속모래여과에 사용되는 방법으로, 여과층 표면의 탁질을 수류에 의한 전단력 으로서 파괴한 다음 여과층을 유동상태가 될 때까지 세척속도를 높여 여과재 상호 간의 충돌, 마찰이나 수류에 의한 전단력으로 부착 탁질을 떨어뜨려 여과층에서 배출시키는 방법이다. 역세척 시 부착물질의 분리나 여층으로부터의 배출은 여층을 20~30% 팽창시켰을 때에 유효 하고 세척 효과가 좋다. 일반적으로 30% 정도가 적당하다.

$$사층\ 팽창비 = \frac{세척\ 시\ 팽창한\ 사층\ 두께 - 세척\ 전의\ 사층\ 두께}{세척\ 전의\ 사층\ 두께} \times 100 \quad (6.8)$$

다) 공기세척 : 상승기포의 미진동에 의하여 부착탁질을 떨어뜨린 다음에, 비교적 저속도의 역세 척 속도로 여과층으로부터 배출시키는 방법이다.

(3) 입도와 여과면적

① 유효경과 균등계수

가) 유효경(effective size) : 가적 통과율 10%의 모래가 차지하는 입경을 말하는 것으로, 여과사 의 유효경은 완속여과 시 0.3~0.45 mm, 급속여과 시 0.45~1.0 mm의 범위이다.

나) 균등계수(uniformity coefficient) : 가적 통과율 60%의 모래가 가지는 입경을 유효경으로 나눈 값으로 다음 식으로 나타낸다.

$$U = \frac{D_{60}}{D_{10}} \quad (6.9)$$

여기서, D_{10} : 가적 통과율(중량 백분율) 10%에 해당되는 입경

D_{60} : 가적 통과율(중량 백분율) 60%에 해당되는 입경

② 여과면적

여과속도와 계획정수량이 결정되면 다음 식으로 총 여과면적을 구한다.

$$A_0 = \frac{Q}{V} \tag{6.10}$$

여기서, A_0 : 총여과면적(m^2)

Q : 계획정수량(m^3/day),

V : 여과속도(m/day)

예제 6.5

계획급수인구가 5,000명, 1인 1일 최대급수량이 200 L, 여과속도는 130 m/day인 급속여과지의 면적을 구하시오.

해설

$$A_0 = \frac{Q}{V} = \frac{5000 \times 200\,L \times 10^{-3}\,\text{m}^3/\text{L}}{130\,\text{m}/\text{day}} = 7.69\,\text{m}^2$$

예제 6.6

아래와 같은 조건하에서 급속여과지의 면적을 구하시오.

- 계획급수인구 : 4,600명
- 1인 1일 최대급수량 : 150 L
- 여과속도 : 120 m/day

해설

$$A_0 = \frac{Q}{V} = \frac{(150 \times 10^{-3}) \times 4600}{120} = 5.75\,\text{m}^2$$

어떤 도시의 계획급수인구가 200,000명, 계획 1일 최대급수량이 60,000 m³일 때 여과속도를 4 m/day 로 하려고 하는 여과지의 소요면적(A)과 여과지의 폭을 30 m, 길이를 50 m의 장방형으로 할 경우 지 (池)의 수(N)를 구하시오.

해설

① $A_0 = \dfrac{Q}{V} = \dfrac{60000}{4} = 15000\,\text{m}^2$

② 여과지수 $= \dfrac{15000}{30 \times 50} = 10$개

6.2.4 살균(殺菌, disinfection)

소독과 같은 의미로 사용되며 수중의 세균, virus, 원생동물 등의 단세포 미생물을 죽여 무해화하는 것을 의미한다. 살균처리는 주로 정수처리 과정에서 이용되며, 이 외에 생물학적 처리 과정에서 운전효율을 높이기 위하여 이용되기도 한다.

(1) 살균제

주로 사용되는 것은 염소(Cl_2) 및 오존(O_3) 등의 산화성 물질로, 이 외에 자외선이나 은화합물을 살균의 목적으로 사용하기도 한다.

과산화수소(H_2O_2), 브롬(Br), 요오드(I_2) 등도 국부적인 살균용으로 사용된다.

(2) 살균제가 갖추어야 할 조건

① 병원균의 종류에 관계없이 그 살균능력이 강해야 한다.

② 살균속도가 빠르며, 살균에 지속성이 있어야 한다.

③ 주입 시 잔류 농도로 인하여 인체나 가축 등에 독성이 없어야 하며, 맛이나 냄새를 발생시키지 않아야 한다.

④ 저장, 운반, 취급이 용이하고, 가격이 저렴하여야 한다.

⑤ 주입 시 그 농도를 용이하게 측정할 수 있어야 한다.

(3) 살균의 종류 및 특징

① 염소 살균

염소는 폐수처리나 정수처리 과정에서 가장 많이 사용되는 살균제로 특징은 다음과 같다.

- 기체상태의 염소는 20°C, 1기압에서는 7,160 mg/L 정도 용해한다.
- 가격이 저렴하며, 조작이 간단하고 살균력이 강하다.
- 살균에 지속성이 있다.
- 낮은 pH에서 염소 살균력이 우수하다(보통 pH=5~5.5).
- 염소의 소독 효과는 반응시간, 온도 및 염소를 소비하는 물질의 양에 따라 좌우된다.

수중에서 염소는 유리잔류염소와 결합잔류염소 형태로 존재한다.

가) 유리잔류염소

염소가 물에 용해되었을 때는 다음과 같이 가수분해된다.

$$Cl_2 + H_2O \rightleftharpoons HOCl + H^+ + Cl^-$$
$$HOCl \rightleftharpoons H^+ + OCl^-$$

그림 6.12에서 보는 바와 같이, 수중의 염소는 물의 pH에 따라 HOCl OCl⁻로 존재하는 율이 다르게 된다. 낮은 pH에서는 HOCl, 높은 pH에서는 OCl⁻를 생성한다. 이와 같이 수중에서 HOCl, OCl⁻ 형태로 존재하는 염소를 유리잔류염소라 한다.

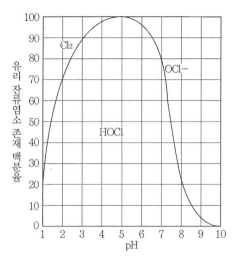

그림 6.12 유리잔류염소의 존재비

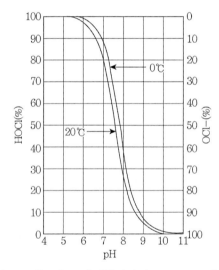

그림 6.13 온도와 pH에 대한 수중의 HOCl, OCl⁻의 분포

유리잔류염소의 특징은 다음과 같다.

- pH 5 이하에서는 염소 분자로 존재한다.
- HOCl이 OCl⁻보다 살균력이 약 80배 정도 강하다.
- 대장균의 살균을 위한 필요 농도는 HOCl이 0.02 ppm, OCl⁻이 2 ppm 정도가 필요하다.
- HOCl의 살균력은 pH 5.5에서, OCl⁻의 살균력은 pH 10.5 정도에서 최대가 된다.

나) 결합잔류염소

최초의 염소 주입에 의하여 분해 생성된 암모니아가 존재하고 있는 상태에서 연속적으로 염소가 주입될 때 염소가 암모니아성 질소나 유기성 질소화합물과 반응하여 존재하는 것으로 대표적인 형태가 클로라민(chloramin)이다. 이때 생성되는 클로라민의 종류는 물의 pH, 암모니아의 양, 온도의 영향을 받는다. 수중에 존재하는 암모니아와 염소와의 반응식을 보면 다음과 같다.

$$Cl_2 + H_2O \rightleftarrows HOCl + H_2O$$

$$HOCl + NH_3 \rightleftarrows H_2O + NH_2Cl \ (mono\ chloramin) : pH\ 8.5\ 이상$$

$$HOCl + NH_2Cl \rightarrow H_2O + NHCl_2 \ (dichloramin) : pH\ 4.5\ 정도$$

$$HOCl + NHCl \rightarrow H_2O + NCl_3 \ (trichloramin) : pH\ 4.4\ 이하$$

결합잔류염소의 특징은 다음과 같다.

- 살균 후 냄새와 맛을 나타내지 않는다.
- 살균에 지속성이 있다.
- 유리잔류염소에 비해 살균력이 약하다.

다) 살균력

$$HOCl > OCl^- > 클로라민$$

라) 염소 요구량과 잔류염소량

그림 6.14 염소 주입과 잔류염소의 관계에서 I형은 증류수에 염소를 주입할 때 즉, 염소 요구량이 0일 때로, 주입량에 비례해서 주입량과 같은 잔류염소가 생기는 경우이다. II형은 염소에 의해 산화될 수 있는 물질과 암모니아를 함유하는 수중에 염소를 주입하는 경우로 일반적으로 후염소처리에서 흔히 볼 수 있다. 이 곡선에서 D점을 파괴점 또는 불연속점이라 한다. 이 파괴점 이상 염소를 주입하면 잔류염소의 농도가 증가하여 세균의 부활 현상도 없어지고 물의 냄새나 맛의 발생도 방지할 수 있다. III형은 전염소처리 시에 나타나는 형으로 암모니아 화합물을 많이 포함한 물에서 볼 수 있다. 파괴점 이상으로 염소를 주입하여 살균하는 것을 파괴점 염소 살균이라 한다.

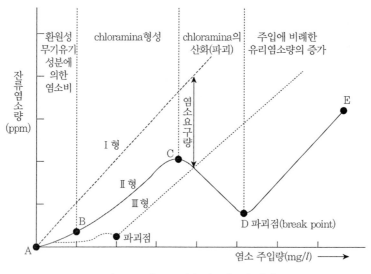

그림 6.14 염소 주입과 잔류염소의 관계

- A~B : 염소가 수중의 환원성 물질과 반응하여 잔류염소량이 없어진다.
- B~C : 염소의 계속 주입 시 잔류염소를 형성하고, 그 농도가 증가된다.
- C~D : 주입된 염소가 chloramins를 NO, N₂ 등으로 파괴시키는 데 소모되어 잔류염소량이 감소한다.
- D : 파괴점으로 염소에 의해 산화될 물질도 없으며, 잔류염소량도 최저가 된다.
- D~E : 염소를 계속 주입할수록 잔류염소량은 증가한다.

마) 염소 주입

　　㉠ 정수장의 염소 주입 : 정수처리 시 염소의 주입은 주로 살균이 목적이다. 이 외에 냄새 제거, 부식통제, BOD 제거 등의 부가적인 목적이 있다.

　　㉡ 폐수 처리장의 염소 주입 : 살균 외에 냄새 제거, 부식통제(腐蝕統制), BOD 제거 등의 목적 도 있다(폐수에 염소를 주입시키면 염소 1 mg/L당 2 mg/L의 비율로 BOD 감소). 또한 수중에 존재하는 유독성 물질의 산화제로도 사용된다.

　　㉢ 염소 요구량(chlorine demand) : 물에 가한 일정량의 염소와 일정한 기간 후에 남아 있는 유리 및 결합잔류염소와의 차이를 말한다. 즉, 수중의 유기물질 산화에 필요한 염소의 양 을 말한다.

　　　염소 요구량＝염소 주입량−잔류염소량　　　　　　　　　　　　　　　　　(6.11)

예제 6.8

염소 요구량이 1 mg/L인 물에 잔류염소 농도가 0.2 mg/L가 되도록 소독하려고 한다. 1일 물 공급량이 15,000 m³/day일 때 염소 주입량을 구하시오.

해설

염소 주입량＝염소 요구량＋잔류염소량

$\therefore$ $(1+0.2)$ g/m³$\times 15000$ m³/day$\times 10^{-3}$ kg/g$=18$ kg/day

예제 6.9

처리수량이 6,000 m³/day인 정수장에서는 염소를 6 mg/L의 농도로 주입한다. 잔류염소농도가 0.2 mg/L이었을 경우 염소 요구량을 구하시오. (단 염소의 순도는 75%이다.)

해설

염소 요구량＝염소 주입량－잔류염소량

염소 요구량 $= (6-0.2)\times 10^{-3}\times 6000 = 34.8$ kg/day

순도가 75%이므로, $\dfrac{34.8}{0.75} = 46.4$ kg/day

ㄹ) 부활현상(after growth) : 염소 등으로 소독할 때 일단 사멸되었다고 본 세균이 시간이 경과함에 따라 재차 증식하는 현상으로, 그 원인은 불분명하지만 염소는 아포(cyst)를 갖는 균에 대해서는 효력이 없어 아포가 후에 증식하는 것으로 되어 있다.

바) 염소의 주입량

평상시의 염소 주입량은 관말에 있어서 유리염소량이 항상 0.2 ppm 이상이 되도록 주입하여야 한다. 단, 다음의 경우에는 유리염소량을 0.4 ppm 이상으로 강화하여야 한다.

- 소화기 계통의 전염병이 유행할 때
- 단수 후 또는 감수압일 때
- 홍수로 원수 수질이 현저히 악화되었을 때

- 정수작업에 이상이 있을 때
- 그 밖에 수도전 계통을 통한 오염의 염려가 있을 때

② 염소살균 이외의 살균법

가) O_3 살균

일반적으로 0.5~2 mg/L의 주입률로 접촉시간은 10분 내외로 운전한다. O_3은 쉽게 분리되어 발생기 산소가 되는데, 이 발생기 산소가 소독작용을 한다. 이때 오존의 물에 대한 용해도는 14~15°C의 증류수에 약 0.29이다. 따라서 주입법에 주의를 하지 않으면 오존이 낭비되게 된다.

㉠ 장점
- 물에 화학물질이 남지 않는다.
- 물에 염소와 같은 취미를 남기지 않는다.
- 유기물에 의한 취미가 제거된다.

㉡ 단점
- 가격이 고가이다.
- 소독의 잔류효과가 없다.
- 복잡한 오존장치가 필요하다.

참고 오존에 대한 작업환경 기준 : 산업안전보건법에 1일 작업시간(8시간) 동안의 시간 중 평균농도는 0.1 ppm, 단시간 노출허용농도는 0.3 ppm으로 규제되어 있다.

나) 자외선

석영유리로 된 수은증기 등에 직류 220 V, 3.5 A의 전류를 통해서 얻는 파장이 짧은 광선이다. 수심 120 mm 이내에서 살균효과를 갖는다. 물의 탁도, 색도가 높으면 광선의 투과가 나빠지므로 효율이 떨어지고 물에 취미가 생기지 않아 다량을 써도 해가 없는 이점이 있으나, 고가이므로 수도에서는 별로 쓰이지 않고 호텔, 풀(pool)이나 청량음료 등의 식품공장에서 사용한다.

다) 브롬(Br), 요오드(I_2)

염소와 같이 할로겐 원소이다. 브롬은 염소보다 화학적으로 불활성이므로 살균력도 약하다. 미국에서 풀장의 소독용으로 쓴 예가 있으나 아직 수도에는 쓰지 않고 있다. 요오드는 8 ppm 정도 주입

하면 살균이 충분히 된다. 야전용, 풀장용으로 적합하다.

라) 은화합물

은의 물에 대한 살균력은 고대로부터 인식되어 왔다. 은을 이용한 소독장치에는 oligodynamic이라는 것이 있으며 은을 전극으로 사용한다. 은이온은 수중 내에서 주로 풀장에 쓰인다.

참고 ● 전염소처리 : 여과 전에 염소를 주입하는 것으로, 보통 침전 전의 원수에 주입한다. 이에 대해 일반적인 소독을 목적으로 염소를 주입하는 것을 후염소처리(postchlorination)라 한다. 전염소처리는 원수가 심하게 오염되어 세균, 암모니아성 질소와 각종의 유기물을 포함해서 침전, 여과의 정수법만으로는 제거되지 않는 경우나 철, 망간을 제거할 목적으로 쓰인다. 염소체 주입장소는 취수시설, 도수관로, 착수정, 혼화지, 염소혼화지 등 교반이 잘 일어나는 장소로 한다.

● 중간염소처리 : 침전지와 여과지 사이에서 염소를 주입하는 방법이다. 주로 트리할로메탄 전구물질 또는 염소에 의해 수중에서 곰팡이의 냄새 원인물질을 방출하는 조류 등을 응집·침전에 의해 어느 정도 제거한 후에 염소처리를 함으로써, 트리할로메탄 및 곰팡이 냄새 생성을 최소화하기 위해서 사용한다.

● 탈염소(dechlorination) : 염소를 과다하게 주입하였을 경우, 이 염소가 다른 물질에 장해를 주어 제거할 필요가 있을 때 행한다. 사용되는 약제에는 아황산나트륨, 티오황산나트륨, 과망간산칼륨, 활성탄소, 아황산가스가 있다.

● THM(Trihalomethane) 대책 : 정수처리의 염소 주입 공정에서 발생하는 물질로 자연계에서 유래한 부식질계 유기물(humic acid)과 주입된 유리염소가 반응해서 생성된다. 동물 실험결과 발암성 물질인 것으로 입증되어 최대허용농도를 0.1 mg/L로 규제하고 있다. 소독제를 현재와 같이 염소를 사용하는 한 이것의 발생은 불가피하기 때문에 오존, 이산화염소, 결합염소를 사용한 소독법에 대한 연구가 활발히 진행되고 있다. THM의 원인 물질인 미량 유기질 제거와 생성된 THM의 활성탄 흡착 등의 대책도 연구 중이다.

6.2.5 흡착(吸着, adsorption)

용액 중의 분자가 물리적 또는 화학적 결합력에 의해서 고체 표면에 부착되는 현상으로, 이와 같은 처리는 폐수 중 냄새, 맛, 색도 등을 유발하는 물질의 제거에 사용된다. 이때 달라붙는 분자를 피흡착제(被吸着劑, adsorbate), 분자가 달라붙을 수 있도록 표면을 제공하는 물질을 흡착제

(adsorbent)라고 한다.

(1) 흡착 과정

다공질 흡착제의 표면에 용질이 유체로부터 이동하여 흡착하는 현상은 다음의 4단계를 거쳐 일어나며, 이를 나타내면 그림 6.15와 같다. 이들 각 단계에서 실제로 전체적인 흡착속도를 지배하는 단계는 다음의 ②와 ③이다.

① 1단계(이동) : 피흡착질이 흡착제의 외표면에 도달하는 용액 내 확산
② 2단계(확산) : 외표면의 유체, 경막 내를 확산하여 다공질 흡착제의 내부 공극으로 들어가는 경막 확산
③ 3단계(확산) : 흡착제의 내부 공극을 확산 이동하며, 내부 표면의 흡착점까지 도달하는 임내 확산
④ 4단계(흡착) : 내부 표면의 흡착 반응

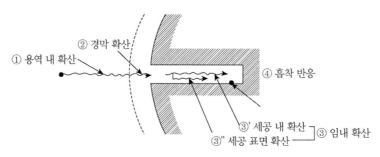

그림 6.15 흡착 진행단계

(2) 흡착대상

① 정수나 폐수의 생물학적 처리를 방해하는 화학약품 폐수
② 생물학적으로 분해가 어려운 화학물질 및 미처리 유기물
③ 강이나 하천 생태계에 중대한 영향을 미치는 독성물질
④ 냄새나 색도

(3) 흡착평형(등온흡착)

일반적으로 이것은 일정한 온도에서 흡착량과 평형상태의 농도(C) 사이의 관계를 나타내는 등온

흡착선으로 표시하는 것이 보통이다. 등온 흡착선은 형에 따라 몇 가지 종류로 분류할 수 있는데, 수처리에 활성탄 흡착을 이용할 때는 Freundlich 식으로 표시되는 경우가 가장 많다.

① Freundlich 형 : $\dfrac{X}{M} = KC^{\frac{1}{n}}$ (6.12)

② Langmuir 형 : $\dfrac{X}{M} = \dfrac{abC}{1+bC}$ (6.13)

③ Henry 형 : $\dfrac{X}{M} = HC$ (6.14)

④ BET 형 : $\dfrac{X}{M} = \dfrac{V_m A_m C}{(C_s - C)\{1 + (A_m - 1)(C/C_s)\}}$ (6.15)

여기서, X/M : 흡착제의 단위중량당 흡착량(mg/g)

     X : 흡착제에 흡착된 피흡착제의 양(mg/L)

     M : 흡착에 사용된 흡착제의 양(g/L)

     C : 흡착이 평형상태에 도달했을 때 용액 중에 남아 있는 피흡착제의 농도(mg/L)

     C_s : 포화농도(mg/L)

     V_m, A_m : 단분자층 흡착 시 최대흡착량과 흡착 에너지 상수

     H, K, a, b, n : 경험적 상수

(4) 흡착제

① 종류

정수, 폐수처리에 사용되는 흡착제로서는 가장 많이 사용되는 활성탄 외에 활성 알루미나, 산성백토, 합성제 올라이트, 연탄재 등이 있다.

② 흡착제가 갖추어야 할 조건

가) 단위무게당 흡착 능력이 우수할 것

나) 물에 용해되지 않고 내알칼리, 내산성일 것

다) 재상이 가능할 것

라) 다공질이며, 입경(부피)에 대한 비표면적이 클 것

마) 자체로부터 수중에 유독성 물질을 발생시키지 않을 것

바) 입도 분포가 균일하며, 구입이 용이하고 가격이 저렴할 것

예제 6.10

고도정수처리를 위해 활성탄 흡착을 사용하고자 한다. 활성탄의 등온 흡착식이 $\dfrac{X}{M} = \dfrac{1.2C}{(1+0.8C)}$ 일 경우 어떤 오염물질의 유입수 농도 5 ppm을 0.5 ppm으로 낮추기 위해 투입해야 할 활성탄의 주입량을 구하시오. (단, X: 평형 흡착량, M: 활성탄 중량, C: 평형농도이다.)

해설

$$\frac{X}{M} = \frac{1.2C}{(1+0.8C)}, \quad M = \frac{X(1+0.8C)}{1.2C} = \frac{(5-0.5)(1+0.8\times0.5)}{1.2\times0.5} = 10.5\,\text{mg/L}$$

6.3 정수시설

6.3.1 정수시설의 배치계획

착수, 침전, 약품처리, 여과소독, 송수 및 배출수 처리 등의 시설이 각기 기능을 충분히 발휘할 수 있고 정수장 전체 시설과의 조화와 효율화를 기하며, 유지관리상 편리한 위치에 배치한다. 정수장 내의 변소와 오수 저류시설 및 폐기물 투기장의 오염원은 오수 누출이 되지 않도록 수밀 구조로 하고, 처리시설로부터 먼 거리에 위치하도록 한다. 부득이한 경우에도 15 m 이상의 거리를 두도록 한다. 또한 정수장 내 각 시설 간의 필요 수위차는 최대유량에 대한 각 시설의 손실수두와 여과수두 및 시설 간 연결설비의 손실수두 등에 의하여 정한다.

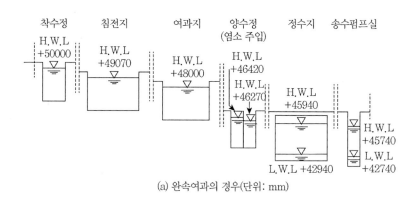

(a) 완속여과의 경우(단위: mm)

(b) 급속여과의 경우(단위: mm)

그림 6.16 일반적인 정수처리의 계통 및 수위 고저차

6.3.2 정수처리를 위한 각종 시설과 설계사항

(1) 착수정

도수시설에서 도입되는 원수의 수위 동요를 안정시키고, 원수량을 조절하여 다음에 오는 약품 주입, 침전, 여과 등 일련의 정수 작업을 정확하고 쉽게 처리될 수 있도록 하기 위한 것으로 정류 설비와 월류 위어가 설치되어 있다.

설계사항은 다음과 같다.

① 수위가 고수위로 되지 않도록 월류관이나 월류 위어를 설치하여야 한다.

② 고수위와 주변 벽체 상단 간에는 60 cm 이상의 여유를 두어야 한다.

③ 먼지와 수조류(水藻類) 등을 제거할 필요가 있는 장소에는 스크린을 설치하여야 한다.

④ 용량은 체류시간을 1분 30초 이상으로 하고, 수심은 3~5 m 정도로 하는 것이 좋다.

⑤ 원수의 유량을 정확하게 측정하기 위하여 양수장치를 설치하여야 한다.

(2) 응집지

원수 중의 탁도 0.01 mm 이하인 것을 제거하기 위한 전처리로, 응집 조작에 의해 콜로이드상의 탁질을 침전성이 양호한 floc으로 형성시켜주기 위한 시설이다.

응집은 약품 주입 후 2단계로 실시된다. 1단계는 급속교반에 의해 탁질의 미세한 floc으로 응집시키는 단계, 2단계는 완속교반에 의해 생성된 미세한 floc을 큰 입자의 floc으로 형성시키는 단계로 전자를 혼화, 후자를 floc 형성이라 한다. 때에 따라서는 별도의 설비로서 혼화지, floc형성지로 구분하여 각각 행하여지는 경우도 있다.

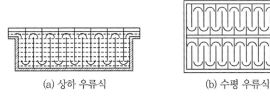

(a) 상하 우류식   (b) 수평 우류식

그림 6.17 수류 자체의 에너지에 의한 교반방식(우류식)

설계사항은 다음과 같다.

① 혼화시간은 계획정수량에 대하여 1분 내외를 표준으로 한다.
② 혼화를 위한 flash mixer의 회전익 주변 속도는 1.5 m/s 이상으로 한다.
③ floc 형성을 위한 교반은 하류로 갈수록 강도는 연차적으로 감소한다.
④ floc 형성시간은 계획정수량에 대하여 20~40분간을 표준으로 한다.
⑤ flocculator의 주변 속도는 15~80 cm/s로 하며, 유수로형일 경우에는 평균유속을 15~30 cm/s 를 표준으로 한다.
⑥ 혼화지나 floc형성지에는 단락류(短絡流)가 발생하지 않도록 주의하여야 한다.

(3) 침전지

보통 침전지와 약품 주입 후 혼화 및 floc 형성의 단계를 거쳐 무겁게 형성된 응결물의 침전을 위한 약품 침전지로 대별된다. 설치 목적은 수중의 현탁 물질을 제거하여 후속되는 급속여과지에 걸리는 부담을 경감시키기 위한 것으로, 약품 침전지를 필요로 하는 경우에는 원수의 연간 최고

탁도가 30° 이상인 경우이다. 원수의 탁도가 상시 10° 이하의 경우에는 보통 침전지를 생략할 수 있다.

① 설계사항

가) 지(池)수는 원칙적으로 2지 이상으로 한다.

나) 침전지의 형상은 직사각형으로 하고, 길이는 폭의 3~8배를 표준으로 한다.

다) 유효수심은 3~5.5 m로 하되, 슬러지 퇴적 심도로서 30 cm 이상을 두어야 한다.

라) 고수위에서 침전지 벽체 상단까지의 여유고는 30 cm 정도로 한다.

마) 조 내의 평균유속은 보통 침전지일 경우 30 cm/min 이하, 약품 침전지일 경우 40 cm/min 이하를 표준으로 한다.

바) 조의 용량은 계획정수량에 대하여 보통 침전지일 경우 8시간분, 약품 침전지일 경우 3~5시간분, 고속응집침전지일 경우에는 1.5~2시간분을 표준으로 한다.

사) 정류벽의 위치는 유입구에서 1.5 m 이상 떨어져서 설치하여야 하며, 정류벽의 공의 유수 단면적에 대한 비율은 총면적의 6% 정도를 표준으로 한다.

아) 지 내에 경사판을 설치할 경우 그 설치 각도는 60 °로, 지 내의 평균유속은 0.6 m/min 이하로 한다.

자) 고속응집침전지를 채택할 때는 원수의 탁도가 10° 정도, 최대탁도는 1,000° 이하가 바람직하다.

차) 고속응집침전지의 지 내 평균상승유속은 40~50 mm/min을 표준으로 한다.

카) 보통 침전지의 표면 부하율은 5~10 mm/min을 표준으로 한다.

② 고속응집침전지의 종류

원리상이나 기구상으로 슬러리(slurry) 순환형, 슬러지 blanket형, 양자를 혼합한 복합형, 맥동형, 접촉 침전지 등이 있다.

(4) 일차 여과설비(조대입자 여과)

플랑크톤, 조류, 탁질 등의 부유물질을 제거하여 완속여과지의 부담을 줄이기 위해 완속여과지 앞에 필요에 따라 설치한다. 일차여과에서 부유물질을 제거하는 데는 한계가 있으며, 제거율은 60~70%로 하는 것이 좋다.

설계사항은 다음과 같다.

① 구조, 여과 면적, 침전지수 및 하부 집수장치 등은 급속여과지에 준한다.

② 여과속도는 80~100 m/day를 표준으로 한다.

③ 여재의 입경 및 두께는 실험으로 정할 수 있으나 입경은 2~6 mm, 두께는 35~65 cm가 적당하다.

④ 세정방식은 공기와 물을 함께 사용한다.

(5) 완속여과지

모래층과 모래층 표면에 증식한 미생물군에 의하여 수중의 불순물을 산화 분해시켜 제거하는 정수 방법이다. 미생물의 기능을 저해하는 조건을 부여하지 않는다면 수중의 현탁 물질이나 세균이 고도로 처리됨은 물론 어느 한도 내에서는 암모니아성 질소, 취기, 철, 망간, 합성세제, 페놀 등까지도 제거할 수 있다.

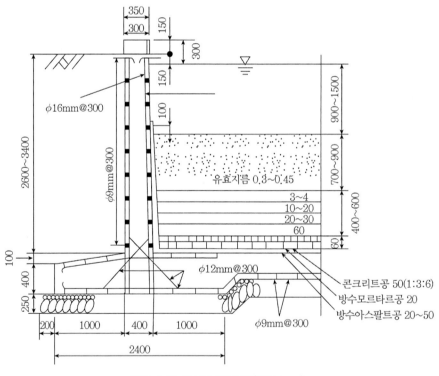

그림 6.18 완속여과지 단면(단위 : mm)

이 방법은 생물막 여과라고도 하며, 이 생물 여과막에는 구조를 주체로 한 조류와 박테리아가 번식을 한다. 모래층의 기능으로는 거름작용, 흡착작용, 생물학적 응결작용, 침전작용 등 네 가지를 들 수 있다.

설계사항은 다음과 같다.

① 여과지의 깊이는 2.5~3.5 m를 표준으로 한다.
② 모래층의 두께는 70~90 cm를 표준으로 한다.
③ 유효지름은 0.3~0.45 mm, 균등 계수는 2.0 이하, 최대지름은 2 mm 이하로 한다.
④ 여과지 유입수의 탁도는 최고 10도를 초과하지 않도록 한다.
⑤ 여과속도는 4~5 m/day를 표준으로 한다.
⑥ 자갈층의 두께는 40~60 cm, 자갈의 최대지름은 60 mm, 최소지름은 3 mm로 한다.
⑦ 여과지 모래면상의 수심은 90~120 cm를 표준으로 하며, 여과지 천단까지의 여유고는 30 cm 정도로 한다.

(6) 급속여과지

비교적 굵은 입자층에 빠른 유속으로 물을 통과시켜 주로 여재에 부착되거나 여재에서의 체작용으로 현탁 물질의 제거를 기대하는 것이므로, 제거 대상의 현탁 물질은 미리 응집처리를 받아서 흡착이나 채작용에 의한 분리되기 쉬운 상태의 floc이 되어야 한다. 완속여과에 비하여 대용량에 적용시킬 수 있으며 손실수두가 크다.

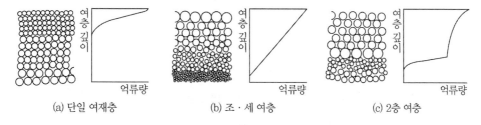

(a) 단일 여재층　　　　(b) 조·세 여층　　　　(c) 2층 여층

그림 6.19 급속여과지 여층의 분포와 현탁질 억류량의 분포

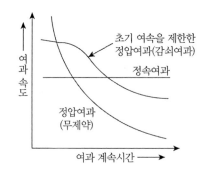

그림 6.20 여과속도와 시간변화

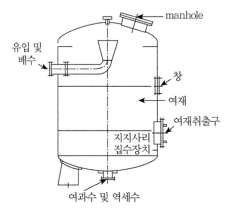

그림 6.21 압력식 급속여과지의 구조

설계사항은 다음과 같다.

① 여과지는 예비지를 포함하여 2지 이상으로 하며, 1지의 여과 면적은 150 m² 이하로 한다.

② 모래층의 두께는 60~120 cm를 표준으로 한다.

③ 유효지름은 0.45~1.0 mm, 균등 계수는 1.7 이하, 최대지름은 2 mm 이하이어야 한다.

④ 자갈의 최대지름은 50 mm 이하, 최소지름은 2 mm 이상으로 한다.

⑤ 여과속도는 120~150 m/day를 표준으로 한다.

⑥ 여과지 모래면상의 수심은 1 m 이상으로 하며, 여과지 천단까지의 여유고는 30 cm 정도로 하여야 한다.

⑦ 역세척에는 염소가 잔류하고 있는 물을 사용하여야 하며, 세척에 필요한 수량 및 시간은 다음 표를 표준으로 한다.

표 6.7 세척수량, 수압 및 시간의 표준

세척방식 항목	표면세척과 병용하는 경우		역세척만의 경우
	회정식	회전식	
표면분사수압(m)	15~20	30~40	
표면분사수량(m³)	0.15~0.20	0.05~0.10	
표면분사시간(분)	4~6	4~6	
역세척수압(m)	1.6~3.0	1.6~3.0	1.6~3.0
역세척수량(m³)	0.6~0.9	0.6~0.9	0.6~0.9
역세척시간(분)	4~6	4~6	4~6

여과층의 세척은 역류세척과 표면세척을 합한 방식을 표준으로 하고 여과층이 유효하게 세척되는 것이어야 하며, 필요에 따라 공기세척을 조합할 수 있다.

참고
- 공기 장애(air binding) : 급속여과에서 여과가 어느 정도 진행되면 모래층 내에 대기압보다 낮은 압력인 부수압의 범위가 확대되어서 전모래층이 부수압으로 되면 수중에 용존한 공기가 기포로 되어 모래층 간에 누적되어 공중에 남는 현상이다. 부수두, 물이 모래층을 통과할 때 수온의 상승 등으로 공기가 유리하며 모래 층간에 누적되어 발생한다. 또, 물을 통과시키지 않으므로 모래층의 여과 면적을 감소시키고 또 수중의 용존 공기가 물로부터 유리되므로 물과의 비중 차이로 부상작용에 의하여 여상을 팽창시켜 여과를 방해시킨다.
- 탁질 누출현상(break through) : 공기 장애현상이 일어나면 모래층 내의 간극이 폐쇄되거나 모관의 단면이 작아져서 여과 유속이 빨라지게 된다. 이때 유속이 어느 한도 이상으로 되면 여층 중에 역류되어 있는 floc이 파괴되어 여과수와 같이 유출하는 현상으로 방지법에는 공기 장애 방지, 응집에 고분자 응집제(PAC)를 사용한다.

(7) 정수지

정수를 펌프로 양수하거나 또는 자연유하에 의하여 송수할 때 정전이나 수요량의 급변 등에 의하여 생기는 여과 수량과 송수량 간의 불균형을 조절하고, 염소 혼화지가 없을 때 주입한 염소를 균일하게 혼화하는 것을 목적으로 설치된다. 정수시설의 최종 단계라고 할 수 있으며, 정수장에 배수지가 있을 경우에는 배수지가 상기 목적에 사용된다.

설계사항은 다음과 같다.

① 구조적으로나 위생적으로 안전하고 내구성 및 수밀성을 가져야 한다.
② 지 내의 수온이 외부로부터 영향받는 것을 방지하기 위하여 30~60 cm 정도의 복토를 둔다.

③ 원칙적으로 2지 이상으로 하고, 1지의 경우는 격벽으로서 2등분하여야 한다.

④ 정수지의 유효수심은 3~6 m 정도를 표준으로 한다.

⑤ 고수위로부터 정수지상 슬래브까지는 30 cm 이상의 여유고를 둔다.

⑥ 정수지저는 저수위보다 15 cm 이상 낮게 한다.

⑦ 지저에는 저수위 이하의 물을 제거하기 위하여 배출관을 설치하며, 배출구를 향하여 1/100~ 1/500 정도의 경사를 둔다.

⑧ 정수지의 유효용량은 계획 정수량의 1시간분 이상으로 한다.

(8) 소독설비

일반적인 정수 방법으로는 수중의 세균을 완전히 제거하기 어려우므로, 위생상 안전을 유지하기 위하여 충분하고 확실한 소독을 해야 한다. 소독방법으로는 염소에 의한 것, 오존 등에 의한 것이 있으나 수도법에 의한 수질기준에서는 급수 정수가 유지하여야 할 잔류염소량을 규정하고 있다. 염소제의 이점은 소독 효과가 완전하고 대량의 물에 대하여도 쉽게 소독할 수 있고 또 소독 효과가 잔류하는 점이다.

① 염소제

종류는 처리수량, 취급성 및 안전성 등과 관련으로 적절한 것이어야 하며, 주입률은 급수 전수가 평상시 유리잔류염소로 0.2 mg/L 이상이거나 결합잔류염소로 1.5 mg/L 이상 유지될 수 있도록 하여야 한다.

② 염소 가스에 의한 재해설비

독성 가스에 해당되며, 취급 부주의 등으로 인하여 누설될 경우에는 대단히 위험하므로 사고 시 빠른 시간 안에 복구시키기 위해서는 그 재해설비를 갖추어야 한다.

(9) 포기설비

원수 중에 다량의 부식성 유리탄소, 휘발성 유기염소 화합물, 철 또는 불쾌한 취기 등이 있을 때 이를 제거하기 위하여 설치되는 것이다. 일반적으로 취수지점이나 정수장 등에서 침전, 여과의 전에 행하는 것으로 분수식·공기 취입식·폭포식·접촉식 등이 있다.

(10) 알칼리제 주입설비

일반적으로 알칼리도가 20 mg/L보다 낮은 물이나 유리탄산이 20 mg/L보다 높은 물과 란게리어 지수가 부(−)로 그 절대치가 큰 물 등은 부식성이 강한 물이라고 한다.

이와 같은 물은 수도시설에 여러 가지 장해를 주므로 이들의 장해를 방지하기 위한 방법의 하나로 알칼리제에 의한 처리법을 사용한다.

알칼리제에는 유리탄산을 중화시키는 작용과 pH, 알칼리도를 높이는 작용이 있으며 수도용 소석회, 수도용 소다회, 수도용 액체 가성소다가 사용된다.

(11) 철·망간 제거설비

철과 망간이 수돗물에 다량 함유되면 물에 이취미를 일으킬 뿐만 아니라 색을 유발(철 : 적수, 망간 : 흑수)시키며, 공업용수로도 부적당하다. 제거하기 위한 방법으로는 포기, 전염소처리, pH 조정처리, 약품 산화처리, 약품 침전처리 등을 단독 또는 적당히 조합한 전처리 설비와 여과지를 설치하여야 한다.

(12) 약품처리설비

저수지에 발생하는 플랑크톤이나 수로에 발생한 조류, 지하수나 복류수 중에 번식한 철박테리아 등을 약품에 의하여 제거시키기 위한 시설로 사용되는 일반적인 약품으로는 염소, 황산동, 염화동, 엘거사이드(algacide) 등이 있다.

(13) 활성탄 처리시설

활성탄은 흑색 다공성 탄소질의 물질로 기체나 액체 중의 미세한 불순물을 흡착하는 성질을 갖는 것으로 통상 정수처리로서 제거될 수 없는 이취미, 합성세제, 페놀류, 기타 유기물 등을 제거하기 위한 처리 방법이다.

① 분말 활성탄

통상 응집 처리 전의 원수에 주입하여 물과 혼화, 접촉시켜 수중의 오염물질을 제거하며 주입된 분말 활성탄은 응집, 침전, 여과에 의해서 제거된다.

② 입상 활성탄

흡착탑 또는 흡착지에 충진하고, 여기에 처리할 물을 통과시켜 오염물질을 제거시킨다.

6.4 배출수 처리시설

정수시설로부터 배출되는 배출수는 공공용수역의 수질보전을 위하여 수질환경 보전법이나 폐기물 관리법 등의 법률과 기타 법령에 적합하도록 배출수 처리시설에 의하여 처리, 처분되어야 한다.

6.4.1 배출수 처리방법

정수장에서 배출수 처리의 대상이 되는 것은 주로 침수 슬러지, 여과지의 세척 배출수, 세사 배출수로서 그 성분은 수도 원수 중 부유물질의 대부분과 용행성 물질의 일부 및 응집제의 floc 등으로, 대개 무기성분이나 근년에는 하천의 오탁이나 부영양화 등의 진행에 따라 유기질이 점차 증가하고 있어 정수장에 따라서는 슬러지의 유기성분 비율이 높은 경우도 있다.

조정, 농축, 탈수 및 건조, 처분의 공정으로 구분되고 이들 공정의 전부 또는 일부로 구성되며 처리방법의 조합은 다음 그림과 같다.

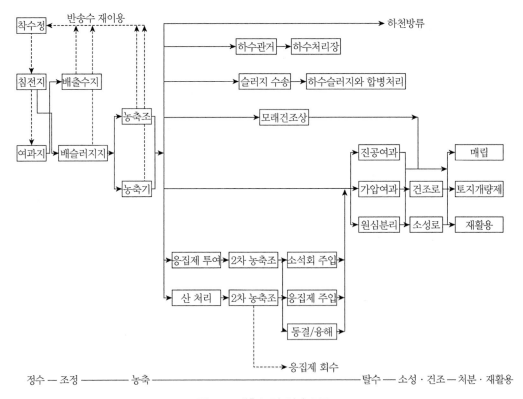

그림 6.22 배출수 및 처리 흐름도

(1) 조정

통상 여과지로부터의 세척 배출수와 침수 슬러지가 양과 질적으로 일정하지 않고 간헐적으로 배출되므로 이를 일시 저류하고 질과 양을 조정하여 농축조 이하의 시설에 대한 부담을 평균화시키는 조정시설이 필요하다. 조정시설에는 여과지로부터의 세척 배출수가 유입하는 배출수지와 침수 슬러지가 유입하는 배슬러지지가 있다.

여과지의 세척 배출수는 침수 슬러지에 비교하여 훨씬 저농도이므로 배출수지에서 일시 저류하여 질과 양적으로 평균화하여 원수에 반송할 수도 있다. 또 배출수지에서 어느 정도 농축(고액분리)시킨 다음 배출 슬러지지나 농축조에 투입하고 상징수는 하천에 방류하거나 원수로 재이용한다.

(2) 농축

그다음에 탈수처리함을 전제로 할 때는 탈수공정에 들어가기 전에 자연침강으로 슬러지 농도를 높여 두는 것이 유리하다. 일반적으로 기계탈수에서는 슬러지 농도가 높을수록 탈수속도가 빠르고, 탈수 케이크 함수율도 적어진다. 또 자연건조에서도 건조상의 면적을 많이 줄일 수 있고 건조 일수도 단축된다.

약품 응집침전과 급속여과에서 발생한 슬러지는 원수상태에 따라 차이가 있으나, 수산화알루미늄이 주체로 되어 있어 친수성이고 함수율이 높아 농축이 잘 되지 않는 성질이 있으므로 산처리나 응집 등의 전처리를 하여 농축이 잘 되도록 할 때가 있다. 이때에는 이차 농축조를 설치하여 농축률을 높이는 것이 통례이다.

(3) 탈수

농축된 슬러지의 수분과 용적을 감소시켜서 운반과 최종 처분을 용이하게 하는 것이 목적이다. 탈수방법에는 자연건조와 기계력을 이용하는 진공여과, 가압여과, 원심분리, 조립탈수 등이 있고 열을 이용하는 건조와 소성 등이 있다.

기계탈수에서는 전처리로서 석회나 응집제를 가하는 경우가 많으나, 기본적으로는 약품 주입을 하지 않고 탈수처리하는 것이 이상적이다. 또한 동결 융해법은 자연적으로나 인공적으로 슬러지를 동결시킨 다음 재용해시켜 탈수성을 높이는 방법이다.

일반적으로 기계탈수 후의 탈수 케이크는 그대로 처분되지만 함수율과 용적을 더욱 감소시키고자 할 때는 열건조나 전일건조 및 소성의 공정을 추가시킬 수도 있다.

(4) 처분

탈수 건조된 슬러지 케이크는 성토, 매립, 해양 투입 등으로 처분된다. 그러나 하수처리장에서 일괄 처리할 수 있을 때에는 정수장에서 하수처리장까지 전용 수송관을 설치하여 수송하거나 하수도에 방류할 수도 있으며, 청소업자에게 위탁하여 케이크의 처분을 시킬 수도 있다.

6.4.2 배출수 처리설비

(1) 조정농축시설

침수지, 여과지 등으로부터 배출되는 슬러지를 받아서 탈수시설에 대한 부하를 조정하고 또 탈수시설의 기능을 효과적으로 발휘시키기 위하여 슬러지의 농도를 높이는 조작이 안정하게 이루어질 수 있는 것이어야 한다.

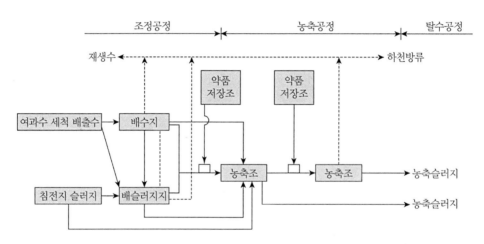

그림 6.23 조정농축 공정도

① 배출수지(排出水池)
급속여과지로부터 세척 배출수를 받아들이는 시설이다.

가) 용량은 1회에 세척 배출수량 이상으로 한다.
나) 2지 이상으로 한다.
다) 유효수심은 2~4 m로 하고, 고수위로부터 주변 천단까지의 여유고는 60 cm 이상으로 한다.

② 배슬러지지

약품 침전지 또는 고속응집침전지로부터 슬러지를 받아들이는 시설이다.

가) 용량은 24시간의 평균슬러지양 또는 1회의 배슬러지지량 중 큰 양 이상으로 한다.

나) 배출수지는 2지 이상으로 한다.

다) 유효수심은 2~4 m로 하고, 고수위로부터 주변 천단까지의 여유고는 60 cm 이상으로 한다.

라) 배슬러지관 및 슬러지 인출 관 지름은 150 mm 이상으로 하여야 한다.

③ 농축조

가) 용량은 계획 슬러지양의 24~48시간분을 표준으로 하고, 또 고형물 부하는 $10{\sim}20\,kg/m^2 \cdot$ day 정도로 한다.

나) 구조 및 형상은 그 사용목적에 적합하여야 한다. 또 고수위로부터 조벽 천단까지의 여유고는 30 cm 이상으로 하고 바닥면 경사는 1/10 이상으로 하여야 한다.

다) 슬러지 스크레이퍼와 슬러지 인출관을 설치하여야 하며, 슬러지 인출관의 관 지름은 200 mm 이상으로 하는 것이 바람직하다.

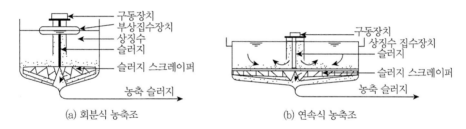

그림 6.24 농축조의 개념도

(2) 자연건조 처리시설

① 천일 건조상

면적은 강수, 습도, 기온 등의 기상조건 및 슬러지의 부하방식에 따라서 건조효율을 저하시키지 않는 정도의 두께로 최적시킨 슬러지가 소정의 함수율로 되는 데 필요한 건조일수를 주어야 한다.

② 라군(lagoon)

침전 슬러지 등을 직접 받아들이고 처분 가능할 정도 이상까지 좋은 효율로 건조시켜야 한다.

1지당의 용량은 1회의 배슬러지양 이상으로 하고, 2지 이상으로 하여야 한다.

(3) 탈수전처리시설

탈수의 목적은 정수장으로부터 배출된 슬러지를 처분이 용이한 상태로 농축 슬러지의 함수량을 감소시켜 체적을 줄임으로써 운반 및 최종처분을 용이하게 하기 위한 것이다. 따라서 슬러지양, 농도 및 탈수성 등의 슬러지 성상 또는 처분상의 제약 등에 따라 슬러지를 소정의 함수율이 되도록 적절한 탈수처리를 효율적으로 행할 수 있어야 한다. 방법에는 자연현상을 이용하는 자연건조 방법과 기계력을 이용하는 기계탈수식 방법이 있다.

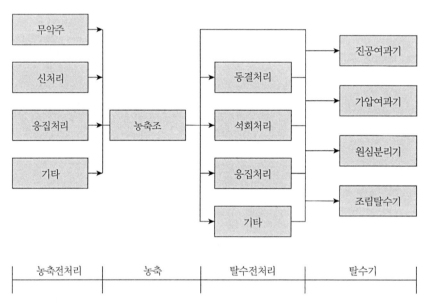

그림 6.25 탈수전처리와 탈수기의 조합

① 전처리시설

가) 슬러지 탈수성의 개선 효과, 탈수 케이크의 처분방법, 유지관리의 난이성 등으로부터 적절한 전처리 방식이 효율적으로 행해질 수 있는 것이라야 한다.

나) 석회 첨가처리에서 석회의 혼합조, 용해조는 각기 2조 이상 설치하여야 하며, 내알칼리 구조로 하여야 한다.

다) 고분자 응집처리설비는 정수장으로부터의 배출수 중 아크릴 아미드 모노머 농도를 항상 0.01 ppm 이하가 되도록 첨가율 제어 등의 조치가 강구되어야 한다. 또한 고분자 응집제를

첨가한 후의 슬러지 분리수가 정수처리공정에 반송되어서는 안 된다.

② 탈수기

가) 슬러지의 이상, 전처리 방식, 처분방법, 또 운전관리와의 관련으로부터 적절한 기능을 가진 것이라야 한다.

나) 용량은 탈수기 성능 및 운전시간 등에 과부족이 없는 것이라야 한다.

다) 2대 이상 설치하는 것이 바람직하다.

라) 종류 : 진공 여과기, 가압 여과기, 원심 분리기, 조립 탈수기(드럼의 소요 단면적은 고형물 처리량 $60 \sim 130 \, kg/m^2 \cdot hr$를 표준으로 한다.)

(4) 처분시설

처리 및 처분의 방법에 적합한 규모와 능력을 갖는 것으로 하고, 또 여기에 따라 2차 공해의 발생 등 주변의 환경을 오염시키지 않는 것이라야 한다.

케이크의 육상 처분 시의 고려사항은 다음과 같다.

① 케이크의 함수율은 85% 이하여야 한다.

② 케이크 처분지로부터 침출수에 의하여 공공 용수성 또는 지하수의 오염을 발생시키지 않아야 한다.

③ 장래의 매립지 이용의 목적에 적합한 것이라야 한다.

④ 충분한 매립용지를 확보하여야 한다.

⑤ 처분지는 케이크를 수송하는 수단, 빈도 및 반입경로 등의 수송면으로 보아 적절한 위치라야 한다.

1. 부유물질을 제거하는 방법에 대하여 설명하시오.

2. 물의 연수화 방법에 대하여 설명하시오.

3. 침전이론과 수면적 부하에 대하여 설명하시오.

4. 표면 침전율 14.4 m³/m² · day의 보통 침전지의 유입수 중 SS 입자의 침전속도 분포는 아래 표와 같다. 이때 침전지가 이상적인 상태에 있을 때의 SS 제거율을 구하시오.

침강속도(cm/min)	3	2	1	0.5	0.3	0.1
SS양 백분율(%)	15	20	25	20	15	5

5. 이상 침전지에서 침전속도 V_s = 0.1 cm/s, 유량 Q = 12,000 m³/day, 침전지의 유효표면적 A = 80 m², 수심 h = 5 m일 때 제거율(침전효율)을 구하시오.

6. 처리수량 40,500 m³/day의 급속여과지의 크기를 구하시오. (단, 여과속도 150 m/day, 지수(池數) 7, 예비치를 1지로 한다.)

7. 여과층의 두께를 2 m, 투수계수 K = 0.08 cm/s의 모래여과지에 있어서 지(池)와 출구의 수위차를 50 cm로 하고, 1일 500 m³의 물을 여과하려면 여과지의 면적(m²)을 구하시오.

8. 속도경사 G = 300 s⁻¹, 조용적 = 100 m³, 물 점성계수 = 1.31 × 10⁻² g/cm · s, 효율 η = 60%의 급속혼합조가 있다. 이때 교반기의 축동력을 구하시오.

9. 응집제 황산알루미늄의 장점 및 단점에 대하여 설명하시오.

10. 응집에 영향을 미치는 인자들에 대하여 설명하시오.

11. 완속여과법의 원리와 특징에 대하여 설명하시오.

12. 급속여과법의 원리와 특징에 대하여 설명하시오.

13. 여과장치의 손실수두에 영향을 주는 인자들에 대하여 설명하시오.

14. 염소살균의 특징과 유리 및 결합잔류염소에 대하여 설명하시오.

15. 오존살균의 특징에 대하여 설명하시오.

16. 슬러지처리의 목적과 슬러지 처리 과정에 대하여 설명하시오.

PART

02

하수도

CHAPTER 07 하수도 개요

7.1 하수도의 정의 및 역할

오늘날 산업의 비약적인 발전에 의한 급격한 도시화 현상은 도시의 오수배출량을 현저히 증가시켜 도시환경의 악화뿐 아니라 하천 등과 같은 공공수역의 수질오염에 의한 자연환경의 파괴를 초래하였다. 이와 같은 이유로 생활이나 산업에 기인하여 발생하는 오수와 우수를 배제 또는 처리하기 위하여 설치되는 도관 및 기타의 공작물과 시설의 총칭을 하수도(sewerage)라고 한다.

하수(sewage)란 상수(water supply)의 반대어로 오수(sanitary sewage), 우수(storm sewage) 및 산업폐수(industrial waste) 등으로 구성되며, 하수도는 보통 공공하수도를 말하고 지방공공단체에서 설치·관리하는데, 하수도관·종말처리장·유수지·배수 펌프장 등으로 나누어진다. 공공하수도를 설치, 관리하려면 많은 비용이 들기 때문에 사용자로부터 사용료를 징수한다.

고대 로마는 발달된 하수도를 가지고 있었으며, 영국도 1859년에 템스 강 오염방지를 위해 강 양편에 하수처리시설을 하여 배출된 하수를 모아 19 km 하류까지 보내어 방류시켰다. 1868년에는 관개법(灌漑法)이 개발되었다. 이것은 황무지에 하수를 보내어 땅을 기름지게 만드는 하수처리방법으로 널리 유럽에 보급되었다. 그 뒤 약품 침전 등의 과학적 처리방법이 이용되다가 1912년에 로케트(Lockett, A.)가 활성오니법(活性汚泥法)을 연구해내어 급격한 진전을 보았다.

우리나라에서는 1983년 황룡사지 발굴조사에서 배수로와 배수암거의 잔형이 발견된 것으로 보아 신라시대에 이미 하수처리방법을 알고 있었던 것 같다.

조선시대에는 1410년(태종 10)부터 1434년(세종 16) 사이에 청계천 욱천(旭川)의 너비를 넓히는 개수공사를 한 것이 하수도의 시작이라고 할 수 있다. 1760년(영조 36)에는 홍수피해를 방지하기 위하여 대대적인 청계천 개수·준설공사를 한 기록이 있다. 그러나 근대적 하수관리시설은 1914년부터 각 시·도에서 시가지 정비의 부수사업으로 실시하였는데, 기록에 의하면 대한제국시대에 시공된 하수도는 암거가 약 6,832 m나 된다고 한다. 1918년부터 1943년까지 4차에 걸쳐 총 225 km의 간선 및 지선 하수도를 개선, 건설하였다.

근대적 하수도정비사업으로 추진된 것은 먼저 제1기 사업(1918~1924)으로 7년에 걸쳐 서울시내 배선간선인 청계천의 준설과 배수 불량한 17개 지선을 개수하였고, 제2기 공사(1925~1931)로 5개 간선과 4개 지선 연장 9,100 m 및 구거(溝渠)의 개수를 하였다.

또한 제3기 공사(1933~1936) 때에는 4년 계속사업으로 간선 1,500 m, 지선 1만 8,000 m를 개수하였으며, 제4기 공사(1937~1939)로 개수 39개소, 연장 2만 4,400 m를 개수하였다.

1945년 광복 직후에는 별로 손을 대지 못하다가 6·25 전쟁으로 파괴된 하수도의 보수공사만 하던 중 청계천 복개공사를 계기로 각종 하수도공사가 진행되었다. 1979년까지의 하수도사업은 지방자치단체의 재정으로 충당하였고, 1970년 8월 3일에는 「하수도법」이 제정 공포되었다.

2013년 기준(2015년 환경부 통계자료) 총인구 52.13백만 명 기준으로 공공하수처리구역 인구보급률 92%, 고도처리인구보급률 82%, 하수도설치율 70%이다.

수질오염의 급격한 진행에 따라 오늘날에는 하수도가 단순히 생활환경의 개선뿐만 아니라 공공수역의 수질 보전에 의한 수자원의 보호라는 보다 중요한 역할을 담당하는 것으로 평가되며 주요한 하수도의 역할을 살펴보면 다음과 같다.

① 도시의 오수를 신속히 배제, 처리하여 쾌적한 생활환경을 조성하는 보건 위생상의 효과이다.
② 하수의 방출에 따른 공공수역의 수질오염을 방지하는 하천의 수질보호 효과이다.
③ 우수의 신속한 배제에 따른 도시의 침수재해 예방 효과이다.
④ 하수도시설은 지하수위를 저하시키고, 기존의 배수로 역할을 하던 지역을 다른 용도로 이용할 수 있는 토지이용 증대 효과이다.
⑤ 노면의 손상을 경감하고, 하천으로의 토사 유입을 감소시켜 도로 및 하천유지비를 절감시키는 효과이다.
⑥ 하수도 시스템의 구축에 의한 도시미관 증대 효과이다.

점차 증가하는 도시하수, 공장 폐수 등으로부터 발생하는 하수는 처리기술이 발달하고 경제성이 확보된다면 각종 용수로서의 효용가치가 매우 높은 새로운 수자원으로 활용 가능하며, 우리나라는 2013년 기준으로 하수발생량이 약 15백만 m³/일 발생하여 처리하고 있다. 이 중 극소량을 냉각용수 등 일부 공업용수로 사용하고 있다.

전국 하수처리장은 3,774개소로 시설용량은 25.330백만 m^3/일이며 처리량은 19.877백만 m^3/일이다.

7.2 하수도의 구성

하수도라고 하면 보통 공공하수도를 말하며 일반적으로 집배수 시설, 처리시설, 방류 또는 처분시설로 구성되며, 하수관거, 종말처리장, 유수지, 배수 펌프장 등이 있다. 하수관거는 시가지 내 도로 밑에 그물 모양으로 깔려 있는 관을 말하고, 종말처리장은 하수도관의 맨 끝에 설치되는 시설물로서 오수를 정화하여 하천으로 방류하는 시설물을 말하며, 유수지 및 배수 펌프장은 직접 하천으로 방류되지 못하는 저지대의 우수를 배제하기 위하여 설치되는 시설물로 우수를 모아 전동기 펌프로 하천으로 방류하는 것이다. 이들 하수도는 지방자치단체에서 설치하며 이를 총칭하여 공공하수도라고 한다.

이와 같이 공공하수도를 설치하는 데는 물론이고 이를 유지관리(특히 종말처 이장)하는 데는 상당한 유지관리비가 소요되기 때문에 하수도를 사용하는 자로부터 사용료를 징수하여 그 경비를 충당하고 있다. 하수도가 완비되어 있지 않으면 우수는 저지대에 위치한 기존 주택가의 침수를 유발하게 하고, 오수는 그대로 하천에 흘러 들어가 수질오염 문제를 일으켜 하류 쪽의 물 이용에 중대한 장애를 주게 된다. 이는 하천 수질보전에 있어 하수도가 커다란 기능을 수행한다는 것을 보여주는 것이다.

가정이나 공장으로부터의 폐수나 우수는 마치 하천에서 물이 지천을 따라 간천에 유입되는 것과 같이, 중력에 따라 낮은 곳으로 유하 합류시켜 배제한다. 일반적으로 하수의 자연유하를 위하여 하수관거는 계속 하향으로 경사지게 매설하여야 되나, 펌프장에서만은 예외로 압력 관로를 통하여 고지에 매설된 하수관거에 하수가 흘러가도록 한다. 펌프 압송은 평지나 산악지형에서 하수관거가 깊이 묻혀 비싼 매설공사가 되는 것을 피하거나, 저지(低地)로부터 고지에 있는 배수간선에 옮겨줄 때 이용된다.

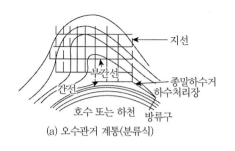

(a) 오수관거 계통(분류식)

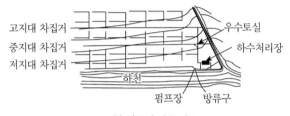

(b) 합류식 하수 계통

그림 7.1 하수도 계통의 평면도 예

(1) 간선(幹線)과 지선(支線)

하수는 넓은 면적에서 자연유하에 의하여 1개소로 집수되는 관계로 하류로 갈수록 관거단면도 크게 되는 것이기 때문에 주요한 선을 간선이라 한다. 이것을 다시 준간선(submain), 주요 지선 (main branch), 지선으로 구분된다.

즉, 일반적으로 간선은 종말처리장 또는 토구까지 유입하는 1조 내지 수조의 주요 노선으로, 상류로 갈수록 어느 것이 주류인가를 판별하지 못하는 점까지를 말한다. 그리고 지선은 간선과 연락하는 모든 노선을, 준간선이란 지선 중 유역면적이 크고 간선에 준하는 것, 주요 지선은 지선 중 준간선 다음가는 것을 말한다.

(2) 방류구(토구, 吐口)

하수가 하수도시설로부터 공공용수역으로 방류되는 곳을 뜻하며, 토구의 위치는 구역 내의 물이 자연스럽게 모이는 곳에 선정하는 것이 좋다. 또 재래 존재하는 배수 계통을 참작하여 최적의 토구 위치를 선정할 수 있을 때가 많으며 관계수면의 성질, 즉 유속, 수위, 조류의 간만 등과 방류수역의 이수상황 및 하수의 수입능력을 잘 조사하여 불합리한 점이 없도록 한다. 방류의 방향은 방류되는 하수가 신속히 유하되도록 하해(河海)의 유향을 고려하여 정한다. 방류 수면에 이상수위의 발생이 예상되는 곳에서는 토구에 문비(門扉)를 설치한다.

(3) 펌프장

지표면의 표고가 방류수면의 고수위와 같거나 낮을 때는 펌프 배수를 필요로 한다. 이 경우 방류수면보다 높은 지역은 자연배수에 의하도록 해서 펌프 배수의 구역을 가급적 한정해서 계획하는 것이 당연하나, 펌프 배수계획의 양부가 전체 계획에 미치는 영향은 지대한 것이므로 신중을 요한다.

(4) 하수처리장

되도록 시가지 중앙에서 떨어진 녹지대에 있고 하수의 유하에 지장이 없으며, 처리수 방류와 슬러지, 오물 등의 처분에 편리할 뿐만 아니라 방류수역의 이수상황, 주변의 환경조건을 고려하여 수질과 환경의 보전을 기할 수 있는 곳에 설정하여야 한다. 또 처리장의 시설을 축조하기에 알맞는 지질과 지형인 곳으로 장래의 도시발전에 수반하여 확장개량 등에 필요한 충분한 여유지가 있는 곳을 선정해야 한다.

7.3 용어 정의

(1) 하수

사람의 생활이나 경제활동으로 인하여 액체성 또는 고체성의 물질이 섞여 오염된 물(이하 '오수'라 한다)과 건물·도로 그 밖의 시설물의 부지로부터 하수도로 유입되는 빗물·지하수를 말한다. 다만 농작물의 경작으로 인한 것을 제외한다.

(2) 분뇨

수거식 화장실에서 수거되는 액체성 또는 고체성의 오염물질(개인하수처리시설의 청소 과정에서 발생하는 찌꺼기를 포함한다)을 말한다.

(3) 하수도

하수와 분뇨를 유출 또는 처리하기 위하여 설치되는 하수관로·공공하수처리시설·간이공공하수처리시설·하수저류시설·분뇨처리시설·배수설비·개인하수처리시설 그 밖의 공작물·시설의 총체를 말한다.

(4) 공공하수도

지방자치단체가 설치 또는 관리하는 하수도를 말한다. 다만, 개인하수도를 제외한다.

(5) 개인하수도

건물·시설 등의 설치자 또는 소유자가 당해 건물·시설 등에서 발생하는 하수를 유출 또는 처리하기 위하여 설치하는 배수설비·개인하수처리시설과 그 부대시설을 말한다.

(6) 하수관로

하수를 공공하수처리시설·간이공공하수처리시설·하수저류시설로 이송하거나 하천·바다 그 밖의 공유수면으로 유출시키기 위하여 지방자치단체가 설치 또는 관리하는 관로와 그 부속시설을 말한다.

(7) 합류식 하수관로

오수와 하수도로 유입되는 빗물·지하수가 함께 흐르도록 하기 위한 하수관로를 말한다.

(8) 분류식 하수관로

오수와 하수도로 유입되는 빗물·지하수가 각각 구분되어 흐르도록 하기 위한 하수관로를 말한다.

(9) 공공하수처리시설

하수를 처리하여 하천·바다 그 밖의 공유수면에 방류하기 위하여 지방자치단체가 설치 또는 관리하는 처리시설과 이를 보완하는 시설을 말한다.

(10) 간이공공하수처리시설

강우(降雨)로 인하여 공공하수처리시설에 유입되는 하수가 일시적으로 늘어날 경우 하수를 신속히 처리하여 하천·바다, 그 밖의 공유수면에 방류하기 위하여 지방자치단체가 설치 또는 관리하는 처리시설과 이를 보완하는 시설을 말한다.

(11) 하수저류시설

하수관로로 유입된 하수에 포함된 오염물질이 하천·바다, 그 밖의 공유수면으로 방류되는 것을 줄이고 하수가 원활하게 유출될 수 있도록 하수를 일시적으로 저장하거나 오염물질을 제거 또는 감소하게 하는 시설(「하천법」 제2조 제3호 나목에 따른 시설과 「자연재해대책법」 제2조 제6호에 따른 우수유출저감시설은 제외한다)을 말한다.

(12) 분뇨처리시설

분뇨를 침전·분해 등의 방법으로 처리하는 시설을 말한다.

(13) 배수설비

건물·시설 등에서 발생하는 하수를 공공하수도에 유입시키기 위하여 설치하는 배수관과 그 밖의 배수시설을 말한다.

(14) 개인하수처리시설

건물·시설 등에서 발생하는 오수를 침전·분해 등의 방법으로 처리하는 시설을 말한다.

(15) 배수구역

강공공하수도에 의하여 하수를 유출시킬 수 있는 지역으로서 제15조의 규정에 따라 공고된 구역을 밀한나.

(16) 하수처리구역

하수를 공공하수처리시설에 유입하여 처리할 수 있는 지역으로서 제15조의 규정에 따라 공고된 구역을 말한다.

1. 하수도의 정의 및 목적에 대하여 설명하시오.

2. 하수도의 구성에 대하여 설명하시오.

CHAPTER 08 하수도계획

8.1 하수도 기본 계획

하수도계획은 구상, 조사, 예측 및 시설계획이 서로 관련을 가지고 있기 때문에 그림과 같이 우수·하수의 배제 및 처리·이용 그리고 슬러지 처리·이용의 기능을 함께 갖출 것을 기본적인 요건으로 한다.

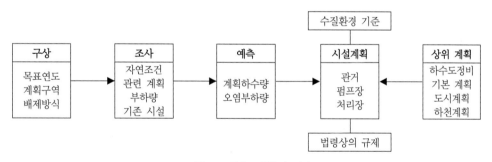

그림 8.1 하수도계획의 절차

8.1.1 하수도시설의 설치 목적

하수도는 하수와 분뇨를 적정하게 처리하여 지역사회의 건전한 발전과 공중위생의 향상에 기여하고 공공수역의 수질을 보전함을 목적으로 한다. 이는 하수도시설의 포괄적인 목적이기도 하다. 그러나 이러한 목적 이외에도 건전한 도시 수변환경의 회복과 함께 지속발전 가능한 도시 조성을 위한 기반시설의 한 축으로서 하수를 자원으로 유효이용하도록 함으로써 도시의 대사기능 유지와 자원순환형 사회로 전환하기 위한 수단으로 이용함은 물론이고, 친환경·주민친화적 시설로 생활공간의 일부로서 역할하는 등 그 목적의 범위가 확대되어야 할 것이다.

하수도시설의 목적은 아래와 같다.

① 하수의 배제와 이에 따른 생활환경의 개선
② 침수 방지
③ 공공수역의 수질보전과 건전한 물순환의 회복
④ 지속 발전 가능한 도시구축에 기여

8.1.2 하수도계획의 수립

하수도계획은 하수도의 역할이 다양화되고 있는 사회적인 요구에 부응할 수 있도록 장기적인 전망을 고려하여 수립하되 다음 사항을 포함하여야 한다.

① 침수방지계획
② 수질보전계획
③ 물 관리 및 재이용계획
④ 슬러지 처리 및 자원화계획
⑤ 통합운영관리계획
⑥ 친환경·에너지절약계획

하수도는 침수 방지 및 생활환경의 개선을 위한 기초적인 역할을 담당하는 생활기반시설이며, 공공수역의 수질보전뿐만 아니라 자원의 유효이용이라는 관점에서 처리수를 수자원으로 공급할 수 있는 등 다양한 역할을 하는 시설이다.

따라서 도시 및 농촌에 걸쳐서 하수도를 정비할 때는 이와 같은 하수도의 역할이 다양화되고 있는 사회적인 요구에 부응하되 장기적인 전망을 고려하여 하수도계획을 수립하여야 한다.

8.1.3 계획목표연도

하수도계획의 목표연도는 시설의 내용연수 및 건설기간이 길고, 특히 관거의 경우는 하수량의 증가에 따라 단계적으로 단면을 증가시키기가 곤란하기 때문에 장기적인 관거계획을 수립할 필요가 있으므로 하수도계획의 목표연도는 원칙적으로 20년으로 한다.

8.1.4 계획구역

하수도는 관할 행정구역 전체를 대상으로 정비하는 것이므로 계획구역은 원칙적으로 계획목표연도에 시가화가 예상되는 구역으로 하되, 현재 시가화 조정구역에 있어서도 장래의 시가화 구역으로 될 가능성이 있는 구역은 당연히 계획구역에 포함시켜야 한다. 또한 하수도정비 기본 계획(또는 변경) 수립 시 계획구역은 원칙적으로 관할 행정구역 전체를 대상으로 하며, 공공수역의 수질 보전 및 자연환경 보전을 위하여 하수도정비를 필요로 하는 지역을 계획구역으로 한다.

계획구역은 하수가 방류되는 하천, 해역 및 호소 등의 수질환경기준을 달성하는 것을 전제조건으로 하여 지형조건 등을 고려한 행정상의 경계에만 의존하지 말고 광역적이고 종합적인 검토 후에 정한다.

8.1.5 하수도시설의 배치, 구조 및 기능

하수도시설의 배치, 구조 및 기능은 유지관리상의 조건, 지형, 지질 등의 자연적 조건, 방류수역의 상황, 주변의 환경조건, 시설의 단계적 정비계획, 시공상의 조건 및 건설비 등을 충분히 고려하여 결정하며, 하수도시설의 용량은 필요에 따라 여유를 둔다.

8.1.6 계획인구

계획인구는 오수처리계획에서 계획오수량 산정의 기초가 되는 것으로서, 계획구역에 관한 도시계획 및 기타 장기계획을 참고로 계획목표연도의 발전 상황을 예측하여 다음 사항을 기초로 하여 정하며, 인구의 추정은 상수도의 급수인구 추정방법과 동일한 방법으로 한다.

① 계획총인구의 추정은 국토종합개발계획 및 도시계획 등에 의해 정해진 인구를 기초로 결정한다. 단, 이와 같은 계획이 결정되지 않은 경우는 계획 구성 내의 행정구성 단위별로 과거의 인구 증가 추세에 의해 상수도의 인구 추정 방법과 동일한 방법으로 인구를 추정한다.
② 계획구역 내의 인구분포 추정은 토지이용계획에 의한 인구밀도를 참고로 하여 계획총인구를 배분하여 정한다.
③ 주간인구의 유입이 현저히 큰 지역에 대해서는 주간인구를 고려한다. 인구는 일반적으로 상주인구(야간인구)를 뜻하나, 주간의 인구 유입이 현저한 관광지역, 상업지역 등에서는 계획오수

량의 추정에 큰 영향이 있으므로 주간인구를 고려할 필요가 있다.

8.1.7 하수도정비 기본 계획 시 조사사항

① 하수도계획구역 및 배수 계통
② 주요간선 펌프장 및 배수 계통
③ 하수 배제방식
④ 계획인구 및 포화인구밀도
⑤ 오수량 및 지하수량
⑥ 우수 유출량
⑦ 지질 조사 등

8.2 계획하수량의 산정

8.2.1 계획오수량

계획오수량은 생활 오수량(가정 오수량 및 영업 오수량), 공장 폐수량 및 지하수량으로 구분되며 다음 사항을 고려하여 정한다. 또한 마을 하수도계획 시에는 필요한 경우 가축 폐수량을 고려할 수 있다.

(1) 생활 오수량

1인 1일 최대오수량은 계획 목표연도에서 계획지역 내 최근 5년간 상수도사용량을 기준으로 상수도계획상의 1인 1일 최대급수량을 감안하여 결정하며, 용도 지역별로 가정 오수량과 영업 오수량의 비율을 고려한다.

(2) 공장 폐수량

공장 폐수 및 지하수 등을 사용하는 공장 및 사업소 중 폐수량이 많은 업체에 대해서는 개개의 폐수량 조사를 기초로 하여 장래의 확장이나 신설을 고려하며, 그 밖의 업체에 대해서는 출하액당 용수량 또는 부지면적당 용수량을 기초로 결정한다.

(3) 지하수량 원단위

하수관거 내에 유입하는 지하수량은 지하수위 외에 관의 접속, 공법, 관거 연장, 배수면적 등의 지배를 받으며, 그 양은 경험적으로 다음과 같이 산정한다.

※ 지하수량 산정기준

지하수량은 1인 1일 최대오수량의 10~20% 적용

하수관 길이 1 km당 0.2~0.4 L/s로 가정

배수면적 기준 17,500~36,300 L/day/ha로 가정

(4) 계획 1일 최대오수량

1인 1일 최대오수량 원단위에 하수도계획인구를 곱한 후, 여기에 공장 폐수량, 지하수량, 관광 오수량(별도 산정 시) 및 기타 배수량을 더한 것으로 한다.

(5) 계획 1일 평균오수량

계획 1일 평균오수량은 계획 1일 최대오수량의 70~80%를 표준으로 한다.

(6) 계획시간 최대오수량

계획시간 최대오수량은 계획 1일 최대오수량의 1시간당 수량의 1.3~1.8배를 표준으로 한다.

(7) 합류식에서 우천 시 계획오수량

합류식에서 우천 시 계획오수량은 원칙적으로 계획시간 최대오수량의 3배 이상으로 한다.

참고 첨두율(peaking factor) : 하수량의 평균유량에 대한 비로, 대구경 하수거인 경우 1.3보다 적으나 지선에서는 2.0이 넘을 경우도 있다. 첨두율은 소구경일수록 크고 대구경일수록 작으며, 인구수가 적을수록 크고 인구수가 많을수록 작다.

예제 8.1

계획인구 5만 명인 도시의 오수처리계획에서 1인 1일 최대오수량이 500 L/인·일이고 지하수량은 1인 1일 최대오수량의 20%로 했을 때의 계획 1일 최대오수량을 구하시오.

계획 1일 최대오수량 : 1인 1일 최대오수량에 계획인구를 곱하고, 여기에 공장 폐수량, 지하수량 및 기타 배수량을 더한 것

$$\therefore \text{계획 1일 최대오수량} = 500\,\text{L/인} \cdot \text{일} \times 50000\text{명} + 500\,\text{L/인} \cdot \text{일} \times 0.2 \times 50000\text{명}$$
$$= 30000000\,\text{L} = 30000\,\text{m}^3$$

8.2.2 계획우수량

강우는 삼투, 증발 및 침투 등으로 인하여 실제 하수관거 내에 유입되는 양은 전체량의 몇 할에 지나지 않으나 하수량에 비할 경우 그 양은 상당히 많다. 특히 합류식 하수도에서는 이것이 배관 설계의 기본이 된다.

(1) 우수량의 산출(합리식)

최대계획우수유출량의 산정은 합리식에 의하는 것을 원칙으로 하되, 필요에 의하여 다양한 우수 유출산정방법들이 사용 가능하다.

$$Q = 0.2778\,CIA = \frac{1}{360}\,CIA* \tag{8.1}$$

여기서, Q : 최대계획우수유출량(m^3/s)

  C : 유출계수

  A : 배수면적(km^2)

  $A*$: 배수면적(ha)

  I : 유달시간(t) 내의 평균강우강도(mm/hr)

$1\,\text{ha} = 10^4\,\text{m}^2$

(2) 강우강도

일반적으로 1시간 동안의 강수량을 말하며, 강우강도와 지속시간과의 관계를 표시한 식을 강우강도 공식이라 하는데, 이 식은 지방에 따라 다르다.

합리식에 있어서 강우강도 공식의 형태는 다음과 같은 것이 있다.

① Talbot 형 : $I = \dfrac{a}{t+b}$

② Sherman 형 : $I = \dfrac{a}{t^m}$

③ 히사노·이시구로(久野·石黑) 형 : $I = \dfrac{a}{\sqrt{t} \pm b}$

④ Cleveland 형 : $I = \dfrac{a}{t^m + b}$

여기서, I : 강우강도(mm/hr)

t : 강우 지속시간(min)

a, b, m : 상수

①~④의 강우강도 공식에 대하여 실측자료와의 적합도를 검정해보면, Talbot 형은 곡선의 굽은 정도가 적은 성질을 가지고 있고, Sherman 형 및 히사노·이시구로 형은 굽은 정도가 심하다. Talbot 형은 지속시간 5~120분 사이에서 Sherman 형 및 히사노·이시구로 형보다 약간 안전한 값을 얻을 수 있다. 여기서 유달시간이 짧은 관거 등의 유하시설을 계획할 경우는 원칙적으로 Talbot 형을 채용하는 것이 좋으며, 24시간 우량 등의 장시간 강우강도에 대해서는 Cleveland 형이 가깝다. 저류시설 등을 계획하는 경우에도 Cleveland 형을 채용하는 것이 좋다.

강우강도 공식에서의 상수 결정은 하수도시설 기준을 참고하여 결정한다.

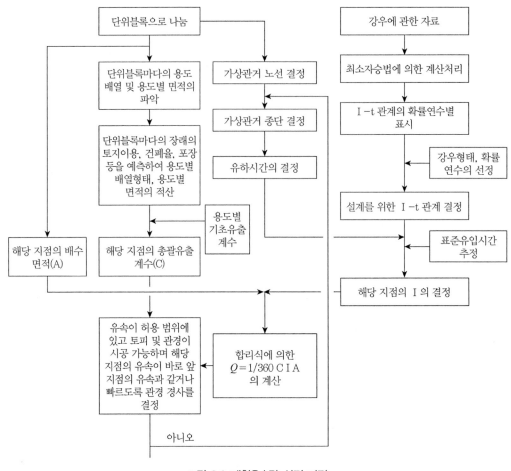

그림 8.2 계획우수량 산정 과정

(3) 유출계수

배수구역 내의 강우에서 일부는 증발하고, 일부는 지하로 침투하고, 나머지가 하수관거에 유입하게 된다. 이 하수관거에 유입하는 우수유출량과 전 강우량의 비를 유출계수라 한다.

유출계수는 토지이용도별 기초유출계수로부터 총괄유출계수를 구하는 것을 원칙으로 한다. 토지이용도를 크게 나누면 침투역 및 불침투역의 두 가지가 있으며, 침투역은 토질이나 식생 등에 의해, 불침투역은 관거와의 접촉정도에 의해서 유출계수가 달라진다. 따라서 토지이용형태는 다시 세분화되며 세분화된 기초표면 형태의 유출계수를 기초유출계수라 부르며, 기초유출계수의 표준값은 표 8.1과 같다.

표 8.1 토지이용도별 기초유출계수의 표준값

표면형태	유출계수	표면형태	유출계수
지붕	0.85~0.95	공지	0.10~0.30
도로	0.80~0.90	잔디, 수목이 많은 공원	0.05~0.25
기타 불투수면	0.75~0.85	구배가 완만한 산지	0.20~0.40
수면	1.00	구배가 급한 산지	0.40~0.60

(참고 : 하수도시설기준)

총괄유출계수의 산정식은 다음과 같다.

$$C = \frac{\sum_{i=1}^{m} C_i A_i}{\sum_{i=1}^{m} A_i} \tag{8.2}$$

여기서, C : 총괄유출계수

C_i : i번째 토지이용도별 기초유출계수

A_i : i번째 토지이용도별 총면적

m : 토지이용도의 수

토지이용도별 구성은 불침투역에 대하여 용도지역별 건폐율, 도로율 및 포장률 등에 의해 엄밀하게 결정될 수 있다. 토지이용도별 유출계수의 표준값은 표 8.2와 같다.

표 8.2 토지이용도에 따른 합리식의 유출계수 범위(Pone, 1989)

토지이용		기본 유출계수 C	토지이용			기본 유출계수 C
상업 지역	도심지역	0.70~0.95	차도 및 보도			0.75~0.85
	근린지역	0.50~0.70	지붕			0.75~0.95
주거 지역	단독주택[2] 독립주택단지 연립주택단지 교외지역 아파트	0.30~0.50 0.40~0.60 0.60~0.75 0.25~0.40 0.50~0.70	잔디	사질토	평탄지 평균 경사지	0.05~0.10 0.10~0.15 0.15~0.20
				중토	평탄지 평균 경사지	0.13-0.17 0.18-0.22 0.25-0.35

표 8.2 토지이용도에 따른 합리식의 유출계수 범위(Pone, 1989)(계속)

토지이용		기본 유출계수 C	토지이용				기본유출계수 C
산업 지역	산재지역	0.50~0.80	나 지		평탄한 곳		0.30~0.60
	밀집지역	0.60~0.90			거친곳		0.20~0.50
공원, 묘역		0.10~0.25	농 경 지	경 작 지	사 질 토	작물 있음	0.30~0.60
운동장		0.20~0.35				작물 없음	0.20~0.50
철로		0.20~0.40			점토	작물 있음	0.20~0.40
미개발지역		0.10~0.30				작물 없음	0.10~0.25
도로	아스팔트 콘크리트 벽돌	0.70~0.95 0.80~0.95 0.70~0.85			관개 중인 답		0.70~0.80
				초 지	사질토		0.15~0.45
					점토		0.05~0.25
			산지 *3		급경사 산지		0.40~0.80
					완경사 산지		0.30~0.70

(참고 : 하천설계기준, 2009)

표 8.3 합리식 유출계수의 지형과 지질에 따른 보정(Stephenson, 1981)

지표 상황	보정치 : 가감량
나지 초지 경작지 삼림	경사<5% : −0.05 경사>10% : +0.05 재현기간<20 yr : −0.05 재현기간>50 yr : +0.05 연평균강수량<600 mm : −0.03 연평균강수량>900 mm : +0.03

(4) 확률연수

확률연수는 10~30년, 빗물 펌프장의 확률연수는 30~50년을 원칙으로 하며, 반드시 전 지역이 일정치 않고 지역의 중요도에 따라 확률연수를 다르게 하거나 방재상 필요에 따라 이보다 크게 또는 작게 정할 수 있다.

(5) 유달시간

우수유출의 유하현상은 홍수이동의 현상이므로 유달시간은 이를 고려하여 구한다. 유달시간은 유입시간과 유하시간을 합한 것으로, 유입시간은 최소단위 배수구역의 구배 특성을 고려하여 구하며, 유하시간은 최상류 관거의 말단으로부터 그 지점까지의 거리를 계측 유량에 대응한 유속으로 나누어 구한다.

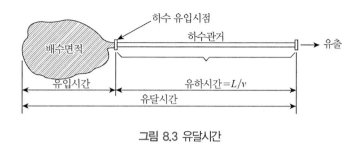

그림 8.3 유달시간

$$유달시간 = 유입시간 + 유하시간\left(\frac{L}{v}\right) \tag{8.3}$$

① 유입시간(time of inlet)

우수가 배수구역의 최원격 지점에서 하수관 또는 거에 유입할 때까지의 시간으로, 유입시간의 표준치로서는 표 8.4 유입시간의 표준값이 사용되는 것이 보통이다. 이론적인 산정식은 다음의 Kerby 식과 특성곡선식에 의한다.

가) Kerby 식

$$t_1 = 1.44\left(\frac{l \cdot n}{S^{1/2}}\right)^{0.467} \tag{8.4}$$

여기서, t_1 : 유입시간(min)

l : 지표면 거리(m)

S : 지표면의 평균경사(%)

n : 조도계수에 유사한 지체계수

나) 특성곡선식[末石(스에이시) 식]

$$t_1 = \left(\frac{n_e \cdot l}{S^{1/2} \cdot I^{2/3}}\right)^{\frac{3}{5}} \tag{8.5}$$

여기서, n_e : 최소단위 배수구의 등가 조도계수

I : 설계 강우강도

표 8.4 유입시간의 표준값

우리나라에서 일반적으로 사용되고 있는 유입시간		미국 토목학회	
인구밀도가 큰 지구	5분	완전포장 및 하수도가 완비된 밀집지구	5분
인구밀도가 작은 지구	10분		
간선 하수관거	5분	비교적 구배가 작은 발전지구	10~15분
지선 하수관거	7~10분		
평균	7분	평지의 주택지구	20~30

(참고 : 하수도시설기준, 환경부, 2011)

② 유하시간(time of flow)

우수가 하수관거로 유입하여 일정한 구간을 흘러간 시간으로, 각 거 구간 마다의 거리와 계획유량에 대한 유속으로부터 구한 구간당 유하시간을 합계하여 구한다. 이를 위해서는 가상적인 관거의 배치와 크기가 필요하고, 이 배치와 크기는 평균유속이 0.8~3.0 m/s가 되도록 하며, 하류로 갈수록 경사는 완만하고 유속은 빠르며, 소류력을 크게 할 수 있도록 배려하여 결정하되 몇 번이고 계산을 반복하여 계획관거를 결정한다.

그리고 관거 내의 유수를 등류로서 계획유량에 대응한 유속에 의해 산정하는 것을 원칙으로 하나, 관거 내의 유량 및 수위 등은 시간에 따라 변동하므로 계획유량에 대응한 유속보다 첨두유량의 이동 속도를 사용하는 경우도 있다.

즉, 유하시간의 산정식은 다음과 같다.

$$t_2 = \frac{L}{\alpha \cdot V} \tag{8.6}$$

여기서, t_2 : 유하시간(min)

L : 관거 연장(m)

V : Manning 공식에 의한 평균유속(m/sec)

α : 홍수의 이동에 대한 보정계수(표 8.5 참조)

표 8.5 보정계수

단면형상	수심(%)	보정계수(α)	비고
정사각형	80	1.25	Manning 공식을 이용하며, kleitz · Seddon의 이론식에서 횡유입이 없는 것으로 하여 수치계산을 할 것(n =일정)
	50	1.33	
	20	1.48	
원형	80	1.03	
	50	1.33	
	20	1.42	

③ 유달시간(T)과 강우지속시간(t)과의 관계

가) $T \leq t$인 경우 : 전배수면적에서의 우수가 동시에 하수관거 시점으로 모일 때가 있다.

나) $T > t$인 경우 : 전배수면적에서의 우수가 동시에 하수관거의 시점에 모이는 일이 없으며, 지체현상이 일어난다.

(6) 배수면적

배수면적은 지형도를 기초로 도로, 철도 및 기존 하천의 배치 등을 답사에 의해 충분히 조사하고 장래의 개발계획도 고려하여 정확하게 구한다.

참고 지체현상(retardation) : 최원격 지점의 우수가 최후로 하수관거의 시점을 통과할 때는 이보다 하류에서 유입한 우수가 이미 그 시점을 통과해버린 현상이다.

예제 8.2

$I = \dfrac{3600}{t+30}$ [mm/hr], 면적 1.26 km², 유입시간이 5분, 유출계수 C =0.5, 관 내의 유속이 1.5 m/s인 경우 관 길이가 900 m인 하수관에서 흘러나오는 우수량을 구하시오.

해설

① 유달시간(T)=유입시간(t_1)+유하시간(t_2)= $5 + \dfrac{900}{1.5 \times 60} = 15$ 분

② 강우강도(I) = $\dfrac{3660}{15+30} = 81.33 \,\mathrm{mm/hr}$

$$\therefore Q = 0.2778\,CIA = 0.2778 \times 0.5 \times 81.33 \times 1.26 = 14.23\,\mathrm{m^3/s}$$

다음 강우강도 $I=\dfrac{3,220}{t+16.7}$ [mm/hr], 배수면적 70,000 m², 유입시간 5분, 유출계수 $C=0.45$, 관 내 유속 1 m/s인 경우 관거 길이 480 m인 하수관의 우수유출량을 구하시오.

해설

$Q=\dfrac{1}{360}\,CIA$ 에서,

① 유달시간＝유입시간＋유하시간＝$5+\dfrac{480}{1\times60}=13$분

② 강우강도 $I=\dfrac{3220}{13+16.7}=108.42\,\text{mm/hr}$

$$\therefore\ Q=\dfrac{1}{360}\times0.45\times108.42\times7=0.95\,\text{m}^3/\text{s}$$

배수면적이 15,000 m²인 지역에 강우강도 $I=\dfrac{280}{\sqrt{t}+0.28}$ [mm/hr], 유출계수 0.7, 유달시간이 6분일 경우의 우수량을 구하시오.

해설

$Q=\dfrac{1}{360}\,CIA*$ 에서,

① 강우강도 $I=\dfrac{280}{\sqrt{6}+0.28}=102.58\,\text{mm/hr}$

② $Q=\dfrac{1}{360}\times0.7\times102.58\times1.5=0.30\,\text{m}^3/\text{s}$

다음 표는 어느 배수지역의 우수량을 산출하기 위해 조사한 지역 분포와 유출계수의 결과이다. 이 지역의 전체 평균유출계수를 구하시오.

지역	분포	유출계수
상업 지역	20%	0.6
주거 지역	30%	0.4
공원 지역	10%	0.2
공업 지역	40%	0.5

해설

$$C_m = \frac{\sum C_i A_i}{\sum A_i} = \frac{0.6 \times 20 + 0.4 \times 30 + 0.2 \times 10 + 0.5 \times 40}{20 + 30 + 10 + 40} = 0.46$$

8.3 하수 배제방식

배수 계통은 하수도계획의 근본이 되는 것으로, 그 우열은 관거매설에 있어 큰 영향을 미친다. 그러므로 배수구역 내의 지형, 인구의 분포상태, 배수로의 상태 및 유수의 원근지속 등 이해득실을 비교 연구하여 기술적으로 결정해야 한다. 하수의 배제방식에는 분류식과 합류식이 있는데, 분류식은 오수와 우수를 별개의 관거 계통으로 배제하는 방식이고, 합류식은 동일 관거 계통으로 배제하는 방식인데 지역의 지형 특성, 방류수역의 여건 등을 고려하여 배제방식을 정한다. 배수 계통은 직각식, 차집식, 선형식, 방사식, 평행식, 집중식, 기타 적절한 배수관망의 형식을 정하고 토구, 하수처리장, 펌프(pump)장 등의 위치를 선정한다.

분류식은 오수만을 처리장으로 수송하는 방식으로서 우천 시에 오수를 수역으로 방류하는 일이 없으므로 수질오염방지상 유리하다. 또한 재래의 우수배제시설이 비교적 정비되어 있는 지역에서는 이들의 시설을 유효하게 이용할 수가 있기 때문에 경제적으로 하수도의 보급을 추진할 수가 있다. 그러나 분류식에 있어서도 강우 초기에 비교적 오염된 노면배수가 우수관거를 통해 직접 공공수역에 방류되는 점, 도로폭이 좁고 여러 가지 지하매설물이 교차되어 있는 기존 시가지에서 우수관거와 오수관거를 모두 신설할 경우에 시공상 곤란한 점, 또한 분류식의 오수관거는 소구경이기 때문에 합류식에 비해 경사가 급해지고 매설 깊이가 깊어지는 등의 문제점이 있다.

한편, 합류식은 단일관거로 오수와 우수를 배제하기 때문에 침수피해의 다발지역이나 우수배제시설이 정비되어 있지 않은 지역에서는 유리한 배제방식이며, 분류식에 비해 시공이 용이하다. 그러나 우천 시에 관거 내의 침전물이 일시에 유출되고 처리장에 큰 부담을 주는 경우나 우수토실로부터 어느 일정 배율 이상으로 희석된 하수가 수역으로 직접 방류되는 점 등 수질보전상 바람직하지 않은 문제점이 있다.

우리나라의 경우 기존 하수도는 오수처리의 목적 이외에 저습지대의 침수를 방지할 목적으로 하수도사업을 실시해온 지자체가 많기 때문에 대부분이 합류식으로 계획되어 있으나 사실상 완전합류식으로 우·오수가 적정한 유속으로 배출되기보다는 우수배제를 위해 노면경사를 따라 부설되어 청천 시에 오수량 유하에 있어 제 유속을 확보하지 못하는 형태이다.

그러나 최근 공공수역의 수질오염방지상 하수도의 역할이 커지고 있기 때문에 하수도계획 시의 배제방식은 우수에 의한 침수 방지는 물론 공공수역의 수질오염 방지를 위해서는 원칙적으로 분류식으로 하는 것이 바람직할 것이다.

다만 기존 하수도시설의 형태 및 지하매설물의 매설상태 등 여러 가지 여건상 분류식의 채택이 어려운 경우, 합류식에 의하여도 공공수역의 수질보전에 지장이 없다고 판단될 경우 및 방류수역의 제반조건에 대하여 적절한 대책이 강구된 경우에는 합류식을 고려할 수도 있기 때문에, 분류식 하수도의 오접합 같은 기술적인 문제와 경제적인 문제, 기존 하수도의 여건, 방류수계의 수질보전문제, 초기우수처리시설 설치 필요성 등을 종합적으로 검토하여 형식을 결정하여야 한다.

8.3.1 배제방식

합류식(combined system)과 분류식(seperate system)을 계통적으로 분류하고, 우리나라 하수도정비에서 채택하기에 적합하다고 생각되는 경우를 요약 정리하면 아래와 같다.

- 합류식(개선 필요) ······························· 대도시
- 분류식 ··············· 완전분류식 ··············· 신규 도시(또는 단지)
- 오수분류식 ·· 지방 중소도시 및 농어촌

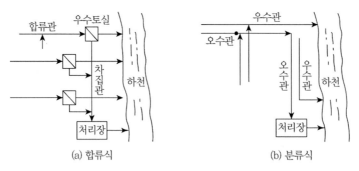

(a) 합류식   (b) 분류식

그림 8.4 합류식과 분류식

표 8.6 배제방식의 비교

검토사항		합류식	분류식
건설면	관로계획	우수를 신속하게 배수하기 위해서 지형조건에 적합한 관거망이 된다.	우수와 오수를 별개의 관거에 배제하기 때문에 오수배제계획이 합리적이다.
	시공	대구경 관거가 되면 좁은 도로에서의 매설에 어려움이 있다.	오수관거와 우수관거의 2계통을 동일도로에 매설하는 것은 매우 곤란하다. 오수관거에서는 소구경관거를 매설하므로 시공이 용이하지만, 관거의 경사가 급하면 매설 깊이가 크게 된다.
	건설비	대구경 관거가 되면 1계통으로 건설되어 오수관거와 우수관거의 2계통을 건설하는 것보다는 저렴하지만 오수관거만을 건설하는 것보다는 비싸다.	오수관거와 우수관거의 2계통을 건설하는 경우는 비싸지만 오수관거만을 건설하는 경우는 가장 저렴하다.
유지관리면	관거오접	없다.	철저한 감시가 필요하다.
	관거 내 퇴적	청천 시에 수위가 낮고 유속이 적어 오물이 침전하기 쉽다. 그러나 우천 시에 수세효과가 있기 때문에 관거 내의 청소빈도가 적을 수 있다.	관거 내의 퇴적이 적다. 수세 효과는 기대할 수 없다.
	처리장으로의 토사 유입	우천 시에 처리장으로 다량의 토사가 유입하여 장기간에 걸쳐 수로 바닥, 침전지 및 슬러지 소화조 등에 퇴적한다.	토사의 유입이 있지만 합류식 정도는 아니다.
	관거 내의 보수	폐쇄의 염려가 없다. 검사 및 수리가 비교적 용이하다. 청소에 시간이 걸린다.	오수관거에서는 소구경관거에 의한 폐쇄의 우려가 있으나, 청소는 비교적 용이하다. 측구가 있는 경우는 관리에 시간이 걸리고 불충분한 경우가 많다.
	기존 수로의 관리	관리자가 불명확한 수로를 통폐합하고 우수배제 계통을 하수도관리자가 총괄하여 관리할 수 있다.	기존의 측구를 존속할 경우는 관리자를 명확하게 할 필요가 있다. 수로부의 관리 및 미관상에 문제가 있다.
수질보전면	우천 시의 월류	일정량 이상이 되면 우천 시 오수가 월류한다.	없다.
	청천 시의 월류	없다.	없다.
	강우 초기의 노면 세정수	시설의 일부를 개선 또는 개량하면 강우 초기의 오염된 우수를 수용해서 처리할 수 있다.	노면의 오염물질이 포함된 세정수가 직접 하천 등으로 유입된다.
환경면	쓰레기 등의 투기	없다.	측구가 있는 경우나 우수관거에 개거가 있을 때는 쓰레기 등이 불법투기되는 일이 있다.
	토지이용	기존의 측구를 폐지한 경우는 도로폭을 유효하게 이용할 수 있다.	기존의 측구를 존속할 경우는 뚜껑의 보수가 필요하다.

표 8.7 배제방식의 장단점

구분	합류식	분류식
장점	• 분류식에 비해 구배를 완만하게 할 수 있으므로 매설 깊이를 낮게 할 수 있다. • 강우 초기에 우수에 의하여 오염된 노면 배수를 하수처리장까지 운반하여 처리할 수 있다. • 횡단면적이 크므로 검사 등이 편리하고 환기가 잘 된다. • 합류식은 사설 하수에 연결하기 쉽다. • 시공상 분류식보다 건설비가 적게 소요된다.	• 하수에 우수가 포함되지 않으므로 하수처리장의 부하를 경감시키고, 처리 비용을 절감할 수 있다. • 유량이 일정하며, 유속이 빨라 관 내에 침전물이 생기지 않는다. • 우수는 그대로 방류하므로 양수 시설의 용량은 오수량에 의해서만 결정된다. • 분류식은 방류 장소를 마음대로 선정할 수 있다.
단점	• 청천 시에는 유속이 느려 부유물이 관거 내에 침전 부패되어 최종 처리장에서의 처리 효율을 저하시킨다. • 강우 시 계획오수량의 일정 배율 이상의 것은 우수토실 또는 펌프장으로부터 하천 등 공공수역에 직접 방류된다. • 하수처리장으로 유입되는 오수 부하량이 크므로 처리 비용이 많이 소요된다. • 우천 시에 처리장으로 다량의 토사가 유입하여 장기간에 걸쳐 수로 바닥, 침전지 및 슬러지 소화조 등에 퇴적한다.	• 오수관과 우수관을 별도로 설치해야 되므로 공사비가 많이 소요된다. • 도로폭이 좁고 여러 가지 지하 매설물이 교차되어 있는 기존 시가지에서는 시공상 곤란한 점이 많이 따른다. • 우수 초기에 오염도가 비교적 큰 노면 배수가 우수관거를 통해 공공수역으로 직접 방류되어 하천을 오염시킨다. • 분류식의 오수관거는 소구경이기 때문에 합류식에 비해 경사가 급해지고 매설 깊이가 깊어진다.

8.3.2 배수 계통

배수구역 내의 지형에 따라 정해지는 것으로 자연유하에 의해서 처리장까지 흐르게 하는 것으로, 가급적 펌프장 등은 피하도록 한다. 배수구역이 넓고 또한 토지의 고저가 약할 때는 부득이 펌프장을 설치하는 경우도 있으나, 이때는 가능한 한 양정을 낮게 하여 무용의 손실수두는 피하도록 한다. 따라서 배수 계통을 구상하는 경우에는 그 지형에 따라 다음의 방식들이 있다. 이것을 단독 또는 병용하여 적용한다.

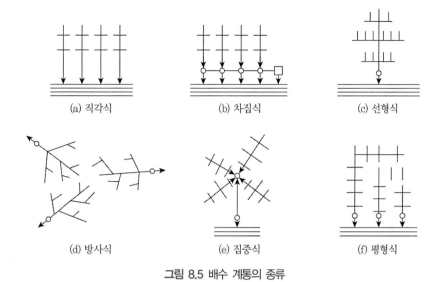

(a) 직각식   (b) 차집식   (c) 선형식

(d) 방사식   (e) 집중식   (f) 평형식

그림 8.5 배수 계통의 종류

(1) 직각식 또는 수직식(rectangular system or perpendicular system)

시가지 내를 큰 하천이 흐를 때, 그 양안의 하수를 하천에 직각인 간선 하수거에 의하여 배출시키는 방식이다. 이것은 하천유량이 풍부할 때, 하수를 신속히 배제할 수 있는 가장 경제적인 방법이다. 그러나 이 방법에서는 비교적 토구의 수가 많으며, 하해의 수위가 높고 간만의 차가 심할 때는 이곳에 방조문을 설치해야 되는 결점이 있다.

(2) 차집식(遮集式, intercepting system)

직각식에 있어서 하천유량이 풍부하지 못하고 배출 하수량이 많을 경우는 하천오염이 심하다. 이것을 방지하기 위하여 하천에 연하여 차집거를 설치하여 간선 하수거로 유하한 하수를 차집거로 차집하여 하수 종말 처리장에 유하되도록 하는데, 이 방법을 차집식이라 한다. 이때 하수 배제방식은 합류식인 경우가 많고 하천부근에 우수토실을 만들어, 우수는 하천에 방류시키고, 오수는 차집거로 하수처리장에 유입되도록 한다.

(3) 선형식(扇形式, fan system)

지형이 한 방면으로 규칙적으로 경사하거나 하수처리 관계상 전 지역의 하수를 한 개의 어떤 한정된 장소로 집중시키지 않으면 안 될 경우에, 그 배수 계통을 나뭇가지형으로 배치하는 방식을 선형식이라 한다. 지세가 단순하여 쉽게 한 지점으로 하수를 집수할 수 있을 경우는 매우 좋은 방식이다. 난점은 시가지 중심의 밀집지역에 하수간선이나 펌프장 등이 집중되어 있어서 때에 따라서 건설이 곤란한 경우가 많다는 것이다.

(4) 방사식(放射式, radial system)

지역이 광대해서 하수를 한곳으로 모으기 힘들 때, 배수구역을 수 개 또는 그 이상으로 나누어 중앙부터 방사형으로 배관하고, 각 분해구역별로 배수와 하수처리를 하는 것이 유리할 때가 있다. 이 경우, 관거의 최대연장이 짧으며 소관경이므로 경비를 절약할 수 있으나, 반면에 처리장이 많아지는 결점이 있다. 그 외에 작업의 연락통제가 복잡하여 중소 도시에서는 부적당한 경우가 많다.

(5) 집중식(集中式, contralization system)

한 지역이 하수가 방류될 수면과의 고저차가 충분하지 못하거나 주위 지대보다 낮을 때, 그 지역의 가장 낮은 곳으로 하수가 흐르도록 배치한 다음 그 곳에서 어떤 간선 하수거나 하천토구나 처리장 등으로 하수를 펌프 압송하는 방식이다.

(6) 평행 또는 고저단식(平行, 高低段式, parallel system or zone system)

광대한 대도시에 합리적이고 경제적인 방식으로 지형의 고저에 따라 고지대, 저지대 등으로 구분하여 별도의 배수 계통을 형성하는 방식이다. 고지대는 자연유하식에, 저지대는 펌프 배수에 의하는 등 각각에 적합한 배수 계통으로 나누어서 처리장까지 하수를 이끌어가는 방식이다.

1. 하수도 기본 계획에 있어서 조사해야 할 사항에 대해 설명하시오

2. 주거지역(면적 3 ha, 유출계수 0.5), 상업지역(면적 2 ha, 유출계수 0.7), 녹지(면적 1 ha, 유출계수 0.1)로 구성된 구역의 평균(총괄)유출계수를 구하시오.

3. 배수면적이 0.05 km², 하수관거의 길이가 480 m, 유입시간이 4분, 유출계수($C=0.6$), 재현기간 7년에 대한 강우강도 $I = 3250/(t+18.2)$[mm/hr], 하수관 내 유속이 27 m/min인 경우 이 하수관거 내의 우수량을 구하시오.

4. 유역면적이 5 ha, 유입시간이 8분, 유출계수가 0.75일 때 하수관거의 유량을 구하시오. (단, 하수관거 길이는 1 km이며, 하수관 내 유속은 40 m/min으로 하고, 이 지역의 강우강도 $I = 3970/(t+31)$[mm/hr] 이다.)

5. 유역면적 2 km², 유출계수 0.6인 어느 지역에서 2시간 동안에 70 mm의 호우가 내렸다. 이 지역의 우수량을 구하시오.

6. 분류식과 합류식의 장단점에 대해 논하시오.

7. 지체현상(retardation)에 대해 설명하시오.

8. 하수도의 배수 계통은 지형에 따라 여러 가지 방식이 있는데, 각 방식들의 특징에 대하여 설명하시오.

CHAPTER 09 하수관거

관거시설은 관거, 맨홀(manhole), 우수토실(雨水吐室), 토구(吐口), 물받이(오수, 우수 및 집수받이) 및 연결관 등을 포함한 시설의 총칭이며, 주택, 상업 및 공업지역 등에서 배출되는 오수나 우수를 모아서 처리장 또는 방류수역까지 유하시키는 역할을 하며 각 관거별 계획하수량은 다음 사항을 고려하여 정한다.

① 오수관거에서는 계획시간 최대오수량으로 한다.
② 우수관거에서는 계획우수량으로 한다.
③ 합류식 관거에서는 계획시간 최대오수량에 계획우수량을 합한 것으로 한다.
④ 차집관거는 우천 시 계획오수량으로 한다.
⑤ 지역의 실정에 따라 계획하수량에 여유율을 둘 수 있다.

9.1 하수관로의 수리

9.1.1 유속과 유량

(1) 유속

하수는 보통의 물에 비하여 부유 협잡물이 많이 포함되어 있으나 수리 계산에 지장을 줄 정도는 아니므로 보통의 물에서와 같은 방법으로 수리계산을 한다. 따라서 하수도에서 일반적으로 사용하는 평균유속 계산식은 자연유하에서는 Manning 공식 또는 Ganguillet-Kutter 공식을, 압송의 경우에는 Hazen-Williams 공식을 사용한다.

① Manning 공식

$$Q = A V \tag{9.1}$$

$$V = \frac{1}{n} \cdot R^{2/3} \cdot I^{1/2} \tag{9.2}$$

여기서, Q : 유량(m^3/s)

$\quad\quad\quad A$: 유수의 단면적(m^2)

$\quad\quad\quad V$: 유속(m/s)

$\quad\quad\quad n$: 조도계수

$\quad\quad\quad R$: 경심(m)($= A/P$)

$\quad\quad\quad P$: 유수의 윤변(m)

$\quad\quad\quad I$: 동수경사

② Ganguillet-Kutter 공식

$$V = \frac{23 + \dfrac{1}{n} + \dfrac{0.00155}{I}}{1 + \left(23 + \dfrac{0.00155}{I}\right)\dfrac{n}{\sqrt{R}}} \cdot \sqrt{RI} = \frac{N.R}{\sqrt{R} + D} \tag{9.3}$$

여기서, $N : \left(23 + \dfrac{1}{n} + \dfrac{0.00155}{I}\right)\sqrt{I}$

$\quad\quad\quad D : \left(23 + \dfrac{0.00155}{I}\right)n$

③ Hazen-Williams 공식(압송의 경우)

$$Q = A V \tag{9.4}$$

$$V = 0.84935 \cdot C \cdot R^{0.63} \cdot I^{0.54} \qquad (9.5)$$

여기서, Q : 유량(m^3/s)

$\qquad A$: 유수의 단면적(m^2)

$\qquad V$: 유속(m/s)

$\qquad R$: 경심(m)($= A/P$)

$\qquad I$: 동수경사(h/L)

표 9.1 Hazen–Williams 공식의 유속계수 C값

관계도	유속계수(C)
주철관	
신관	130
5년 경과	120
10년 경과	110
20년 경과	90~100
30년 경과	75~90
강관(부설 후 20년)	100
도장된 강관	130
원심력 철근 콘크리트관	130
경질염화비닐관, 폴리에틸렌관	130
유리섬유강화플라스틱관	150
흄관(100 mm 이하)	120~140
흄관(100~600 mm)	150

(출처 : Water Supply & Sewerage. McGraw–Hill 6th ed., 1991 and AWWA M 45. ed. 2005.)

예제 9.1

원형 원심력 철근 콘크리트관에 만수(滿水)된 상태로 송수된다고 할 때 Manning 공식에 의한 유속을 구하시오. (단, $n = 0.013$, $I = 0.001$, 관 지름 $d = 400\,\text{mm}$이다.)

해설

$$V = \frac{1}{n} \cdot R^{\frac{2}{3}} \cdot I^{\frac{1}{2}} = \frac{1}{0.013} \left(\frac{0.4}{4} \right)^{\frac{2}{3}} \times 0.001^{\frac{1}{2}} = 0.524\,\text{m/s}$$

안지름이 각각 60 cm, 80 cm의 하수관거에 0.8 m/s의 동일 유속으로 하수가 흐른다. 두 하수관거에 흘러가는 하수 유량비를 나타내시오. (단, 두 관거에는 하수가 가득 차서 흐른다.)

해설

$Q = AV = \dfrac{\pi d^2}{4} \cdot V$에서, 유속이 동일하므로 $Q \propto d^2$ 이다.

$$\therefore \ Q_1 : Q_2 = 60^2 : 80^2 = 3600 : 6400 = 1 : 1.78$$

어느 하수도의 유량을 조사하였더니 6.12 m³/min이었다. 이 하수도의 지름은 50 cm이고, 이 하수거로 흐르는 하수의 수심(水深)은 25 cm였다고 한다. 이때의 유속을 구하시오.

해설

$Q = AV$에서

$$\therefore \ V = \frac{Q}{A} = \frac{6.12/60}{(\pi \times 0.5^2/4) \times \dfrac{1}{2}} = 1.04 \, \mathrm{m/s}$$

9.1.2 관거(管渠)

(1) 경사

이론적으로 수면의 경사값을 사용하나 배수 등의 영향은 없는 것으로 간주하고 관저경사를 사용한다.

(2) 조도계수

철근 콘크리트관 및 도관의 경우는 각각 0.013, 경질 염화비닐관의 경우는 0.010을 표준으로 한다. 일반적으로 사용되고 있는 조도계수의 범위는 표 9.2와 같다.

(3) 관거의 단면적

유량과 경사가 결정되면 수리계산식으로 구할 수 있다. 여기에서 수심을 결정할 때 원형관은 만류, 직사각형거는 높이의 9할, 마제형거는 높이의 8할로 하여 정해진 계획유량을 충분히 유하시킬 수 있도록 단면을 결정한다.

9.1.3 개거(開渠)

(1) 유량

유량은 하도(河道)의 상황에 따라 다르게 계산되므로 등류(等流) 혹은 부등류(不等流)를 고려하여 계산한다.

(2) 평균유속

일반적으로 Manning 공식을 사용하여 구하고 조도계수는 표 9.2와 같은 범위로 한다.

표 9.2 관 재질에 따른 Manning 공식의 조도계수(n)

단면		조도계수(n)
관거	시멘트관	0.011~0.015
	벽돌	0.013~0.017
	주 철관	0.011~0.015
	콘크리트	
	– 매끄러운 표면	0.012~0.014
	– 거친 표면	0.015~0.017
	콘크리트관	0.011~0.015
	주름형의 금속관	
	– 보통관	0.022~0.026
	– 포장된 인버트	0.018~0.022
	아스팔트 라이닝	0.011~0.015
	플라스틱관(매끄러운 표면)	0.011~0.015
	점토	
	– 도관	0.011~0.015
	– 깔판	0.013~0.017
개거	인공수로	
	– 아스팔트	0.013~0.017
	– 벽돌	0.012~0.018
	– 콘크리트	0.011~0.020
	– 자갈	0.020~0.035
	– 식물	0.030~0.040

(참고 : 하수도시설기준(2011, 자료 : WEF, MOP 9, 1969))

(3) 단면적

적당한 여유고를 갖도록 단면을 결정한다. 일반적으로 여유고는 계획유량이 $200 \text{ m}^3/\text{s}$ 미만일 때는 0.6 m로 정하지만, 계획유량이 이보다 현저히 적을 경우나 지반이 계획홍수위보다 높은 경우는 여유고를 $0.2H$(H는 개거의 깊이(m), $0.2H > 0.6 \text{ m}$의 경우는 0.6 m로 함) 이상으로 한다.

9.1.4 수리특성곡선

원관에서 각 수심별로 유속, 유량 등을 계산하여 이를 직교 좌표에 플롯(plot)하여 작성하여 만수 시의 수리요소에 대한 임의의 수심에서의 수리요소와의 비율을 도시한 곡선으로서, 각 형상의 수리 특성을 잘 알 수 있으며 하수도 설계에 매우 유용하다. 즉, 각 수심별로 유속 및 유량 등은 수리 특성곡선을 통해 알 수 있다. 각 관거 형태별 최대유속 및 유량은 다음과 같다.

① 원형관 및 마제형거에서의 유속은 수심이 82%일 때 최대이며, 유량은 수심이 94%일 때 최대가 된다.
② 직사각형거에서는 유속 및 유량이 모두 만류가 되기 직전에 최대이고, 만류가 되면 유속 및 유량이 급격히 감소한다.
③ 계란형거에서는 유량이 감소되어도 원형관에 비해 수심 및 유속이 유지되므로 토사 및 오물 등의 침전 방지에 효율적이다.

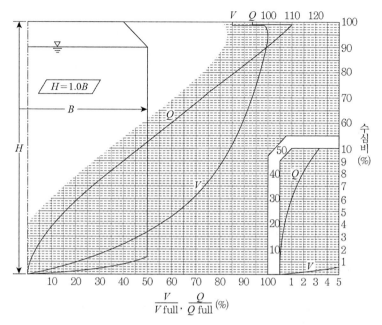

그림 9.1 원형거의 수리특성곡선(Manning 공식)

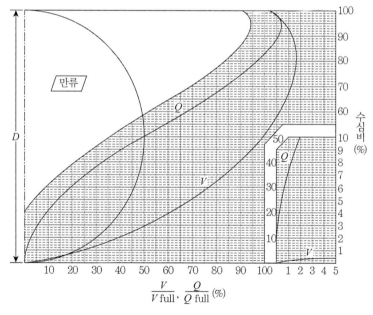

그림 9.2 정사각형거의 수리특성곡선(Manning 공식)

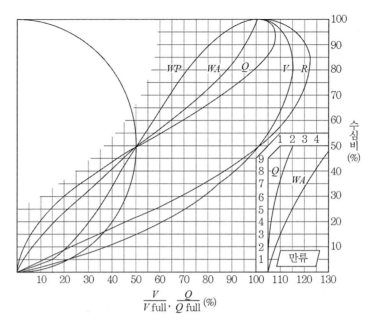

그림 9.3 원형거의 수리특성곡선(Kutter 공식)

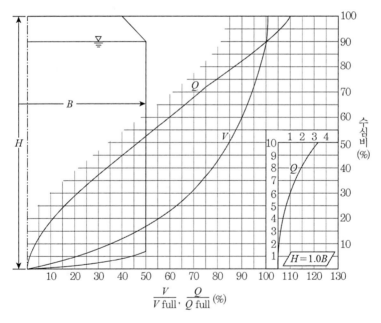

그림 9.4 직사각형거의 수리특성곡선(Kutter 공식)

9.1.5 유속의 한계

관거 내의 침전물을 방지하여 하수처리장까지 오수를 안전하게 배수하기 위해서는 관거의 기울기를 적당히 하여 유속을 적정 유속으로 유지시키며, 관 이음부분의 시공을 확실하게 하여 오물이 걸리는 부분이 없도록 해주어야 할 것이다. 관거 내의 유속이 지나치게 빠르면 관거의 마모가 발생하며, 반대로 유속이 너무 느리면 관거 저면에 오물이 침전하기 쉽기 때문에 적당한 유속의 범위로 설계를 해야 한다. 오수관거 계획시간 최대오수량에 대하여 최소유속은 0.6 m/s 이상 되도록 규제하고 있으며 최소유속 이하에서 부유물이 관거 내에 침전하게 된다. 또한 관 내의 유속이 지나치게 크게 되면 관거를 손상시키므로 최대유속은 3.0 m/s으로 한다. 한편 우수관거 및 합류관거는 계획우수량에 대하여 최소유속 0.8 m/s 최대유속 3 m/s로 한다.

오수관거, 우수관거 및 합류관거에서의 이상적인 유속은 1.0~1.8 m/s 정도이다.

관거의 유속은 하수 중의 오물이 차례로 관거에 침전되는 것을 막기 위해 하류로 감에 따라 유속을 점증하도록 해야 한다. 그러나 경사는 하류로 갈수록 감소시켜야 한다. 결국 하류로 갈수록 하수량은 증가되어 관거는 커지므로 경사가 감소되어도 유속을 크게 할 수 있다.

(1) 오수관거

계획하수량에 대하여 유속을 최소 0.6 m/s, 최대 3.0 m/s로 한다. 오수관거는 유량 변동이 있더라도 오물이 침전되지 않을 정도의 유속을 갖도록 해야 하나 지표의 경사가 없어서 불가피한 경우에는 계획하수량에 대해 최소유속이 0.6 m/s가 되도록 한다. 또한 유속이 지나치게 크게 되면 관거를 손상시키므로 최대유속은 3.0 m/s로 한다. 지표의 경사가 심하고 관거의 경사가 급하게 되어 최대유속이 3.0 m/s를 넘게 될 때는 적당한 간격으로 단차를 설치하여 경사를 완만하게 하고 유속을 3.0 m/s 이하가 되도록 한다.

(2) 우수관거 및 합류관거

계획하수량에 대하여 유속을 최소 0.8 m/s, 최대 3.0 m/s로 한다. 우수관거 및 합류관거에서 오수관거보다 최소유속이 더 큰 이유는 토사류 등의 유입에 따라 침전물의 비중이 오수관거보다 크기 때문이다. 또한 유속이 크다고 하는 것은 관거의 손상뿐만 아니라 유수의 유달시간이 단축되어 하류지점에서의 유집량을 크게 하는 것이 되므로 주의를 요한다.

유속의 한계를 정리하면 다음과 같다.

- 오수관거 : 계획시간 최대오수량에 대하여 유속을 최소 0.6 m/s, 최대 3.0 m/s로 한다.
- 우수관거 및 합류관거 : 계획우수량에 대하여 유속을 최소 0.8 m/s, 최대 3.0 m/s로 한다.
- 오수관거, 우수관거 및 합류관거의 이상적인 유속은 1.0~1.8 m/s 정도이다.

9.1.6 최소관 지름

배수면적이 작아지면 계획하수량도 적게 되어 관 지름이 작은 관거로도 충분히 배수할 수 있다. 그러나 관 지름이 너무 작으면 배수관거 내의 청소나 점검 및 사용 후의 새로운 부착관의 설치 등 유지관리에 지장을 초해하므로 계산상 최소관 지름이 200 mm 이하로 충분해도 200 mm 또는 250 mm 관경을 하용한다.

단, 오수관거는 국지적으로 장래에도 하수량의 증가가 예상되지 않는 경우에는 150 mm로 할 수 있다. 이 경우에는 장래에도 공장이나 공동주택의 입지 등 토지이용의 변경이 전혀 예상되지 않는 지역에 한정하는 등 충분한 검토가 필요하다.

최소관경은 다음과 같이 한다.

- 오수관거 200 mm를 표준으로 한다.
- 우수관거 및 합류관거 250 mm를 표준으로 한다.

9.2 하수관거의 단면형상

관거의 단면형상은 여러 가지가 있으나 일반적으로 단면형상 결정 시의 고려사항은 다음과 같다.

① 수리학적으로 유리할 것
② 하중에 대해 경제적일 것
③ 시공비가 저렴할 것
④ 유지관리가 용이할 것
⑤ 시공장소의 상황에 잘 적응될 것

9.2.1 암거(暗渠)

관거의 단면형상에는 암거의 경우 다음 그림에 나타낸 것과 같이 원형, 직사각형(정사각형도 포함), 마제형 및 계란형 등이 있으며 단면형상별 장단점은 다음과 같다.

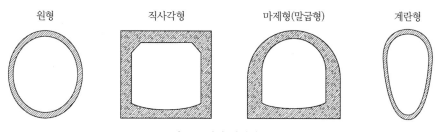

그림 9.5 관거 단면의 종류

(1) 원형

① 장점

- 수리학상 유리하다.
- 일반적으로 내경 3,000 mm 정도까지는 공장제품을 사용할 수 있어 공사기간이 단축된다.
- 역학계산이 간단하다.

② 단점

- 안전하게 지지시키기 위해서 모래기초 외에 별도로 적당한 기초공을 필요로 하는 경우가 있다.
- 공장제품이므로 연결부가 많아져 지하수의 침투량이 많아질 염려가 있다.

(2) 직사각형

이 형상은 일반적으로 높이보다 폭이 넓으며, 전체로서 라멘(Rahmen) 구조로 하는 것이 뚜껑을 덮는 것보다 경제적이고 구조상 튼튼하다.

① 장점

- 시공장소의 흙 두께 및 폭원에 제한을 받는 경우에 유리하며 공장제품을 사용할 수도 있다.
- 역학계산이 간단하며, 만류가 되기까지는 수리학적으로 유리하다.

② 단점

- 철근이 해(害)를 받았을 경우 상부하중에 대하여 구조적으로 불안하게 된다.
- 현장타설일 경우에는 공사기간이 지연된다. 따라서 공사의 신속성을 도모하기 위해 상부를 따로 제작해 나중에 덮는 방법을 사용할 수도 있다.

(3) 마제형(말굽형)

이 형상은 일반적으로 상부는 반원형의 아치(arch)로, 측벽은 직선 또는 곡선을 갖고 내측으로 굽혀 수직으로 한다.

① 장점

- 대구경 관에 유리하며 경제적이고 수리학적으로 유리하다.
- 상반부의 아치(arch) 작용에 의해 역학적으로 유리하다.

② 단점

- 단면형상이 복잡하기 때문에 시공성이 열악하다.
- 현장타설일 경우에는 공사기간이 길어진다.

(4) 계란형

계란형을 필요로 하는 이유는 오물을 배수관 내에 상시 침전시키지 않는 취지에서 개발된 것으로 일시적으로 사용되었으나 축조비가 많이 들어 현재는 원형관에 의존하고 있다.

① 장점

- 유량이 적은 경우 원형관거에 비해 수리학적으로 유리하다.
- 원형관거에 비해 관 폭이 작아도 되므로 수직 방향의 토압에 유리하다.

② 단점

- 재질에 따라 제조비가 늘어나는 경우가 있다.
- 수직 방향의 시공에 정확도가 요구되므로 면밀한 시공이 필요하다.

9.2.2 개거(開渠)

(1) 종류

일반적으로 무근 콘크리트, 돌 쌓기, 콘크리트 블록 쌓기, 철근 콘크리트 및 철근 콘크리트 조립 흙막이 등을 사용한다.

구조상 측벽부와 저부로 나누어지는데, 측벽부에는 외압이 주로 작용하므로 이에 충분히 견딜 수 있는 구조로 하고 저부는 필요에 따라 콘크리트 타설 등으로 한다.

형식 및 재료에 따라 다음 그림과 같이 분류된다.

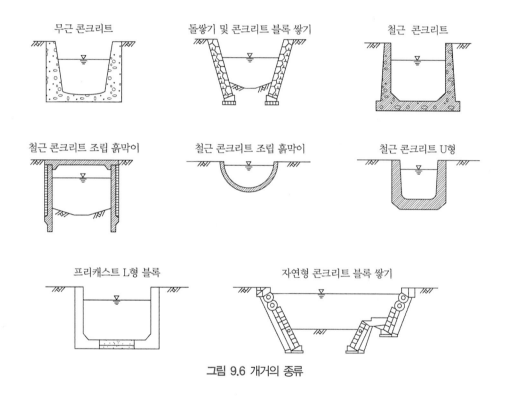

그림 9.6 개거의 종류

① 무근 콘크리트

측벽은 중력식 옹벽으로 하고 역학적으로 안전한 설계를 해야 하며, 구조가 간단하고 시공이 용이하지만 개거의 외폭이 커진다.

② 돌쌓기 및 콘크리트 블록 쌓기

측벽은 돌쌓기 옹벽으로 설계하고 돌 쌓기에는 문지석, 할석, 잡할석, 야면석 및 잡석이 있고 콘크리트 블록은 각 제작자에 따라 형식이 다양하다. 양쪽 모두 법고는 5 m 정도로 하고 시공 및 부분수리가 용이하다. 석재의 채취 및 콘크리트 블록의 생산 과정에 따라 가격이 비싸지는 경우도 있다.

③ 철근 콘크리트

측벽 및 저부를 하나의 구조로 하여 하중에 대응하도록 설계할 수 있어 시공단면이 작아도 무방하다. 측벽은 편지판으로서 설계하지만, 높이가 크게 될 때는 양측벽의 정상지점에 보를 사용하는 등으로 강도의 증가를 도모하는 경우도 있다. 그리고 개거가 소규모일 경우에는 철근 콘크리트 U형 및 철근 콘크리트 반원형 등을 사용한다.

또한 현장 타설의 경우에 구조적으로 안정도가 높은 반면에 공사기간이 길어지게 되며 보수정비가 곤란한 경우가 있다.

④ 철근 콘크리트 조립 흙막이

취급이 용이하며 공사기간이 짧고 공사비가 저렴하지만 구조상 단면이 제약된다.

(2) 단면

유량, 유속, 수로용지 및 호안의 종류 등에 따라 다음 사항을 고려하여 결정하며, 일반적으로 태형, 직사각형 또는 반원형 등으로 한다.

① 수리학적으로 유리할 것
② 토압 등에 대하여 충분히 견딜 수 있는 구조일 것
③ 저부의 변동이 일어나지 않을 것
④ 축조비가 저렴할 것
⑤ 유지관리가 용이할 것
⑥ 축조장소의 환경에 적응할 것

9.3 하수관거의 부설 및 종류

9.3.1 관거의 최소 흙 두께

매설관의 정부로부터 지표면까지의 높이, 즉 흙 두께가 깊을수록 공사비가 증대하고 얕을수록 교통에 의한 하중이 커지므로 지하 매설물의 장애 및 하수 배출원과의 접속을 고려하여 최적 흙 두께를 결정하여야 한다.

관거의 최소 흙 두께는 원칙적으로 1 m로 하나, 연결관, 노면 하중, 노반 두께 및 다른 매설물의 관계, 동결심도, 기타 도로점용조건을 고려하여 적절한 흙 두께로 한다.

9.3.2 관거의 종류

관거는 압력관 등을 제외하고는 내압에 대하여 고려할 필요는 없지만 외압에 대하여 충분히 견딜 수 있는 구조 및 재질을 사용하며, 관거는 일반적으로 다음과 같은 종류를 사용한다. 이 외 다른 관종을 사용하고자 할 때에는 내구성 및 내식성 등에 있어 KS제품과 동등한 성능 이상의 재료를 사용한다.

① 철근 콘크리트관
② 제품화된 철근 콘크리트 직사각형거(정사각형거 포함)
③ 도관
④ 경질염화비닐관
⑤ 현장타설 철근 콘크리트관
⑥ 유리섬유 강화 플라스틱관
⑦ 폴리에틸렌(PE)관
⑧ 덕타일(ductile)주철관
⑨ 파형강관
⑩ 폴리에스테르수지콘크리트관
⑪ 기타

(1) 철근 콘크리트관

① 원심력 철근 콘크리트관

발명자의 이름을 따서 흄(hume) 관이라고도 한다. 재질은 철근 콘크리트관과 유사하며, 원심력에 의해 굳혀 강도가 뛰어나므로 하수관용으로 가장 많이 사용되고 있다.

② 코아식 프리스트레스트콘크리트관(PC관)

콘크리트로 된 코아관(core pipe) 주위에 PC강선을 인장시켜줌으로써 원주 방향 및 관축 방향으로 압축응력을 작용하게 하여 내외압에 의해 발생되는 인장응력을 소멸시켜 상당히 큰 압력에서도 견딜 수 있게 만든 것으로 흔히 PC관으로 부른다. 따라서 안전성은 좋으나 가격이 원심력 철근 콘크리트관보다 비싸 내외압이 크게 걸리는 장소에서 주로 사용되고 있다 현재 KS상에서는 1~5종으로 관종을 나누고 있으며 제작방법에 따라 원심력방식과 축전압방식이 규정되어 있고 접합은 소켓으로 한다.

③ 진동 및 전압철근 콘크리트관(VR관)

롤러(roller, 원형 단면의 회전봉)를 사용하여 콘크리트 표면을 접합하여 단단히 굳혀서 만든 철근 콘크리트관으로 규격은 KS에서 용도에 따라 보통관과 압력관으로 구별하고 있으며 모양에 따라 A형, B형, C형으로 구분된다.

④ 철근 콘크리트관

거푸집에 조립철근과 콘크리트를 넣은 후 진동기 또는 이것과 동등한 효과를 얻을 수 있는 방법으로 다져서 제작한 철근 콘크리트관을 말하며 KS에는 외압강도에 따라서 1종관, 2종관으로 구분되어 있다.

(2) 제품화된 철근 콘크리트 직사각형거

철근 콘크리트 또는 프리스트레스트 콘크리트에 의한 공장제품으로 운반경로 및 시공조건에 따라 측벽, 상판, 바닥판 등으로 분할해서 제조하는 것이 가능하기 때문에 제품화된 철근 콘크리트 직사각형거는 현장타설 철근 콘크리트관에 비하여 공사기간이 단축된다는 이점이 있다.

(3) 도관

내산 및 내알칼리성이 뛰어나고, 마모에 강하며 이형관을 제조하기 쉽다는 장점이 있으나, 충격에 대해 다소 약하기 때문에 취급 및 시공에 주의해야 한다. 접합방법으로는 공장에서 제작되는 압축 조인트 접합과 현장 시멘트 모르타르 접합이 있는데, 수밀성을 확보하기 위해서 압축 조인트 접합을 사용하는 것이 바람직하다.

(4) 경질 염화비닐관

① 배수 및 하수용 비압력 매설용 구조형 폴리염화비닐(PVC)관

원형의 통파이프를 외부관과 내부관으로 생산하여 외부관을 캐터필러식의 금형이 연속적으로 O링 형상을 성형하여 제조한 관으로 매끄러운 안쪽 벽면과 주름진 바깥쪽 면으로 구성되어 있다. 큰 하중을 요하는 곳에 사용 가능하며 경량으로 시공성 내화학성이 우수하고 KS규격에서는 이중벽관과 리브관으로 분류되어 있다. 설계 시 장기허용변형률은 내경의 5% 이내로 한다.

② 내충격용 하수도용 폴리경질염화비닐관

경질염화비닐관의 재료에 충격보강제를 추가 혼합한 관이며 경량으로 운반이 용이하다. 1종(HI-VG1, 고강성용, 2종HI-VG2, 저강성용)이 있다. 설계 시 장기허용변형률은 내경의 5% 이내로 한다.

(5) 현장타설 철근 콘크리트관

공장제품의 사용이 불가능한 경우나 큰 단면 및 특수한 단면을 필요로 하는 경우, 특히 고강도를 필요로 하는 경우 등에는 현장에서 직접 타설하는 철근 콘크리트관을 사용한다.

(6) 유리섬유 강화 플라스틱 복합관

유리섬유, 불포화 폴리에틸렌수지, 골재를 주 원료로 하며 내외면은 유리섬유 강화층이고, 중간 층은 수지 모르타르인 복합관이다. 외압관과 내압관의 두 종류가 있으며, 하수도용으로는 외압관을 사용한다. 강화 플라스틱 복합관은 고강도로 내식성 및 시공성이 우수하다. 설계 시 장기허용변형률은 내경의 5% 이내로 한다.

(7) 폴리에틸렌(PE)관

가볍고 취급이 용이하고 시공성과 내산내알칼리성이 우수한 장점이 있지만, 특히 부력에 대한 대응과 되메우기 시 다짐 등에 유의하여야 한다. 장기허용변형률은 내경의 5% 이내로 한다.

(8) 덕타일 주철관(KS D 4311)

내압성 및 내식성이 우수하며 일반적으로 압력관, 처리장 내의 연결관 및 압송배관, 하천 및 도로 횡단관 및 송품용관, 차집관거 등 다양한 용도에 사용되고 있다.

(9) 파형강관(KS D 3590)

용융아연도금된 강판을 스파이럴형으로 제작한 강판으로 하수관거 중 아연도금을 한 파형강관은 우수관거용으로 사용되고 있으며, 파형강관에 폴리에틸렌수지, PVC 등으로 피복하여 내식성 및 내마모성을 증가시키면 오수관거용으로 사용할 수도 있다. 장기허용변형률은 내경의 5% 이내로 한다.

(10) 폴리에스테르수지콘크리트관

레진(수지)과 모래자갈 등의 골재 및 충전(진)재 보강재로 이루어진 관이며, 내산성이 우수하고 관의 노화가 적은 관재이다. 관종은 이음 형상에 따라서 A형 및 B형으로 구분된다. A형은 유연성을 갖는 컬러를 접속하는 이음구조이며 B형은 철근 콘크리트관의 B형과 유사한 수구와 삽구를 갖는 이음 구조가 된다.

(11) 기타

최근 하수관거의 수요 급증으로 관종개발이 활발하게 이루어져 (1)~(10) 이외에도 신규 KS 취득 및 신제품(NEP)에 대한 충분한 고려와 검토가 필요하다.

9.4 하수관거의 접합

9.4.1 하수관거의 접합 방법

배수구역 내의 노면과 종단경사, 다른 매설물, 방류 하천의 수위, 관거의 매설 깊이를 고려하여 결정하여야 하며 관거의 접합은 관거의 관경이 변화하는 경우 또는 2개의 관거가 합류하는 경우의 접합방법은 원칙적으로 수면 접합 또는 관정 접합으로 한다.

한편 지표의 경사가 급한 경우에는 관경 변화에 대한 유무에 관계없이 원칙적으로 지표의 경사에 따라서 단차 접합 또는 계단 접합하고 2개의 관거가 합류하는 경우의 중심 교각은 되도록 60° 이하로 하고 곡선을 갖고 합류하는 경우의 곡률 반경은 내경의 5배 이상으로 한다.

(1) 수면 접합(水面 接合)

수리학적으로 계획수위를 일치시켜 접합시키는 것으로 양호한 방법이다.

(2) 관정 접합(管頂 接合)

유수의 흐름은 원활하게 되는데, 매설 깊이를 증대시킴으로써 공사비가 증대된다. 역시 펌프 배수의 경우 펌프 양정이 증대되어 불리하게 된다.

(3) 관중심 접합(管中心 接合)

관중심을 일치시키는 방법으로 수면 접합과 관저 접합의 중간적인 방법이다. 이 접합방법은 계획 하수량에 대응하는 수위를 산출할 필요가 없으므로 수면 접합에 준용되는 경우가 있다.

(4) 관저 접합(管低 接合)

관거의 내면 바닥이 일치되도록 접합하는 방법이다. 굴착 깊이를 얕게 함으로써 공사비용을 줄일 수 있으며, 수위 상승을 방지하고 양정고를 줄일 수 있어 펌프 배수 지역에 적합하다. 그러나 상류부에서는 동수 경사선이 관정보다 높이 올라갈 우려가 있다.

(5) 계단 접합(階段 接合)

통상 대구경관거 또는 현장 타설관거에 설치한다. 계단의 높이는 1단당 0.3 m 이내 정도로 하는 것이 바람직하지만, 지표의 경사와 단면에 따라 계단의 길이와 높이를 변화시킬 수 있다.

(6) 단차 접합(段差 接合)

지표의 경사에 따라 적당한 간격으로 맨홀을 설치한다. 이때 맨홀 1개당 단차는 1.5 m 이내로 하는 것이 바람직하며, 단차가 0.6 m 이상인 경우에는 합류관 및 오수관에는 부관을 설치한다.

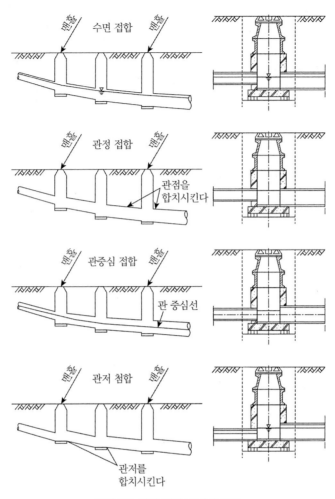

그림 9.7 관거 접합 방법의 종류

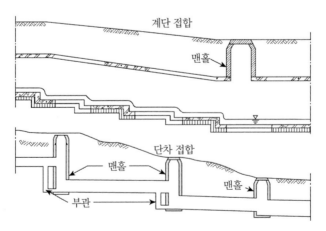

그림 9.8 지표 경사가 급한 경우의 접합

9.4.2 관거의 접합 시 고려사항

① 관거의 관 지름이 변화하는 경우나 2개의 관거가 합류하는 경우의 접합방식은 원칙적으로 수면 접합 또는 관정 접합으로 한다.

② 지표의 경사가 급한 경우는 관 지름 변화의 유무에 관계없이 원칙적으로 지표 구배에 따라서 단차 접합 또는 계단 접합으로 한다.

③ 2개의 관거가 합류하는 경우의 중심교각은 30~45°를 이상적으로 하나 될 수 있는 한 60° 이하로 하고, 곡선을 갖고 합류하는 경우의 곡률 반지름은 안지름의 5배 이상으로 한다.

9.4.3 관의 연결

관거는 다른 매설물에 비하여 매설 깊이가 깊은 경우가 많다. 그러므로 지하수위가 높고 연결이 불완전한 경우에는 지하수가 다량으로 관 내에 침입한다. 따라서 펌프 배수의 경우에는 펌프의 증설을 필요로 하게 되고 배수경비를 증가시키는 결과를 낳게 된다. 또한 지하수의 침입은 관거 용량의 부족 및 여유의 감소를 초래하여 관기능에 예상치 못했던 지장을 줄 뿐만 아니라, 처리장 기능을 저하시킬 우려가 있으므로 관거의 연결은 수밀성 및 내구성이 있는 것으로 한다. 연결방법 중 대표적인 것은 다음과 같다.

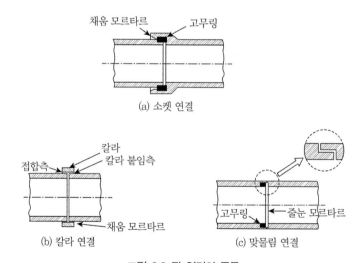

그림 9.9 관 연결의 종류

(1) 소켓(socket) 연결

도관 또는 콘크리트관에 사용되는 방식으로 소구경관의 시공이 용이하고, 고무링을 사용하는 경우에는 용수(湧水)의 배수가 곤란한 곳에서도 시공이 가능하다.

(2) 맞물림(butt) 연결

중구경 및 대구경의 시공이 쉽고 용수배수가 곤란한 곳에서도 시공이 가능하다. 수밀성도 있지만 연결부의 관 두께가 얇기 때문에 연결부가 약하고 연결 시에 고무링이 이동하거나 꼬여서 벗겨지기 쉬우며, 연결부에도 이것이 원인으로 누수되는 수가 있다.

(3) 칼라(collar) 연결

접합부의 강도가 높아 누수도 적으며, 상당한 내압에도 견딜 수 있고, 기술적으로 우수한 것으로 흄(hume)관의 접합에 이용한다. 결점으로는 용수의 배수가 곤란한 곳에서는 시공이 곤란하다는 것이다.

(4) 맞대기 연결(수밀 밴드 사용)

흄관의 칼라 연결을 대체하는 방법으로 수밀성을 보장받을 수 있는 수밀 밴드 등을 사용하여 시공한다.

9.5 관거의 부식 및 대책

9.5.1 관거의 부식

지중에 매설된 관거의 부식 형태는 주위의 토양, 지하수의 화학 조성, 토양 중에 함유된 용존산소, 관거의 흠, 누설 전류 등의 원인에 의하여 여러 형태로 발생하지만, 관거 부식의 주요 원인은 황화수소와 결부되어 있다. 관거 내가 혐기성상태가 될 때 혐기성균이 하수에 포함된 황을 환원시켜 황화수소를 발생시키고 이 황화수소가 관거의 천장 부근에서 또 다른 종류의 균에 의해 산화되어 황산이 되면서 관거를 부식시키는 관정 부식이 일어나게 된다.

[반응 기구]

$$SO_4^{2-} \rightarrow S^{2-},\ \ S^{2-} + 2H^+ \rightarrow H_2S : 하수 내부 혐기성상태에서 일어남$$

$$H_2S + 2O_2 \xrightarrow{\text{황산화세균}} H_2SO_4 : 관 정부에서 일어남$$

9.5.2 방지대책

이와 같은 관정 부식을 방지하기 위하여 관거 내가 혐기성 상태가 되지 않도록 예방하는 방법이 있으나 비용이 많이 들게 된다. 따라서 관거의 내면이 마모 및 부식 등에 의해 손상될 위험이 있을 때는 내마모성, 내식성 및 내약품성이 우수한 관을 사용하거나 합성수지나 모르타르 등으로 라이닝 하여 관 내면을 보호할 필요가 있다. 부식에 대한 보호로서 코팅(coating)도 일반적으로 이용된다. 코팅 재료로는 역청재, 콜타르(coal tar) 생성물 및 합성수지가 주로 사용된다. 더욱이 철제관을 전철궤도나 변전설비의 주변에 매설하는 경우에는 미주(迷走) 전류(stray current)의 영향을 받을 수가 있으므로 절연문제를 고려해야 하며, 상황에 따라서는 전기방식을 고려할 필요가 있다.

9.6 하수관거의 부대시설

9.6.1 역사이펀

상수도시설의 역사이펀과 같은 역할을 하는 것으로 다음 사항을 고려하여 정한다.

① 역사이펀의 구조는 장애물의 양측에 수직으로 역사이펀실을 설치하고, 이것을 수평 또는 하류로 하향경사의 역사이펀 관거로 연결한다. 또한 지반의 강약에 따라 말뚝기초 등의 적당한 기초공을 설치한다.

② 역사이펀실에는 수문설비 및 깊이 0.5 m 정도의 니토실을 설치하고, 역사이펀실의 깊이가 5 m 이상인 경우에는 중단에 배수 펌프를 설치할 수 있는 설치대를 둔다.

③ 역사이펀 관거는 일반적으로 복수로 하고 호안, 기타 구조물의 하중 및 그들의 부등침하의 영향을 받지 않도록 한다. 또한 설치 위치는 교대, 교각 등의 바로 밑은 피한다.

④ 역사이펀 관거의 유입구와 유출구는 손실수두를 적게 하기 위하여 종구(bell mouth)형으로 하고, 관거 내의 유속은 상류관거 내의 유속을 20~30% 증가시킨 것으로 한다.

⑤ 역사이펀 관거의 흙 두께는 계획 하상고, 계획 준설면 또는 현재의 하저 최심부로부터 중요도에 따라 1 m 이상으로 하며, 하천 관리자와 협의한다.

⑥ 하천, 궤도, 철도, 상수도, 가스 및 전선 케이블 등 철도의 밑을 역사이펀으로 횡단하는 경우에는 관리자와 충분히 협의한 후 필요한 방호시설을 한다.

⑦ 하저를 역사이펀하는 경우로 상류에 우수토실이 없을 때는 역사이펀 상류 측에 재해 방지를 위한 비상방류관거를 설치하는 것이 좋다.

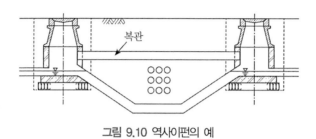

그림 9.10 역사이펀의 예

역사이펀에서의 손실수두는 다음 식으로부터 계산할 수 있다.

$$H = i \cdot L + 1.5 \cdot \frac{v^2}{2g} + \alpha \tag{9.6}$$

여기서, H : 역사이펀에서의 손실수두(m)

α : 여유율(3~5 cm)

i : 역사이펀 관거 내의 유속에 대한 동수경사

L : 역사이펀 관거의 길이(m)

v : 역사이펀 관거 내의 유속(m/s)

g : 중력가속도(9.8 m/s²)

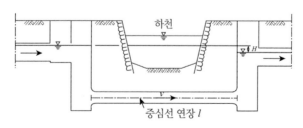

그림 9.11 역사이펀의 수위 관계도

관 지름 1,100 mm, 동수경사 2.4%, 유속 1.63 m/s, 관의 길이 $l = 30.6$ m일 때 역사이펀의 손실수두를 계산하시오. (단, 손실수두에 관한 여유 $\alpha = 0.042$ m이다.)

해설

$$i \cdot L + 1.5\frac{V^2}{2g} + \alpha = 0.0024 \times 30.6 + 1.5 \times \frac{1.63^2}{2 \times 9.8} + 0.042 = 0.98\,\text{m}$$

9.6.2 맨홀(manhole)

관거 내의 점검이나 청소를 하기 위해서나 관거의 접합 및 집합을 위하여 반드시 설치되어야 하는 시설로, 이의 설치로 인해 관거의 환기도 도모할 수 있다. 다음 사항을 고려하여 설치한다.

① 관거의 기점, 방향, 경사 및 관 지름 등이 변하는 곳, 단차가 발생하는 곳, 관거가 회합하는 곳이나 관거의 유지관리상 필요한 장소에 반드시 설치한다.
② 관거의 직선부에서도 관 지름에 따라 다음 표와 같은 범위 내의 간격으로 설치한다.

표 9.3 맨홀의 관 지름별 최대간격

관 지름(mm)	직선부					곡선부
	300 이하	600 이하	1,000 이하	1,500 이하	1,650 이상	
최대간격(m)	50	75	100	150	200	곡률 반경을 고려한다.

9.6.3 우수토실(雨水吐室)

합류식 하수관거에 있어서 우수유출량의 전부를 처리장으로 보내 처리하는 것은 막대한 비용을 필요로 하므로 적당한 방류 수역이 있는 경우에는 하수량이 우천 시의 계획하수량에 달하면 그 이상의 우수를 하천이나 해안으로 방류시키기 위하여 관거의 도중에 설치되는 시설을 말한다.

다음 사항을 고려하여 결정한다.

① 설치하는 위치는 차집관거의 배치, 방류수면의 관계 및 방류지역의 주변 환경 등의 관계를 고려하여 선정한다.

② 우수 월류량은 계획하수량에서 우천 시 계획오수량을 뺀 것으로 한다.

③ 우수 월류 위어의 위어 길이를 계산할 때는 다음 식에 의한다.

$$L = \frac{Q}{1.8 H^{3/2}} \tag{9.7}$$

여기서, L : 위어(weir) 길이(m)

Q : 우수 월류량(m³/s)

H : 월류 수심(m)

유입관거에서 월류가 시작될 때의 수심은 수리 특성곡선에서 구하며, 이 수심을 표준으로 하여 위어 높이를 정한다.

④ 우수토실에는 출입구를 만들어 월류 위어 또는 오수 유출관거의 상태를 점검할 수 있도록 한다.

⑤ 우수토실의 오수 유출관거에는 소정의 유량 이상은 흐르지 않도록 한다.

9.6.4 차집관거(遮集管渠)

우천 시의 하수 중 처리장으로 보내야 할 여러 가지 우천 시의 계획오수량을 유입하는 것을 목적으로 하는 관거로서 합류관거가 직접 접속되지 않도록 유의해야 한다.

9.6.5 빗물받이

① 빗물받이는 도로 옆의 물이 모이기 쉬운 장소나 L형 측구의 유하 방향 하단부에 반드시 설치한다. 단, 횡단보도, 버스정류장 및 가옥의 출입구 앞에는 가급적 설치하지 않는 것이 좋다

② 설치위치는 보·차도의 구분이 있는 경우에는 그 경계로 하고, 보·차도의 구분이 없는 경우에는 도로와 사유지의 경계에 설치한다.

③ 노면 배수의 우수받이 간격은 대략 10~30 m 정도로 하나 도로폭 및 경사 등을 고려하여 적당한 간격으로 설치한다. 상습침수지역에 대해서는 이보다 좁은 간격으로 설치할 수 있다.

④ 원형 또는 각형으로 규격은 내폭 30~50 cm, 깊이 80~100 cm 정도로 한다.

⑤ 빗물받이의 저부에는 깊이 15 cm 이상의 이토실을 반드시 설치한다.

⑥ 빗물받이에 악취발산을 방지하는 방안을 적극적으로 고려한다.

⑦ 빗물받이의 뚜껑은 강제, 주철제(덕타일 포함), 철근 콘크리트제 및 그 외의 견고하고 내구성이 있는 재질로 한다.

⑧ 빗물받이는 표준형 이외에 협잡물 및 토사유입을 막기 위한 침사조(혹은 여과조) 및 토사받이 등을 설치한 개량형 빗물받이를 설치할 수 있다.

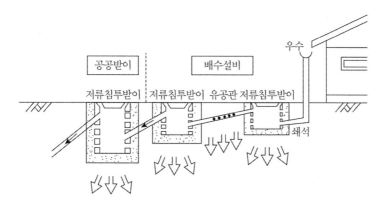

그림 9.12 빗물침투형 받이

그림 9.13 개량형 빗물받이의 예

9.6.6 집수받이

집수받이는 빗물받이의 일종으로서 U형 측구 등과 같은 개거와 관거 및 급경사 도로의 횡단하수구에 설치하는 것으로서 집수받이 저부에 15 cm 이상 이토실을 설치하고 필요에 따라 발디딤부를 설치할 수 있다. 집수받이는 아래 표의 표준형상으로 한다. 한편 집수받이는 감독관의 승인하에 프리캐스트 공장제품을 사용할 수도 있다.

표 9.4 집수받이의 형상별 용도

명칭	내부 치수	용도
1호 집수받이	300 × 400 mm	폭 300 mm까지의 U형 측구에 사용
2호 집수받이	450 × 450 mm	폭 300~450 mm까지의 U형 측구에 사용
3호 집수받이	450 × 450 mm	폭 450 mm까지의 U형 측구에 사용

9.6.7 연결부 악취방지시설

빗물받이의 연결관에 설치하여 하수관거에서 빗물받이로 악취가 유입되지 않도록 한다(링에 흐름방향으로 폴리프로필렌 수지를 붙인 장치로서 연결관에 설치하여 악취의 발산을 방지).

한편 빗물받이의 이토실에 쌓인 토사에서 냄새가 발생하지 않도록 주기적으로 청소하는 등 냄새발생원을 제거할 필요가 있다.

9.6.8 오수받이

가정 하수 또는 공장 폐수를 본관에 연결시키기 위한 시설로 사설 하수도의 종단과 공설 하수도의 연결 개소에 설치하는 것이다.

오수받이는 공공도로상에 설치하는 것을 원칙으로 하되 목적 및 기능을 고려하여 차도, 보도 또는 공공도로와 사유지의 경계부근에 설치한다. 부득이 사유지에 설치 시는 소유자와 협의하여 정한다. 한편 분류식의 경우 오수받이와 빗물받이는 각각의 기능 및 용도를 고려하여 별도로 분리하여 설치하고, 오수받이는 우수의 유입을 방지하고 오수만을 수용할 수 있는 구조로 설치한다. 합류식의 경우에도 택지 내의 우·오수를 분류시켜 각각 설치된 우·오수받이로 통하여 배제시킨다. 또한 단독주택 지역 등의 경우 오수받이의 설치 간격은 유지관리상 1필지당 하나를 원칙으로 하나 택지와 도로의 상황에 따라 다수의 필지당 하나를 설치할 수도 있다

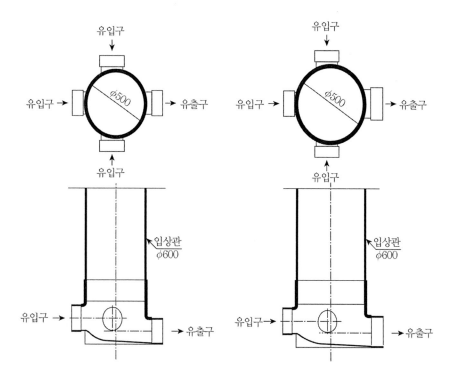

그림 9.14 플리스틱(PVC) 오수받이 평 · 단면 형상(예)

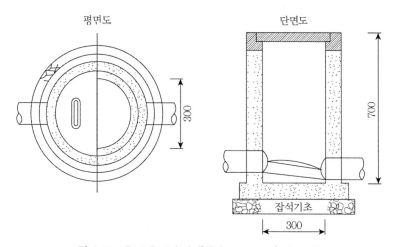

그림 9.15 1호~3호 오수받이(내경 30~70 cm) 구조표준도

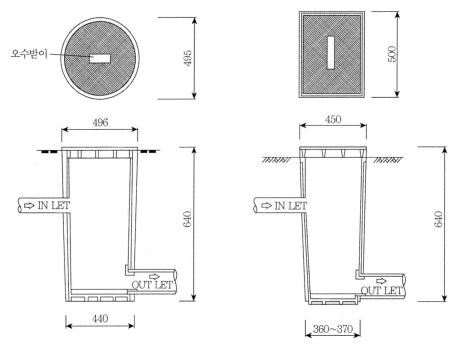

그림 9.16 플리스틱(PE) 오수받이 평 · 단면형상(예)

9.6.9 이토실(泥土室, sediment trap)

우수받이의 저부에 설치하는 것으로 토사 등이 관거로 유출되는 것을 방지하는 시설이다.

9.6.10 연결관

우수받이 및 오수받이에 집수하는 우수 및 오수를 하수 본관에 연결하는 관으로, 붙임관이라고도 한다.

그 설치기준은 다음과 같다.

① 평면배치는 매설 방향은 본관에 대하여 직각으로 하며, 본관 연결부는 본관에 대하여 60° 또는 90°로 한다.
② 연결관의 최소관 지름은 150 mm로 한다.
③ 연결관의 경사는 1% 이상으로 하며, 연결위치는 본관의 중심선보다 위쪽에 위치한다.
④ 유지관리를 위하여 종단면배치상의 내각은 120° 이상이 바람직하며, 연결관 평면배치 연장이 20 m 이상이거나 굴곡부 등에는 연결관 관경 이상의 점검구를 설치한다.

9.6.11 토구(吐口)

하수도시설로부터 하수를 공공수역에 방류하는 시설을 말하며, 다음과 같이 세 가지로 분류된다.

① 처리장에서 처리수의 토구
② 합류식의 우수 토구 및 펌프장의 토구
③ 분류식의 우수 토구 및 펌프장의 토구

토구의 위치 및 구조를 결정하는 데 있어서는 방류 수역의 수위, 수량, 물의 이용 상황, 수질환경 기준 및 하천 개수계획 등을 고려하여야 한다.

9.6.12 악취방지시설

(1) 악취방지시설을 계획하기 위해서는 우선 발생원을 조사하여 이에 대응한 시설이 되도록 하여야 한다

「악취방지법」에서 악취는 "황화수소·메르캅탄류·아민류 그 밖에 자극성이 있는 기체상태의 물질이 사람의 후각을 자극하여 불쾌감과 혐오감을 주는 냄새"로 정의하고, 22개 물질을 지정악취물질로 규정하고 있으며 또한 하수처리시설을 악취배출시설로 규정하고 있다.

악취는 소음과 같이 감각 공해에 해당되며 청각, 후각, 미각 등 신경계통에 작용하고 많은 사람에게 불쾌감과 피해를 주고 있다. 그림 9.17은 하수관거의 일반적인 악취발생 위치 및 유입경로를 보여주고 있으며, 악취발생 주요 지점 및 원인을 조사하여 그 정도에 따른 계획 및 시설 또는 방취시설을 고려한다. 특히 합류식지역의 도심 내 악취원은 정화조 폐액의 관로 내 유입, 시장, 음식점 밀집지역의 경우 빗물받이로의 음식물 잔반류 무단투기 등으로 지역 특성 등을 감안하여 계획을 수립하여야 한다.

(2) 악취발생을 저감할 수 있는 계획 및 시설은 발생 방지를 우선으로 하고 시설계획을 하여야 한다

하수관거에서의 악취저감계획의 주안점은 유속 확보, 오접 개선 등 관거정비 및 지속적인 유지관리를 통하여 근본적으로 악취발생을 방지하는 것이나 현실적으로는 다양한 원인과 장소에서 발생되고 있으므로 이를 고려한 저감시설의 계획 및 설치가 필요하다.

일반적인 악취발생 및 확산을 방지할 수 있는 방법으로는 가정 잡배수와 화장실 배관을 별도 연결하여 주방 내로 악취유입을 차단하는 방법, 부엌에서 배출되는 배수관을 화장실 배수관보다 뒤쪽에 배치하여 가정 내 잡배수 유출 수류를 이용, 분뇨의 지체현상을 보완하는 방법이 있다. 오수받이 내 분뇨유하에 따른 지체현상을 최소화하기 위해 인버트 설치로 침체 및 퇴적 방지와 악취의 외부 발산을 차단하기 위해 밀폐형 뚜껑을 사용하는 방법 등이 있다.

우수관에서 발생되는 악취를 방지하기 위한 시설계획이 있을 수 있으나, 관거정비를 통한 우수관 기능 확보를 최우선한 후 그 결과에 따라 악취방지시설은 차선책으로 고려되어야 한다.

(3) 방취시설은 가장 효과적이고, 비용절감적인 측면에서 계획되어야 한다

하수관거에서 발생된 악취를 방지할 수 있는 가장 일반적이고 효과적인 방법은 오수받이의 방취기능 확보라고 할 수 있다.

모든 방취시설은 주기적인 청소와 점검으로 유지관리에 만전을 기하여야 한다. 오수받이 이외 방취시설은 옥내배수관의 방취용 트랩이 있으며 배수설비의 부대시설 규정에 따른다.

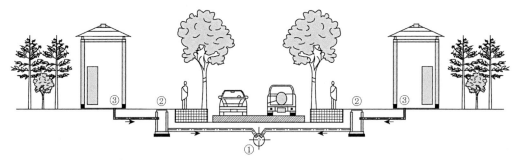

① 지점 : 하수본관 및 차집관거에서 오수받이 및 맨홀로 악취 유입
② 지점 : ① 지점과 배수설비관에서 오수받이로 악취 유입
③ 지점 : ①+② 지점에서 옥내 배수설비로 악취 유입

그림 9.17 악취발생 주요 지점

9.6.13 배수설비

배수설비는 개인하수도의 일종이며, 개인하수도란 건물·시설 등의 설치자 또는 소유자가 당해 건물·시설 등에서 발생하는 하수를 유출 또는 처리하기 위하여 설치하는 중수도·배수설비·개인하수처리시설과 그 부대시설을 말한다.

개인하수도의 배수설비는 배수관, 물받이, 공공하수도로 배제하기 위한 연결관 및 부대설비로 구성되며, 설치 및 유지관리책임이 개인에 있는 시설을 말하며, 여기서 개인이라 함은 배수구역 안의 토지의 소유자, 관리자(토지안 시설물의 소유자 또는 관리자) 또는 국·공유시설물의 관리자를 의미한다.

물받이는 공공도로와 사유시설(사유지, 건축물 등 사유시설)의 경계지점 또는 사유시설에 설치하는 것을 기본으로 한다.

한랭지역에서 배수관 또는 우·오수받이에 하수가 정체되는 경우 결빙으로 인하여 하수흐름 방해, 배수설비 파손 등이 발생할 수 있다. 따라서 이러한 지역에 설치되는 배수설비는 동결심도 이상으로 매설하거나 배제된 하수가 신속하게 배수되도록 관경, 경사 및 구조를 가져야 하며 또한 필요한 경우 동결을 방지할 수 있는 보온구조를 갖추어야 한다.

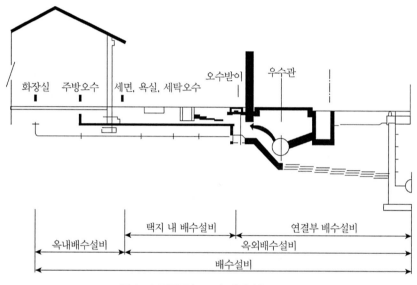

그림 9.18 공공하수도 및 개인하수도 구조도

① 배수설비는 개인하수도의 일종이다.
② 배수설비의 설치 및 유지관리는 개인이 하는 것을 기본으로 한다.
③ 물받이의 설치는 배수구역 경계지점 또는 배수구역 안에 설치하는 것을 기본으로 한다.
④ 결빙으로 인한 우·오수 흐름의 지장이 발생되지 않도록 하여야 한다.

9.6.14 부대설비

배수설비 중 공공하수도관리청이 유지·관리하는 것을 제외한 배수설비는 개인하수도에 포함되므로 부대시설을 포함한 배수설비의 유지·관리는 개인에게 책임이 있다. 부대설비는 다음 사항을 고려하여 정한다.

(1) 쓰레기 차단장치

고형 물질이 유입되는 유입구에는 유효간격 10 mm 이하의 스크린 또는 스트레이너(strainer)를 설치한다.

(2) 방취장치

필요한 장소에 악취방지 트랩(trap)을 설치한다.

(3) 유지차단장치

유지류가 유입되는 유입구에는 유지차단장치를 설치한다.

(4) 모래받이

토사가 다량 유입되는 유입구에는 적당한 크기의 모래받이를 설치한다.

(5) 통기장치

방취트랩의 봉수(封水)의 보호 및 배수관 내의 흐름을 원활히 하기 위하여 설치한다.

(6) 배수 펌프

저지대, 지하실 등에서 공공하수도로 자연유하로 배수되지 않는 경우에는 배수 펌프를 설치한다.

(7) 제해시설(除害施設)

제해시설(除害施設)은 공장 폐수 등을 공공하수도에 유입시키는 경우에는 관거를 손상시키고, 그 기능을 저하시키거나 또는 처리장에서의 처리능력을 방해하거나 방류수의 수질기준을 유지하기가 어려우므로 제해시설을 설치하여 폐수의 종류에 따라 배출 전에 배출 처리한다.

① 온도가 높은(45°C 이상) 폐수
② 산(pH 5 이하) 및 알칼리(pH 9 이상) 폐수
③ BOD가 높은 폐수
④ 대형 부유물을 함유하는 폐수
⑤ 침전성 물질을 함유하는 폐수

⑥ 유지류를 함유하는(30 mg/L 초과) 폐수

⑦ 페놀 및 시안화물 등의 독극물을 함유하는 폐수

⑧ 중금속류를 함유하는 폐수

⑨ 기타 하수도시설을 파손 또는 폐쇄하여 처리작업을 방해할 우려가 있는 폐수, 사람, 가축 및 기타에 피해를 줄 우려가 있는 폐수

9.6.15 하수관거 개·보수계획

하수관거정비사업은 장기간의 투자가 소요되는 절대 필요한 기간사업으로 정부의 지속적인 관심과 정책 의지가 있어야 성공할 수 있는 사업이다. 한정된 사업비로 보다 효율적이고 경제적인 하수관거 개·보수계획을 수립하기 위해서는 철저한 관거조사를 전제로 한 사업우선 대상지역의 선정과 함께 관거의 중요도, 사업의 시급성 및 지역 특성을 고려한 사업우선순위의 결정이 이루어져야 하며, 이는 최종적으로 지방재정계획과의 연계방안을 통해 단계적으로 사업이 수행되어야 한다.

하수관거 개·보수계획은 다음 그림과 같은 절차에 의하여 수립한다.

① 기초 자료 분석 및 조사우선순위 결정

② 불명수량 조사

③ 기존 관거 현황 조사

④ 개·보수 우선순위의 결정

⑤ 개·보수공사 범위의 설정

⑥ 개·보수공법의 선정

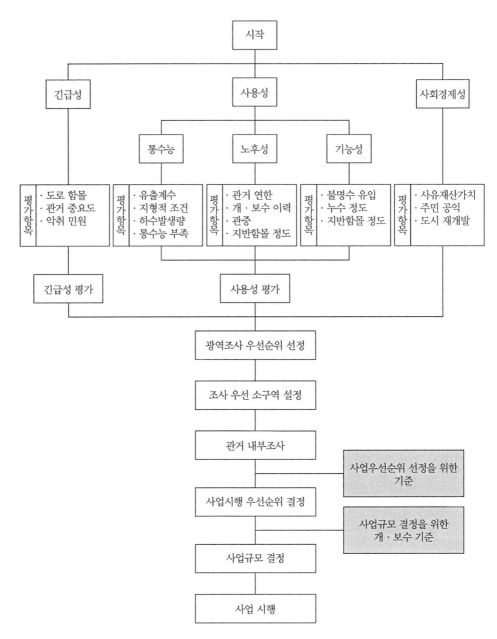

그림 9.19 하수관거정비사업 절차

1. 하수관거의 유속 및 최소관 지름에 대하여 설명하시오.

2. 하수관을 이용하여 폐수를 운반하려고 한다. 하수관의 지름이 0.5 m에서 0.3 m로 변화하였을 경우, 지름이 0.5 m인 하수관 내의 유속이 2 m/s라면 지름이 0.3 m인 하수관 내의 유속(m/s)을 구하시오.

3. 계획하수량이 32 m³/s, 하수관 내 유속이 1.2 m/s인 경우 하수관의 관 지름을 구하시오.

4. 하수관거의 단면별 특성에 대하여 설명하시오.

5. 하수관거의 접합방법에 대하여 설명하시오.

6. 관정 부식의 원인물질, 발생 과정 및 방지대책에 대하여 설명하시오.

7. 맨홀(manhole)에 대하여 설명하시오.

8. 토구(방류구)에 대하여 설명하시오.

CHAPTER 10 하수처리

10.1 개 요

하수는 최종적으로 공공수역으로 방류되는 것이므로 수질보전 측면에서 오수는 물론 우수 또한 가능한 한 정화해서 방류하는 것이 바람직하다. 하수처리의 목적은 하수 내의 각종 오염물질을 분리하거나 안정된 무해한 물질로 변환시켜 수자원의 오염을 방지함으로써 국민의 건강과 생활환경, 동식물의 생태 및 자연환경을 보호하는 데 있다.

하수를 처리함으로써 얻을 수 있는 효과는 여러 가지가 있으나 그중 몇 가지 중요한 것을 나열하면 다음과 같다.

① 지표수 및 지하수 등 수자원의 보호
② 보건 위생상의 효과와 쾌적한 생활환경 유지
③ 동식물의 자연 생태계 및 생활환경 보호
④ 토지이용의 증대
⑤ 분뇨 처분의 해결
⑥ 도시미의 증대
⑦ 하수의 재사용에 따른 수자원의 효율적 이용

10.1.1 계획하수량

처리시설(1·2차 처리) 및 연결관거의 설계기준이 되는 계획하수량으로서는 표 10.1을 표준으로 한다. 특히 합류식 하수도에서는 강우 초기의 우천 시 하수의 수질이 악화되기 때문에, 우천 시의 계획하수량은 계획시간 최대오수량의 3배 이상으로 하여야 한다.

표 10.1 각 시설의 계획하수량

시설	하수량	계획하수량	
		분류식 하수도	합류식 하수도
1차 침전지까지	처리시설 (소독설비 포함)	계획 1일 최대오수량	우천 시 계획오수량 (3Q 이상)
	처리장 내 연결관거	계획시간 최대오수량 (Q)	우천 시 계획오수량 (3Q 이상)
2차 처리	처리시설	계획 1일 최대오수량	계획 1일 최대오수량
	처리장 내 연결관거	계획시간 최대오수량	계획시간 최대오수량
고도처리	처리시설	대상수량	대상수량
	처리장 내 연결관거		

10.1.2 처리방법의 선정

여러 가지 요인에 지배되는 것이나, 원칙적으로 다음 사항을 고려하여 결정한다.

① 유입 하수량 및 수질
② 처리수의 표준수질
③ 방류수역의 현재 및 장래 이용 상황
④ 처리장의 입지조건
⑤ 건설비 및 유지관리비 등 경제성
⑥ 유지관리의 용이성
⑦ 법규 등에 의한 규제
⑧ 처리수의 이용계획

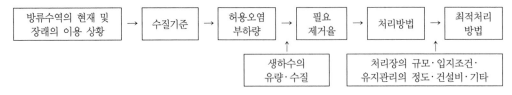

그림 10.1 하수처리방법의 선정

2차 처리시설의 처리방법 선정에 있어서는 우선 방류수역의 수질기준으로부터 정해지는 허용오탁 부하량과 유입수의 수질 및 농도를 알면 오탁물질의 필요 제거율이 정해진다. 다음에 이 제거율에 대응하는 처리방법 중 처리장의 규모·입지조건·유지관리의 정도 등에서 최적의 것을 선정한다.

10.1.3 하수처리장의 부지 선정

하수처리장 부지 선정은 가장 중요하고도 곤란한 문제이다. 이에 대한 일반적인 기술적 선택의 표준 항목은 다음과 같다.

① 처리구역의 지형이 허용하는 한 하수는 전 지역으로부터 자연유하로 유입하고 처리장 내를 자연유하로 처리·방류할 수 있고 방류수역에 근접할 것
② 홍수로 인한 침수의 위험이 없어야 하며, 연약지반을 피할 것
③ 방류수가 충분히 희석·혼합되어야 하며, 상수도원·지하수원·어업 등이 오염되어 지장을 주는 곳을 피할 것
④ 가급적 주거 및 상업지구를 피해야 한다. 이것은 처리장에서의 소음·악취·진동·대기오염 및 전체적인 미관상의 문제로 지역주민과의 분쟁을 야기하는 원인이 되기 때문이다.
⑤ 처리장에서 발생하는 슬러지, 스크린 찌꺼기 등의 최종처분 방법도 고려한다.
⑥ 처리장의 부지는 장래의 확장을 고려해서 가급적 넓게 잡아둔다.

10.1.4 처리장 내의 수위

장내 각 시설 간의 수위계산은 처리행정이 충분히 작용하는 데 필요한 용량을 확보하기 위하여 행해진다. 손실수두 계산은 개개의 시설에서 저하하는 모든 수두를 가산해서 필요한 총수두를 구한다. 계산은 계획하수를 유하시키는 경우에 대해서 행하고, 순서는 수류 방향과는 반대로 방류 수면의 고수위부터 출발해서 방류거·처리시설의 순으로 계산하여 수위 고저도를 작성한다. 이때 고려해야 할 손실수두는 다음과 같다.

① 각 처리시설 간을 유하시키는 데 필요한 손실수두
② 각 처리시설 내를 유하시키는 데 필요한 손실수두
③ 위어(weir), 유량 제어장치 등의 부속장치에 의한 손실
④ 장래의 확장을 예견하는 여유분 등의 총계

10.2 하수처리방법

하수처리는 크게 1차 처리, 2차 처리, 3차 처리 및 슬러지 처리와 최종 처분으로 구분되며, 이에는 물리적 처리, 화학적 처리, 생물학적 처리로 분류된다.

10.2.1 하수처리의 단위공정

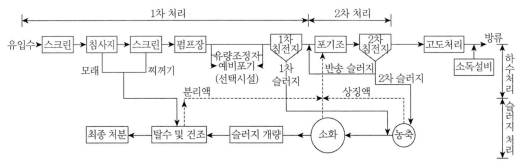

그림 10.2 도시 하수처리 계통도

(1) 1차 처리

수중의 부유물질 제거를 목적으로 하는 것으로 예비 처리라고도 할 수 있으며, 부유물 제거와 아울러 BOD의 일부도 제거된다. 일반적으로 스크린, 침사, 예비 폭기, 침전, 부상 등으로 이루어지고 물리적 처리가 그 주체이다.

(2) 2차 처리

수중의 용해성 유기 및 무기물의 처리공정으로 활성 슬러지법, 살수여상 등의 생물학적 처리와 산화, 환원, 소독, 흡착, 응집 등의 화학적 처리를 병용하거나 단독적으로 이용된다. 일반적으로 2차 처리에서 가장 주체를 이루는 것은 생물학적 처리 방법인 활성 슬러지법이다. 2차 처리에 호기성 미생물에 의한 산화·분해 작용을 이용할 경우에는 호기성 미생물의 활동을 충분히 할 수 있는 조건이 유지되어야 한다.

(3) 3차 처리

2차 처리수를 다시 고도의 수질로 하기 위하여 행하는 처리법의 총칭으로 제거해야 할 물질의 종류에 따라 각기 다른 처리 방법이 채용되며, 제거해야 할 물질로서는 질소나 인 또는 미분해된 유기 및 무기물, 중금속, 바이러스 등이 있다.

고도처리란 용어가 쓰일 때도 있으나, 고도처리란 종래의 1차·2차 처리를 대폭으로 개량 수정하여 보다 고도의 처리수질을 얻기 위한 처리법의 총칭으로 3차 처리는 고도처리 중의 일부라 할 수 있다.

(4) 슬러지처리

1·2·3차 처리 과정에서 생성되는 슬러지를 고형 무해화하는 공정으로 슬러지의 농축·소화·세척·탈수·건조·소각 등의 복잡한 공정을 가지며, 물리적·화학적·생물학적 처리가 조합되어 있다.

(5) 최종 처분

단위조작 또는 단위공정을 거쳐 무해화하고 고형화된 물질을 비료 혹은 토지 개량제, 건설 자재로 재이용하거나 해양투기, 매립, 토지살포 등에 의해 처분하는 공정이다.

10.2.2 하수처리의 단위공법

처리방법을 선택할 때는 각 처리방법의 특징을 파악한 후 건설비, 유지관리비, 운전의 난이도, 에너지 용량 등에 대한 충분한 검토를 해야 한다. 처리장시설은 단위처리공정을 조합한 종합체이며, 각 단위처리공정의 공법에는 크게 물리적 처리, 화학적 처리, 생물학적 처리가 있다. 표 10.2와 표 10.3은 각 처리공법의 단위공법과 처리공정을 비교하여 나타냈다.

표 10.2 하수처리 단위공법

구분	단위공법		
물리적 처리	고액 분리의 목적으로 수중의 부유물질과 콜로이드 물질 제거를 위한 처리		
	① 스크린	② 침사지	③ 침전지
	④ 부상	⑤ 여과	⑥ 건조
	⑦ 증발	⑧ 동결	⑨ 원심 분리
화학적 처리	용해성 유기 및 무기 물질의 처리를 주체로 하는 것		
	① 중화	② 산화 및 환원	③ 살균
	④ 응집	⑤ 이온교	⑥ 환경수의 연수화
	⑦ 전기투석법	⑧ 추출	⑨ 전기 분해

표 10.2 하수처리 단위공법(계속)

구분	단위공법	
생물학적 처리	용해성 및 부유성 유기물질의 처리를 주체로 한다. 미생물을 이용한 처리는 산소의 요구에 따라 크게 호기성, 임의성, 혐기성의 3가지로 구분	
	호기성(好氣性) 처리	활성 슬러지법, 살수여상법, 회전원판법, 호기성 산화지
	임의성(任意性) 처리	임의성 산화지
	혐기성(嫌氣性) 처리	소화법, Imhoff 조, 부패조, 혐기성 산화지

표 10.3 물리적 · 화학적 · 생물학적 처리의 비교

구분		물리적 처리	화학적 처리	생물학적 처리
제거 부분		침전 가능 물질	부유물질	생물학적 분해 가능 유기물질
제거율	BOD	30%	40~50%	활성 슬러지 : 88% 살수여과상 : 82% 산화지 : 70~80%
	부유 물질	50~60%	60~85%	활성 슬러지 : 88% 살수여과상 : 79% 산화지 : 70~80%
장단점		유지비가 적게 드나 효율이 낮다.	화학 약품을 사용하므로 유지비가 비싸며, 슬러지 발생량이 많다. 또한 인의 대량 제거가 가능하다.	효율이 높으나 동력비가 많이 들고 하수의 성상 변화에 잘 대응하지 못한다.

10.3 물리적 처리시설

10.3.1 스크린(screen)

하수처리의 첫 처리 단계로 처리장으로 유입되는 하수에서 비교적 큰 부유물을 제거하는 방법이다. 방류수역의 오염 방지 및 펌프 기계류의 보호뿐만 아니라 처리공정을 원활히 하기 위해서 필요하다.

(1) 분류

구조상으로 스크린의 유효간격에 따라 봉(棒) 스크린(rack bar screen), 격자 스크린(grating screen), 망 스크린(fine screen) 등으로 나뉜다. 또 망목(網目)의 크기에 따라 50 mm 이상의 조(粗) 스크린, 25~50 mm의 중(中) 스크린, 25 mm 미만의 세(細) 스크린으로 분류한다.

참고 microstrainer : 조류(藻類)나 미생물 제거에 이용되는 스크린의 일종이다.

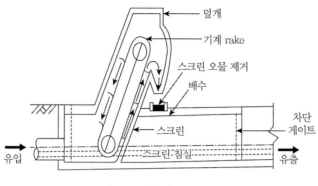

그림 10.3 자동식 bar screen

(2) 설계기준―151225

① 통과 유속 : 0.45 m/s 정도로 한다.

② 설치 각도 : 경사각은 기계식 청소장치를 할 때는 수평에 대해 70° 전후, 인력으로 청소할 때는 수평에 대해 45~60°로 한다.

③ 설치 위치 : 조목 스크린은 침사지 앞에, 세목 스크린은 침사지 뒤에 설치하는 것을 원칙으로 한다.

④ 안전 수로(by pass) : 부유 협잡물에 의하여 스크린이 막혔을 때 폐수의 월류를 방지하기 위하여 수로의 측면에 설치되는 보조 수로로 스크린 전후의 수위차가 1 m 이상이 되지 않도록 한다.

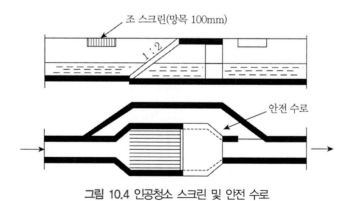

그림 10.4 인공청소 스크린 및 안전 수로

10.3.2 침사지(grit chamber)

하수 내의 사석(沙石, grit)은 자갈, 모래, 기타 뼈나 금속 부속품 등의 무거운 입자들로 구성되는 데, 이들은 하수처리장의 기계나 펌프를 손상시키고 관이 막히는 현상을 초래하게 된다. 따라서 침전지나 혼화지에 하수가 흘러 들어오기 전에 이들을 제거할 목적으로 설치한 작은 못이나 유수지를 침사지라고 한다.

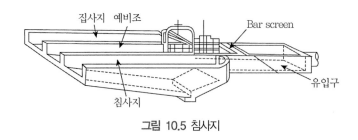

그림 10.5 침사지

(1) 설계기준

① 침전물질 : 비중 2.65 이상, 입경 0.2 mm 이상

② 평균유속 : 0.3 m/s를 표준으로 한다.

③ 체류시간 : 30~60초

④ 저부경사 : 보통 $\dfrac{1}{100} \sim \dfrac{2}{100}$

⑤ 깊이 : 2.5~3.5 m(유효 깊이 : 1.5~2 m)

⑥ 수면적 부하

$$\frac{Q}{L \cdot W} = \frac{Q}{A} \tag{10.1}$$

여기서, Q : 유량(m³)

$\qquad$ L : 침사지 길이(m)

$\qquad$ W : 침사지 폭(m)

가) 오수 침사지 : 1,800 m³/m² · day 정도

나) 우수 침사지 : 3,600 m³/m² · day 정도

참고 수로형(水路型) 침사지에서는 수평 유속을 0.3 m/s 정도로 유지하기 위해 parshall flume 등의 유속 통제시설을 갖춘다.

(2) 소류속도(掃流速度, scouring velocity)

한계유속으로 침사지는 침전지와 달리 모래와 같은 비교적 크고 무거운 입자를 제거시키므로 체류시간이 짧다. 따라서 수평 방향으로 이동하여 고형물이 씻겨 나가지 않도록 소류속도에 유의하여야 한다.

$$V_c = \left(\frac{8\beta \cdot g(s-1)d}{f} \right)^{\frac{1}{2}} \tag{10.2}$$

여기서, V_c : 소류속도(cm/sec)

β : 상수(모래인 경우 0.04)

g : 중력가속도(980 cm/sec^2)

s : 입자의 비중

d : 입자경

f : Darcy-Weisbach 마찰계수(콘크리트 재료인 경우는 0.03)

10.3.3 유량 조정조(equalization basin)

유입하수의 유량과 수질의 변동을 흡수해서 균등화함으로써 충격부하에 대비하며, 처리시설의 처리효율을 높이고 처리수량의 향상을 도모할 목적으로 설치하는 시설이다. 소규모 도시의 처리장의 경우 유입수량과 수질의 변동이 크므로 필요시에 설치할 수 있다. 주택단지와 같이 처음부터 큰 변동이 예상되는 경우에는 경제성, 부지 확보 가능 여부 등을 고려하여 설치한다. 조의 용량은 계획 1일 최대오수량을 넘는 유량을 일시적으로 저류하도록 정하며, 유효수심은 3~5 m를 표준으로 한다.

유입하수의 조정방법으로는 인-라인(in-line) 방식과 오프-라인(off-line) 방식이 있다. 인-라인 방식에서는 유입하수의 전량이 유량조정조를 통과하므로 수량 및 수질 모두를 균일화하는 효과가 있지만 오프-라인에서는 1일 최대하수량을 넘는 양만 유량조정조에 유입하므로 인-라인 방식에 비해 수질의 균일화 효과가 적다.

10.3.4 분쇄기(co mminutor)

임펠러(impeller) 손상, 펌프의 폐색, 후속처리시설의 폐쇄를 미연에 방지하기 위하여 유입하수 내의 고형물질을 파쇄시키는 장치로 부유물을 0.5~1 cm 크기로 자른 다음 하수 내로 되돌려보내 하수처리 과정에서 제거되게 한다.

10.3.5 예비 포기조

예비포기는 유입 폐수의 냄새 제거, 유지류(油脂類) 제거, 부유물질의 floc 형성, BOD와 SS의 제거율 증진 및 후속처리시설에 있어서의 용존산소 공급이 목적이다. 일반 하수처리에서 BOD와 SS 제거 효율 증대를 위해서는 최소한 30~45분의 체류시간, 냄새 제거를 위해서는 10~15분간의 체류시간을 둔다.

10.3.6 침전지(clarifier)

하수처리장에서 사용되는 침전지는 침전 가능한 SS를 침전·제거해서 오수를 정화하는 시설로 주로 최초 침전지(1차 침전지)와 최종 침전지(2차 침전지)로 나눈다. 최초 침전지는 1차 처리 및 생물학적 처리를 위한 예비 처리의 역할을 수행하며, 오수 중 비중이 비교적 큰 SS를 침전시킨다. 최종 침전지는 생물학적 처리에 의해 발생되는 슬러지와 처리수를 분해하는 것을 주 목적으로 한다.

(1) 침전지 설계기준

① 최초 침전지

가) 장방형 침전지의 길이와 폭의 비=3 : 1~5 : 1

나) 장방형 침전지의 폭과 깊이의 비=1 : 1~2.25 : 1

다) 원형 침전지의 최대지름=90 m

라) 침전지의 유효수심=2.5~4 m

마) 침전시간=2~4시간

바) 표면 부하율=25~40 $m^3/m^2 \cdot day$

사) 침전수 수면의 여유고=40~60 cm 정도

아) 슬러지 제거기 설치 시 장방형 침전지 바닥 기울기=$\dfrac{1}{100} \sim \dfrac{1}{50}$

자) 슬러지 제거기 설치 시 원형 및 정사각형 침전지 바닥 기울기=$\dfrac{1}{20} \sim \dfrac{1}{10}$

차) 슬러지 제거를 위해 조의 바닥에 호퍼(hopper) 설치 시 측벽의 기울기=60° 이상

카) 슬러지 배출관의 최소지름=150 mm 이상

② 최종 침전지

가) 표면 부하율＝20~30 m³/m²·day

나) 고형물 부하율＝95~145 kg/m²·day

다) 침전시간＝3~5시간

라) 그 외 사항＝최초 침전지와 같음

(2) 침전이론 및 관계식

① Stoke's 침강이론

침전지에서는 유속이 극히 작아 $R_e<0.5$ 이하이므로 Stokes의 침강속도 공식이 적용된다.

$$V_s = \frac{(\rho_s - \rho_w)gd^2}{18\mu} \tag{10.3}$$

여기서, V_s : 입자의 침강속도(cm/s)

g : 중력가속도(980 cm/s²)

ρ_s : 입자의 밀도(g/cm³)

ρ_w : 액체의 밀도(g/cm³)

d : 입자의 지름(cm)

μ : 액체의 점성계수(g/cm·s)

② 표면적 부하와 침전처리효율 및 체류시간

가) 침전지에서 침강입자가 완전히 제거(침강)될 수 있는 조건

$$V_s \geq V_o$$

여기서, V_s : 입자의 침강속도(m/day)

V_o : 침전지 내에서의 표면적 부하(m³/m²·day)

$$표면적\ 부하＝수면적부하＝표면침전율＝\frac{유입수량(m³/day)}{표면적(m²)}＝\frac{Q}{A} \tag{10.4}$$

나) 침전지에서 100% 제거될 수 있는 입자의 침강속도 : V_o

$$V_0 = \frac{Q}{A} = \frac{h}{t}$$ (10.5)

다) 침강속도가 V_o보다 적은 입자의 침전제거효율 : E

$$E = \frac{V_s}{V_0} = \frac{V_s}{Q/A} = \frac{V_s}{h/t}$$ (10.6)

라) 체류시간

$$t = \frac{V}{Q}$$ (10.7)

여기서, t : 체류시간(day)

V : 조용적(m^3)

Q : 유입유량(m^3/day)

마) 월류부하

$$월류부하(m^3/m/day) = \frac{Q}{L}$$ (10.8)

여기서, Q : 유입수량(m^3/day)

L : 월류 위어(weir)의 길이(m)

③ 경사단 설치 시 유효 분리면적

$$경사판 설치 시 유효 분리면적 = na\cos\theta$$ (10.9)

여기서, n : 경사판의 매수

a : 경사판의 면적

θ : 경사각

(3) 침전지의 유지관리

① 침전지 내의 수류의 안전을 기하기 위하여 펌프의 작동을 간헐적으로 한다.

② 침전 슬러지는 자주 청소하여 조 내에서 부패되는 것을 방지한다.

③ 부상된 슬러지는 완전히 제거되도록 규칙적인 작업을 해야 한다.

④ 체류시간, 수면적 부하, 슬러지의 농도를 적절히 유지하도록 한다.

⑤ 단회로 현상이나 와류에 대한 영향을 감소시키기 위해 유입부에는 정류판, 유출부에는 톱니형 위어 등을 설치한다.

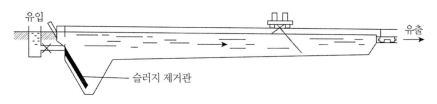

그림 10.6 직사각형 침전지

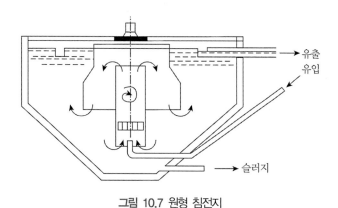

그림 10.7 원형 침전지

폭 5.5 m, 길이 34 m, 높이가 2.5 m 되는 침전지에 유입수량이 3.8 m³/min일 때 체류시간을 구하시오.

해설

$$t = \frac{V}{Q} = \frac{5.5 \times 34 \times 2.5}{3.8} = 123.02\text{분} = 2\text{시간 } 3\text{분}$$

예제 10.2

하루 평균 3,000 m³/day의 하수를 유효 폭 5 m, 유효길이 30 m, 수심 4 m의 침전지에서 처리할 때 침전지의 수면적 부하를 구하시오.

해설

$$V_o = \frac{Q}{A} = \frac{3000}{5 \times 30} = 20\,\text{m}^3/\text{m}^2/\text{day}$$

10.3.7 부상 분리조

하수 중 용해되지 않은 물질로서 물보다 비중이 작은 부유성 물질을 부상 분리시키는 것이다. 하수에 기포를 발생시켜 기포가 부상하면서 현탁성 부유물이 기포에 부착하여 떠오르게 하는 방법과 단순히 물과 부유성 입자와의 밀도 차에 의한 방법이 있다.

(1) 부상의 종류 및 특징

① 공기 부상(air flotation)

작은 공기방울을 용액 내에 주입시켜 용액 내의 입자가 엉겨붙어 부력에 의해서 상승시키는 방법으로 포기와 동일하다. 이 방법은 스컴(scum)이 잘 형성되는 폐수에 효과적이다.

② 용존공기 부상(dissolved air flotation)

공기를 압력 하에 용액 속으로 주입시키고 많은 공기를 용해시켜 대기압 하에 노출시킬 때 발생하는 작은 공기방울의 상승 효과를 이용하는 방법으로 가압 부상이라고도 한다. 일반적으로 가장 많이 사용한다.

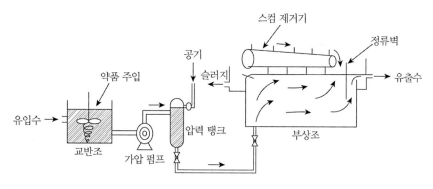

그림 10.8 용존공기 부상조

③ 진공 부상(vaccum flotation

용액을 진공상태에 노출시킬 때 포화공기가 작은 공기방울로 튀어나오는 것을 이용한 방법이다. 장치 전체를 밀폐식으로 하여야 하므로 설비에 기술적인 문제점이 따른다.

(2) 부상조의 설계식

① 부상속도

수중에 존재하는 비중이 물보다 작은 부유물질의 부상속도로 Stoke's의 법칙이 적용된다.

$$V_f = \frac{(\rho_w - \rho_s)gd^2}{18\mu} \tag{10.10}$$

여기서, V_f : 입자의 부상속도(cm/s)

　　　　g : 중력가속도($980\ \mathrm{cm/s^2}$)

　　　　μ : 액체의 점성계수(g/cm·s)

　　　　d : 입자의 지름(cm)

　　　　ρ_w : 액체의 밀도($\mathrm{g/cm^3}$)

　　　　ρ_s : 입자의 밀도($\mathrm{g/cm^3}$)

유적 A와 B의 지름은 같고, 다만 A의 비중은 0.84, B의 비중은 0.930이다. 이때 A/B의 부상 속도비를 구하시오.

해설

$$V_f = \frac{(\rho_w - \rho_s)gd^2}{18\mu} \text{에서, } V_f \text{는 } (\rho_w - \rho_s)\text{에 비례한다.}$$

$$\therefore \frac{V_A}{V_B} = \frac{1 - 0.84}{1 - 0.93} = 2.29$$

② A/S 비(공기/고형물의 비)

부상 분리를 위해서는 고형물의 농도에 따라 공기의 용해량과 공기의 압력을 고려하여 적정량의 공기를 공급하여야 운전효율의 저하를 막을 수 있다. 이에 대하여 일반적으로 사용되는 값이 A/S 비로서 다음 식으로 나타낸다.

$$\frac{A}{S} = \frac{1.3 \cdot S_a (f \cdot P - 1)}{S} \times \left(\frac{Q_r}{Q} \right) \tag{10.11}$$

여기서, S_a : 공기의 용해도(cm^3/L)(S_a는 0°C일 때 29.2, 10°C일 때 22.8, 20°C일 때 18.7, 30°C
　　　　　일 때는 15.7 정도이다.)
　　　f : 압력 P에 있어서 공기의 전체 공기량에 대한 비율(일반적으로 0.5가 대표적)
　　　P : 대기압(kg/cm^2)
　　　Q_r / Q : 반송률(반송을 시키는 경우에만 해당된다)

10.4 화학적 처리시설

10.4.1 pH 조정시설

유입수의 pH가 후속 생물학적 처리에 여향을 미치는 경우 중화하거나 후속 화학적 처리를 위하여 적정 pH로 조정하기 위해 설치된다.

(1) 중화제의 종류

pH 조정에는 산성 및 알칼리성 화학약품이 사용된다.

① 산성폐수 중화제 : $NaOH$, Na_2CO_3, CaO, $Ca(OH)_2$, CO_3
② 알칼리성폐수 중화제 : H_2SO_4, HCl, CO_2 가스

(2) pH 조정조의 설계

① 체류시간은 10~15분을 기준으로 하며 대개의 경우 소석회를 사용할 경우 20분 정도, 나트륨염의 경우는 약 10분 정도이다.
② 조의 형태는 사각형 및 원형이 있다.
③ 조정조는 급속교반을 이루고, 교반강도의 지표인 속도경사는 300~1500회/s로 유지한다.

10.4.2 응집시설

하수 중에는 침전이 어려운 미세립자, 부유 고형물 등이 존재하는데, 이는 전하를 지니고 서로 안정되게 수중에 존재하며 탁도는 색도를 유발하고, 본 처리시설로는 제거가 어려운 경우가 있다. 따라서 응집제를 사용하여 미세립자들을 응집시켜 부정형 floc으로 형성하고, 응집보조제의 추가 투입으로 거대한 floc으로 성장시켜 침전성을 개선시키는 공정이 응집이다. 그러나 응집공정은 용존 유기물의 제거에는 큰 효과가 없다.

응집반응은 응집제의 종류 및 투여량, 교반조건 등에 따라서도 달라지나, 하수 중의 온도, pH, 알칼리도 등에 의해서도 효과가 달라지므로 하수의 특성을 파악하는 것이 중요하다. 이러한 응집에 영향을 주는 인자는 표 10.4와 같다.

표 10.4 응집에 영향을 주는 인자

인자	내용
수온	수온이 높으면 반응속도의 증가와 물의 점도 저하로 응집제의 화학반응이 촉진되고, 낮으면 floc 형성에 소요되는 시간이 길어질 뿐만 아니라 입자가 작아지고 응집제의 사용량도 많아진다.
pH	응집제의 종류에 따라 최적의 pH 조건을 맞추어 주어야 한다.
알칼리도	하수의 알칼리도가 많으면 응집제를 완전히 가수분해시키고 floc을 형성하는 데 효과적이며, pH 변화와 관련된다.
용존물질의 성분	주중에 응집반응을 방해하는 용존물질이 다량 존재하는지의 여부를 검토하여야 한다.
교반조건	응집제 및 응집보조제의 적절한 반응을 위하여 교반조건을 조절하여야 한다.

응집제로는 알루미늄염, 철염 등이 가장 많이 사용되고 있으며, 적정 응집제 및 적정투입량은 실험을 통하여 유입수질에 적합하게 선정하여야 한다.

(1) 급속교반시설

급속교반의 목적은 응집제를 하수 중에 신속하게 분산시켜 하수 중의 입자를 불안정화시키는 데 있다. 급속교반기는 터빈형과 프로펠러형을 사용한다.

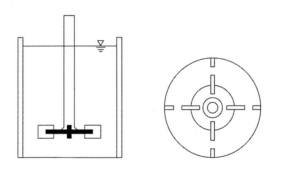

그림 10.9 정류판을 가진 터빈형 교환기

① 속도경사 : 400~1,500회/s

② 체류시간 : 0.5~2분

③ 조의 형태는 폭 : 길이 : 깊이=1 : 1 : 1~1.2 적당하되 입출구는 대각선에 위치

(2) 완속교반시설

완속교반의 목적은 급속교반으로 생성된 floc들의 결합으로 침전이 가능한 큰 floc을 생성하는 데 있다. 완속교반기의 형태는 패들형과 터빈형이 있으며 완속교반시설의 설계인자는 다음과 같다.

① 속도경사 : 40~100회/s 정도로 낮게 유지
② 체류시간 : 20~30분이 적당하며 조는 3~4개의 실로 분리하는 것이 좋다.
③ 조의 형태 폭 : 길이 : 깊이=1 : 1 : 1~1.2 적당하며 입출구는 대각선에 위치

(3) 응집침전지

응집침전지는 완속교반으로 형성된 floc을 침전시키기 위하여 필요한 시설이며, 조대화된 floc을 파괴시키지 않게 유입시켜 침전시켜야 한다.

① 표면부하율 : 25~50 $m^3/m^2 \cdot day$
② 체류시간 : 1~4시간
③ 조의 형태는 침전지 형태를 참고

10.4.3 염소처리

정수장에서의 염소 주입은 주로 살균이 목적이지만, 하수처리장에서는 살균 이외에 냄새제거, 부식통제, BOD 제거 등의 목적도 있는 것으로 충분한 양의 염소를 주입하여 15분 후에 0.5 mg/L의 잔류염소를 존재시키는 정도로 만족한 것이다. 하수 중 BOD 제거는 염소 1 mg/L의 주입에 대하여 약 2 mg/L의 BOD가 제거되는 것으로 본다. 또한 하수처리 시의 염소 주입은 수중에 존재하는 유독성 물질의 산화제로도 사용된다.

10.5 생물학적 처리시설

10.5.1 생물학적 하수처리 방법의 종류

(1) 호기성 처리법

자연계에는 유기물을 분해, 제거하는 미생물이 많이 존재하는데, 유기물을 함유하고 있는 오수가

하천 등의 자연 수역에 배출되면 돌 등에 부착되어 있는 미생물이 산소가 존재하는 상태에서 수중의 유기물을 분해한다. 하수의 생물처리는 주로 자연계에 존재하는 이러한 호기성 미생물을 이용하여 하수 중의 유기물을 제거한다. 호기성 처리법에는 활성 슬러지법, 살수여상법, 산화지법, 회전원판법, 호기성 소화법 등이 있으며, 미생물을 수중에 부유된 상태로 이용하는 방법(부유미생물)과 미생물을 매질에 부착된 상태에서 이용하는 방법(생물막법) 그리고 두 가지 방법을 조합하는 방법이 있다. 그림 10.10은 호기성 생물처리법의 분류를 나타낸다.

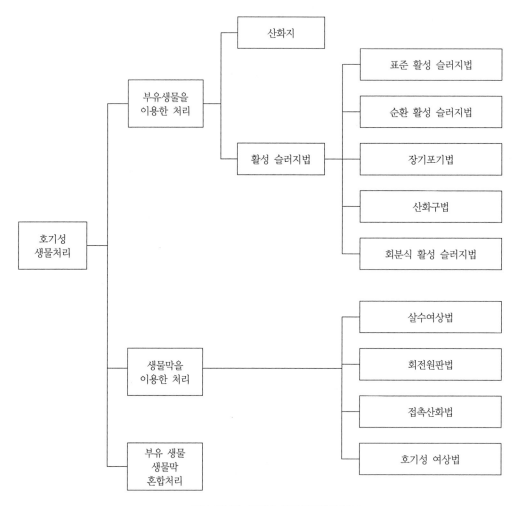

그림 10.10 호기성 생물처리법의 분류

(2) 혐기성 처리법

혐기성 소화법, 부패조, 임호프(Imhoff) 조, 혐기성 산화지 등이 있다.

(3) 임의성 처리법

호기성과 혐기성의 중간으로 살수여과상이나 산화지 등에서 산소가 모자라면 임의성이 된다.

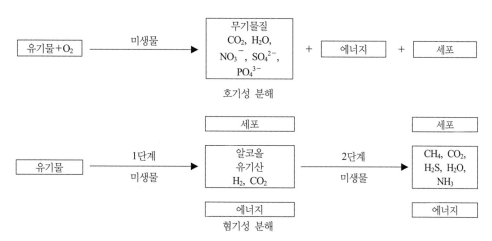

그림 10.11 호기성 및 혐기성 분해의 생섬물

10.5.2 생물학적 처리에 관련된 미생물

(1) 박테리아(bacteria)

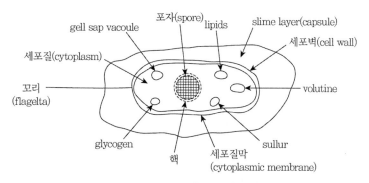

그림 10.12 박테리아(bacteria)의 구조

박테리아의 크기는 $0.8 \sim 5\,\mu$ 정도이며, 하수처리의 핵심적 역할을 한다.

① 화학 조성식

가) 호기성 박테리아 : $C_5 H_7 O_2 N$

나) 혐기성 박테리아 : $C_5 H_9 O_3 N$

다) 인을 포함시킬 때 : $C_{60} H_{87} O_{23} N_{12} P$

② 산소와의 관계에 따라

가) 호기성(好氣性) 박테리아

나) 혐기성(嫌氣性) 박테리아

다) 임의성(任意性) 박테리아

③ 영양소에 따라

가) 종속영양 박테리아(heterothrophic bacteria)

나) 독립영양 박테리아(autotrophic bacteria)

(2) 균류(fungi)

① 화학 조성식 : $C_{10} H_{17} O_6 N$

② 사상(糸狀)균으로서 낮은 pH(2~5)에서도 잘 성장한다.

③ 활성 슬러지법에서 잘 침전하지 않고 슬러지 팽화(sludge bulking)를 일으킨다.

(3) 조류(algae)

① 엽록소를 가지고 있는 단세포 혹은 다세포 식물로 광합성(탄소 동화작용)을 한다.

$$CO_2 + H_2O \quad \xrightarrow{\text{빛이 있을 때 (주간)}} \quad (CH_2O) + O_2$$
$$\xleftarrow[\text{빛이 없을 때(야간)}]{} \uparrow$$
$$\text{생성 조류}$$

② 갖가지 맛과 냄새를 준다.

③ 산화지 처리에서 산소원으로 이용된다.

④ 화학적 조성식 : $C_5 H_8 O_2 N$

(4) 원생동물(protozoa)

① 화학적 조성식 : $C_7 H_{14} O_3 N$

② 종류 : Sarcodina, Mastigophora, Ciliate, Suctoria 등

(5) 고등동물(metazoa, sludge warms)

윤충(rotifer), 갑각류(crustaceans) 등

10.5.3 미생물의 성장과 먹이와의 관계

미생물은 수중의 영양 물질에 대하여 시간의 흐름에 따라 다음 그림과 같은 관계가 있다. 이것을 미생물의 성장곡선이라 하며 대수성장단계, 감소성장단계, 내호흡단계로 구분된다.

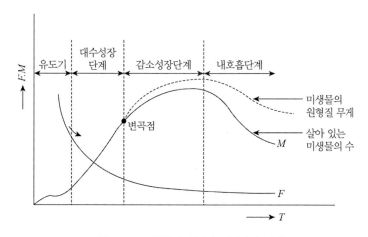

그림 10.13 미생물의 성장과 먹이와의 관계

① 유도기(lag phase)

수중에서 미생물과 유기물이 상호 적응하는 시기로, 세포가 새 환경에서 증식하는 데 필요한 각종 효소 단백질을 생합성한다.

② 대수성장단계(logarithmic growth phase)

유도기에서 새 환경에 대한 적응이 끝나면 세포는 대수적으로 증가한다. 비록 폐수 내의 유기물이 최대의 율로 제거되기 위해서는 대수 성장단계가 바람직하나 이 경우 미생물은 침결하지 않고 분산

되어 성장한다. 침전지에서 침전성이 나쁘므로 수처리에 이용되지 않고 BOD 제거율이 낮다.

③ 감소성장단계(declining growth method)

미생물의 수가 점차로 증가하여 양분이 모자라게 되면 미생물의 번식률이 사망률과 같게 될 때까지 번식률은 감소하며, 그 결과로 살아 있는 미생물의 무게보다 원형질의 전체 무게가 더 크게 된다. 이때 미생물이 서로 엉키는 floc이 형성되기 시작하므로 점차 침전성이 좋아지고 수처리에 이용되는 단계이다.

④ 내호흡단계(death phase)

내생성장단계라고도 하며, 이 단계에 있어서는 미생물의 증식은 정지되고, 합성된 세포를 이용 (자산화)하여 생존한다. 최후에는 거의 사멸하게 된다.

> **참고** 자산화(autolysis) : 미생물에 의하여 유기물이 없어지면 미생물은 세포 구조가 파괴되고 효소작용에 의해 용해되는 현상이다.

10.5.4 생물학적 처리를 위한 운영 조건

(1) 영양 물질

미생물에 의하여 하수처리를 하는 경우 세포 구성 물질을 영양소로서 공급하여야 한다. 즉, BOD 반응의 주역인 당질을 제거하기 위하여 N, P, 무기질 이온이 반응조 내에 적절히 공급되어야 한다. 일반 폐수 중에는 무기질 이온이 미량 존재하므로 BOD : N : P의 농도비를 100 : 5 : 1이 되도록 조절한다.

(2) 용존산소

호기성 반응에서는 미생물들이 수중에 있는 용존산소를 산화제로 사용하므로 반응조 내의 DO 농도를 최저 0.5~2 mg/L로 유지시켜주어야 한다.

(3) pH

일반적 생물학적 처리에 사용되는 미생물의 활동은 pH 6.5~8.5에서 이루어지는데, 이 pH의 범위를 벗어나게 되면 반응조 내의 미생물은 연속적인 생존을 할 수 없게 됨과 동시에 처리 과정에 악영향을 주는 균류(fungi)가 생성된다.

(4) 수온

호기성 반응조에서 활동하는 미생물은 주로 중온성균으로 20~35°C 정도의 온도 범위가 요구된다.

(5) 독성물질

하수처리 시 반응조에서 활동하는 미생물에 대하여 유독한 물질은 일반적으로 Cu, Cd, CN, Cl, Hg, phenol 등으로 그 유독 수준이 농도에 따라 다르지만 소량으로도 BOD 반응의 진행을 억제한다.

예제 10.4

BOD 800 mg/L, SS 550 mg/L, pH 7.4, COD 1,000 mg/L인 하수를 활성 슬러지법으로 처리하고자 한다. 이때 필요한 질소와 인의 양을 구하시오.

해설

$$BOD : N : P = 100 : 5 : 1 = 800 : 40 : 8$$

10.6 활성 슬러지법

이 방법은 1차 처리된 하수의 2차 처리를 위해서 주로 채택되며, 주요 공정은 폭기조, 침전조, 슬러지 반송설비 등으로 구성되는 호기성 process이다. 일반적으로 하수는 최초 침전지에서 현탁 고형물이 제거된 후 포기조에서 용존 유기물질이 미생물에 의해 섭취 분해되고 성장한 미생물은 종말 침전지에서 응결 침전되어 활성 슬러지(activated sludge)로서 포기조로 일부 반송되며 일부는 폐슬러지가 된다. 또한 최종 침전지의 깨끗한 상징액이 처리장의 유출수가 된다.

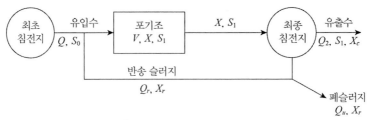

여기서, Q : 유입수의 유량(m^3/day)

Q_2 : 유출수의 유량(m^3/day)

S_0 : 유입수의 SS 농도(mg/L)

V : 포기조의 용적(m^3)

X : 포기조 혼합액의 부유물 농도(kg/L)

X_c : 최종 침전지 슬러지의 농도(mg/L)

X_t : 유출수의 부유물 농도(mg/L)

Q_r : 반송 슬러지양(mg/day)

Q_u : 폐슬러지양(mg/day)

그림 10.14 활성 슬러지법의 주요 계통도

10.6.1 BOD 부하와 포기시간

(1) BOD 용적 부하

포기조 용적 1 m^3당 하루에 가해지는 BOD 무게

$$\text{BOD 용적 부하(kg·BOD/m}^3\text{·day)} = \frac{\text{BOD} \cdot Q}{V} \tag{10.12}$$

(2) BOD 슬러지 부하(F/M 비, MLSS 부하)

혼합액 부유 고형물(MLSS, Mixed Liquor Suspended Solids)의 단위무게당 하루에 가해지는 BOD 무게를 말한다.

$$\text{BOD 슬러지 부하(kg·BOD /kg·MLSS·day)} = \frac{\text{BOD} \cdot Q}{\text{MLSS} \cdot V} \tag{10.13}$$

참고 MLSS(Mixed Liquor Suspended Solids) : 포기조 혼합액 부유물질로서 포기조 내의 미생물을 의미한다.

① MLSS＝MLFSS＋MLVSS

② MLVSS(Mixed Liquor Volatile Suspended Solids) : 포기조 혼합액 중 휘발성 부유물질

(3) 포기시간

원폐수가 포기조 내에 머무르는 시간, 즉 체류시간과 같다.

- 반송이 없을 때 : $T = \dfrac{V}{Q}$ (10.14)

- 반송이 있을 때 : $T = \dfrac{V}{Q + Q_r}$ (10.15)

10.6.2 슬러지 일령 및 고형물 체류시간

(1) 슬러지 일령(SA, Sludge Age)

포기조 내의 MLSS양을 유입수 내의 SS양으로 나눈 값이다. 즉, 미생물이 포기조에서 생성된 다음 잉여 슬러지로 유출되기까지의 기간을 뜻한다.

$$SA = \frac{V \cdot X}{S_o \cdot Q} = \frac{X}{S_o} \times T \tag{10.16}$$

(2) 고형물 체류시간(SRT, Solids Retention Time)

SRT는 반응조, 2차 침전지, 반송 슬러지 등의 처리장 내에 존재하는 활성 슬러지가 전체 시스템 내에 체재하는 시간을 의미하며, 반송 슬러지를 고려할 경우에 사용된다.

$$SRT = \frac{V \cdot X}{Q_w \cdot X_r + Q_e \cdot X_e} \fallingdotseq \frac{V \cdot X}{Q_w \cdot X_r} \tag{10.17}$$

여기서, V : 반응조의 용량(m^3)

          X : 반응조 혼합액의 평균부유물(MLSS)의 농도(mg/L)

          X_r : 잉여 슬러지의 평균 SS 농도(mg/L)

          X_e : 처리수 중의 평균 SS 농도(mg/L)

          Q_w : 잉여 슬러지양(m^3/일)

          Q_e : 유출수의 유량(m^3/일)

반응조 내의 활성 슬러지양에 비해 처리수 중의 활성 슬러지양은 무시될 수 있기 때문에 즉, 통상 X_e(유출수의 SS 농도) 값은 대단히 적으므로 무시할 수 있다.

SRT의 설정은 활성 슬러지 중의 특정한 미생물 증식의 가부를 결정하기 때문에 활성 슬러지법의 하수처리장 설계에 있어 잉여 슬러지양의 예측뿐만 아니라 유기물 제거 및 질산화 반응의 예측에도 이용 가능하다.

10.6.3 슬러지의 반송률

(1) 유입수량과 반송 슬러지양에 의한 반송률

$$R = \frac{Q_r}{Q} \tag{10.18}$$

(2) 슬러지 부하의 수지 관계에 의한 반송률

슬러지 부하의 평형식을 보면 다음과 같다.

$$X(Q + Q_r) = S_o \cdot Q + X_r \cdot Q_r$$

앞의 식에 의하여 $r = Qr/Q$이므로 이 식을 Q로 나누어 γ로 대입하면 다음과 같다.

$$X(1 + \gamma) = S_o + X_\gamma \cdot \gamma$$

$$\therefore \ \gamma = \frac{X - S_o}{X_r - X} \tag{10.19}$$

일반적으로 유입수의 SS를 무시하므로 다음과 같다.

$$r = \frac{X}{X_r - X} \tag{10.20}$$

여기서, $X_r \fallingdotseq \dfrac{1}{\mathrm{SVI}} \times 10^6 \mathrm{mg/L}$

(3) 슬러지 침강률(SV[%])에서 반송률(r[%]) 추산

$$\gamma[\%] = \frac{100 \times SV[\%]}{100 - SV[\%]} \qquad (10.21)$$

10.6.4 슬러지 용량 지표와 슬러지 밀도 지표

포기조를 나온 활성 슬러지의 침강성과 팽화(bulking) 여부를 체크하기 위한 측정값으로 포기조의 운전상태를 파악할 수 있는 자료가 된다.

(1) 슬러지 용적(SV, Sludge Volum)

포기조의 혼합액을 1 L 실린더에 30분간 침전시켰을 때 침전된 슬러지의 부피 mL를 말한다.

$$SV = \frac{30분\ 후\ 침전된\ 슬러지의\ 부피(mL)}{시료(포기조\ 혼합액)의\ 양(mL)} \times 1000\,mL/L$$

또는

$$SV = \frac{30분\ 후\ 침전된\ 슬러지의\ 부피(mL)}{시료(포기조\ 혼합액)의\ 양(mL)} \times 100\,\% \qquad (10.22)$$

(2) 슬러지 용량 지표(SVI, Sludge Volume Index)

포기조 혼합액을 1 L 실린더에 30분간 침전시켰을 때 1 g의 건조된 MLSS가 차지하는 침전 슬러지의 mL 용적으로, 몰만 지표(Moulman index)라고도 한다.

$$SVI = \frac{SV[mL] \times 10^3}{MLSS[mg/L]} = \frac{SV[\%] \times 10^4}{MLSS[mg/L]} \qquad (10.23)$$

- SVI = 50~150 : 침강성이 양호한 활성 슬러지
- SVI = 200 이상 : 슬러지 벌킹(sludge bulking)을 유발

(3) 슬러지 밀도 지표(SDI, Sludge Density Index)

도날드손 지표(Donaldson index)라고도 하며, 슬러지의 침전 시 압축의 정도를 나타내는 값이다. 슬러지 반송률의 결정 지표로 삼는다.

$$SDI = \frac{MLSS[\%]}{SV[\%]} \times 100 = \frac{100}{SVI} \tag{10.24}$$

포기조를 나온 혼합액의 SDI값은 SDI≥0.7이 되어야 침강성이 양호한 것으로 볼 수 있으며, 포기조의 용량은 계획하수량, 유입수의 BOD 농도 : F/M 비, MLSS 농도, 포기시간 등에 의해 결정된다.

예제 10.5

SVI 80이고 반송 슬러지 농도가 4%라면 반송률을 구하시오. (단, 30분간 정지 후 오니 용적이 100 mL이고, 1%=10^4 mg/L이다.)

해설

$$SVI = \frac{SV[mL] \times 10^3}{MLSS} \quad 80 = \frac{100 \times 10^3}{MLSS}$$

$$\therefore \ MLSS = 1250\,mg/L$$

$$r = \frac{MLSS}{X_r - MLSS} = \frac{1250}{4 \times 10^4 - 1250} \times 100\% = 3.23\%$$

예제 10.6

하수량 1,500 m³/day, BOD 150 mg/L인 하수를 250 m³의 유효용량을 가지는 포기조로 처리할 경우 BOD 용적부하를 구하시오.

해설

$$BOD \ \text{용적부하} = \frac{BOD \cdot Q}{V} = \frac{(150 \times 10^{-3}) \times 1500}{250} = 0.9\,kg/m^3 \cdot day$$

예제 10.7

처리 대상 인구가 1,000명, 1인 하루의 배출 유량이 0.2 ㎥인 도시의 포기조 용적이 400 ㎥이라고 가정할 경우 포기시간을 구하시오.

해설

$$t = \frac{V}{Q} = \frac{400}{0.2 \times 1000} \times 24 = 48\,\text{hr}$$

예제 10.8

최종 침전지의 규격이 5m × 25 m × 2 m이고, 처리장의 유입량이 650 ㎥/day라고 할 경우 침전지의 체류시간을 구하시오. (단, 슬러지의 반송률은 60%이다.)

해설

반송 고려 시 체류시간

$$t = \frac{V}{Q + Q_r} = \frac{5 \times 25 \times 2}{650 + 650 \times 0.6} = 0.24\,\text{day} \fallingdotseq 5.77\,\text{hr}$$

예제 10.9

하수 종말 처리장 유입수의 평균 BOD=2,000 mg/L, 유출수의 평균 BOD=200 mg/L, 평균유량=2,000 ㎥/day, 폭기조 MLVSS=2,500 mg/L, 폭기조의 부피가 14,000 ㎥ 이다. 이때의 F/M 비를 구하시오.

해설

$$\text{F/M} = \frac{\text{BOD} \cdot Q}{\text{MLSS} \cdot \text{V}} = \frac{2000 \times 2000}{2500 \times 14000} = 0.11\,\text{kg} \cdot \text{BOD/kg} \cdot \text{MLSS} \cdot \text{day}$$

10.6.5 활성 슬러지 공법에 의한 운영상의 문제점 및 대책

(1) 슬러지 팽화(sludge bulking) 현상

일반적으로 사상형 미생물의 과도한 성장으로 인하여 포기조 내에서 쉽게 고액 분리되지 않는 활성 슬러지가 침전지로 넘어가 잘 침전되지 않고 부풀어 오르는 현상이다.

[원인]

- 충격부하(shock load)로 인한 유기물의 과도한 부하(F/M 비 상승)
- 용존산소 부족
- 낮은 pH
- 영양분의 불균형(탄소화합물에 비해 N, P 부족)
- 낮은 SRT
- 운전 미숙

[대책]

- 미생물의 이상 증식 원인 제거
- 반송 슬러지에 염소, 오존, 과산화수소 등의 살균제 주입
- 포기조에 소화 슬러지를 주입하여 SVI 감소
- MLSS 농도를 증가시켜 F/M 비를 낮춤
- 반송오니를 재폭기시켜 산소공급 증가
- 철염, 알루미늄염 등의 응집제를 첨가하거나 규조토, $CaCO_3$ 등을 포기조에 주입하여 침전성을 증가시킨다.
- 팽화상태가 심화되었을 때는 기존 슬러지를 버리고 운전을 다시 개시한다.

(2) 거품 발생

주로 SRT에 기인하거나 세제의 유입 등에 의하여 포기조 표면에 회백색 또는 갈색의 거품이 발생되는 현상을 말한다.

[원인]

- SRT가 너무 짧을 경우(회백색 거품)
- 경성세제가 유입(회백색 거품)
- 너무 긴 SRT에 따른 세포의 과도한 산화(갈색 거품)

[대책]

- SRT를 증가(회백색 거품) 또는 감소(갈색 거품)시킨다.
- 포기조 표면에 살수를 행한다.

- MLSS의 농도를 증가 또는 감소시킨다.
- 거품 제거약(소포제)을 뿌린다.

(3) floc의 해체 현상

활성 슬러지 floc이 침전조에서 미세하게 분산되면서 잘 침강하지 않고 상등수와 함께 유출하는 현상을 말한다.

[원인]
- 독성물질의 유입 및 질소, 인 등의 영양물질 부족
- 용존산소의 부족
- 과부하 및 과도한 난류에 의한 전단력

[대책]
- 미생물의 성장에 적합한 환경을 만들어 준다.
- 포기 방법을 개선한다.

(4) 슬러지 부상(sludge rising) 현상

유입 하수 중의 질소성분이 포기에 의하여 질산화되고, 최종 침전지에서 용존산소가 부족하면 탈질산화 현상이 일어나면서 이때 발생하는 질소가스가 슬러지를 부상시키는 현상을 말한다. 또 최종 침전지가 혐기성 상태가 되면 바닥에 침전된 슬러지가 혐기성 분해를 일으켜 그때 생기는 기포와 함께 슬러지가 덩어리로 부상되기도 한다.

[원인]
- 최종 침전지에서 슬러지 체류시간이 길 때
- 포기시간이 너무 길 경우
- 최종 침전지의 설계 분량

[대책]
- 포기조 체류시간을 줄이거나 포기량을 줄여 질산화 정도를 줄인다.
- 탈질산화 방지를 위해 최종 침전지의 체류시간을 줄인다.

- 반송 슬러지의 양수율을 증가시키고, 최종 침전지에 침전된 슬러지를 자주 제거한다.

(5) pin floc 형성

SRT가 너무 길면 세포가 과도하게 산화되어 휘발성 성분이 적어지고 활성을 잃게 되어 floc 형성 능력을 상실한다. 작은 floc이 현탁상태로 분산하면서 잘 침강되지 않는 현상이다. 대책으로는 SRT를 감소시킨다.

(6) 포기조 혼합액의 색상

혼합액 색상이 진한 흑색으로 나타나고, 냄새가 날 경우에는 혐기성 상태일 가능성이 많으므로, 대책으로 용존산소 농도를 확인하고 포기를 강화한다.

(7) 포기조의 이상난류

산기식 포기조에서 수면의 난류가 고르지 못하거나 물이 부분적으로 솟아오를 때는 산기장치의 일부가 고장이 난 경우이므로, 대책으로 산기장치를 청소한다.

10.7 활성 슬러지법의 변법

활성 슬러지법의 처리방식은 시설의 규모, 주변 환경조건, 경제성 등을 고려하여 적절한 방식을 선택한다. 활성 슬러지법에는 그 처리 목적에 따라 여러 가지 변법이 실용화되고 있으며, 각 처리방법의 특징은 다음과 같다.

(1) 표준 활성 슬러지법

가장 일반적으로 이용되고 있는 처리방법이다. 유입수를 포기조 내에서 일정 시간 동안 포기하여 활성 슬러지와 혼합시킨 후 혼합액을 최종 침전지로 이송해서 활성 슬러지를 침전 분리한다. 최종 침전지로부터 유출되는 상징수는 염소 등을 처리하여 방류시키고, 침전된 활성 슬러지의 일부는 반송 슬러지로서 포기조로 다시 반송시켜 하수의 생물학적 처리를 위해 사용한다.

이 방법에서 포기조의 MLSS 농도는 1,500~3,000 mg/L이며, 포기시간은 6~8시간, F/M 비는 0.2~0.4이고, 슬러지 반송률은 20~50%, SRT는 3~6일 정도이다.

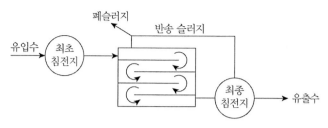

그림 10.15 표준 활성 슬러지법

(2) 계단식 포기법(step aeration)

반송 슬러지를 포기조의 유입구에 전량 반송하지만 유입수는 포기조의 길이에 걸쳐 골고루 하수를 분할해서 유입시키는 방법이다. 이 방법은 혼합액의 산소 요구량을 균등하게 하기 위해 개발된 것으로 비록 포기조의 앞쪽이 뒤쪽보다 산소 요구량이 크지만, 이것은 표준 활성 슬러지법에 비해서 상당히 균등한 것으로 나타났다.

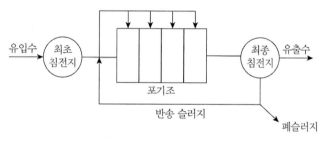

그림 10.16 계단식 포기법

이 처리방식의 특징은 다음과 같다.

① 유입수를 분할해서 유입시키므로 포기조 내 혼합액의 산소 이용량을 균등화시킬 수 있다.
② 표준 활성 슬러지법과 동일한 슬러지 반송률로 할 경우 평균 MLSS 농도를 높일 수 있으므로, 유입수의 BOD 부하량이 높아져도 F/M 비를 적정한 범위로 유지하기 쉽다. 또한 평균 MLSS 농도를 크게 하면 포기조 용적을 작게 할 수 있다.
③ 표준 활성 슬러지법과 동일한 F/M 비로 운전하는 경우 포기조에서 유출하는 혼합액의 MLSS 농도를 낮출 수 있으므로 SVI가 높아져도 그 대응이 쉽다.

(3) 장시간 포기법(extended aeration)

표준 활성 슬러지법과 같으나 단지 포기조에서의 체류시간이 18~24시간으로 길고 보통 1차 침전지를 별도로 두지 않는 경우가 많다. 즉, 포기시간이 길어짐에 따라 포기조의 미생물은 내생 호흡단계에 이르므로 슬러지 생산량이 매우 적어서 좋으나 산소 소모량이 크며, 포기조의 용적이 증대되어 초기 시설비가 큰 것이 결점이다. 따라서 소규모 하수처리시설에 주로 이용되고 있다.

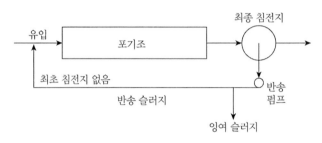

그림 10.17 장시간 포기법

(4) 수정식 포기법(modified aeration)

포기시간을 짧게 하고 혼합액 중의 MLSS 농도를 감소시켜 운전하는 활성 슬러지법의 변법 중하나이다. 포기시간이 짧고 슬러지의 농도도 낮으므로, 필요로 하는 공기량도 적고 전력 소비량도 표준 활성 슬러지법보다 훨씬 적지만 BOD 제거율은 50~60%로 낮다.

일반적으로 활성 슬러지의 반송비를 5~10%로 낮게 함에 따라 하수 중의 유기영양물과 호기성 미생물과의 비를 높게 해 미생물을 대수 성장단계로 유지하여 운전한다.

(5) 산화구법(oxidation ditch)

타원 모양의 유로를 갖는 형상으로 유속은 보통 0.25~0.35 m/s로 유지하게 설계한다. 포기조는 다음 그림에서와 같이 일정 지역에서 수행되어 질화와 탈질이 1개의 포기조 내에서 진행된다는 장점을 가지고 있다. 특히 이 방법에서 사용되는 포기기는 브러시(brush) 형상으로 시간당 산소 공급능력은 $1.0~1.4\,kg \cdot O_2/HP$이며, 이 포기기 1대당 최대폭은 약 7.5 m이다. 이 법에서 포기조의 MLSS 농도는 3,000~4,000 mg/L, 포기시간은 대략 24~48시간, F/M 비는 0.03~0.05, 슬러지 반송률은 100~200%이다.

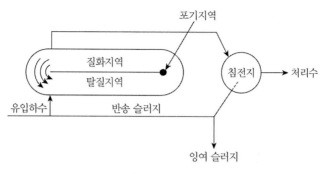

그림 10.18 산화구법

(6) 순산소(pure oxygen) 활성 슬러지법

포기조 내의 미생물을 위하여 공기를 주입시키는 대신 순산소를 주입시키는 방법으로 뚜껑이 덮힌 포기조를 사용한다. 이 방법의 장점은 용존산소 공급에 전력 소모가 적고, 활성 슬러지의 반응 상태를 양호하게 하여 반응시간을 줄일 수 있고, 잉여 슬러지의 양을 감소시키며 슬러지 침전특성을 양호하게 하고, 처리장의 부지 요구량이 적다는 점이다.

순산소식 활성 슬러지법은 비교적 짧은 포기시간(1~3시간)으로 6,000~8,000 mg/L로 MLSS 농도를 높게 유지시킬 수 있으며, 특히 공장 폐수인 경우에는 MLSS 농도를 보다 높게 하여 운전하고 있다.

(7) 심층 포기법

심층 포기조는 깊은 조를 이용하여 용지 이용률을 높이고자 고안된 공법이다.

(8) 연속회분식 활성 슬러지법(SBR, Sequencing Batch Reactor)

이 방법은 1개의 회분조에 반응조와 2차 침전지의 기능을 갖게 하여 반응과 혼합액의 침전, 상징 수의 배수, 침전 슬러지의 배출공정을 반복하여 처리하는 방식으로 소규모 시설에 적합하다.

(9) 고속 포기식 침전법

구조적으로 포기조와 최종 침전지를 하나로 만든 구조의 활성 슬러지법의 일종이다. 이 방법에서 하수와 활성 슬러지 혼합액은 반응조의 양부분을 연속적으로 순환하여 처리수는 침전부의 상부에서 월류되고, 슬러지는 침전부의 하부에서 포기부로 순환된다. 용지면적이 작고, 보통 슬러지 제거기 와 슬러지 반송 설비를 필요로 하지 않기 때문에 비교적 중소 규모에 설치된다. 그러나 큰 유량변동에 대처하지 못한다는 점을 고려해야 한다.

표 10.5 각종 활성 슬러지법의 특징

처리방식	특징	MLSS 농도 (mg/L)	F/M비 (kgBOD/ kg SS일)	반응조의 수심 (m)	반응조의 형상	HRT (시간)	SRT (일)	비고
표준 활성 슬러지법	MLSS 농도: 1,500~3,000 mg/L HRT : 6~8시간	1,500~ 3,000	0.2~0.4	4~6	사각형 다단완전 혼합형	6~8	3~6	
계단식 포기법	유입수를 반응조에 분할 유입시켜, 표준활성 슬러지법과 동일한 F/M 비에도 MLSS 농도를 높게 유지하여 반응조의 용량을 작게 한 방법	1,000~ 1,500 (최종 수로)	표준활성 슬러지법 과 동일함	표준활성 슬러지법 과 동일함	표준활성 슬러지법 과 동일함	4~6	3~6	
장시간 포기법	1차 침전지를 생략 하고, 유기물부하를 낮게 하여 잉여 슬 러지의 발생을 제한 하는 방법	3,000~ 4,000	0.03~ 0.05	4~6	사각형 다단완전 혼합형	16~24	13~50	1차 침전지 없음
산화구법	1차 침전지를 생략 하고, 유기물부하를 낮게 하며, 기계식 교반기를 채용하여 운전관리를 용이하 게 한 방법	3,000~ 4,000	0.03~ 0.05	1.5~4.5	장원형 무한수로 완전혼합 형	24~48	8~50	호기용적 : 혐기용적 =0.5 : 0.5 1차 침전지 없음
순산소 활성 슬러지법	높은 유기물부하와 높은 MLSS 농도를 가능하게 하기 위하 여 산소에 의한 포 기를 채용한 방법	3,000~ 4,000	0.3~0.6	4~6	사각형 다단완전 혼합형	1.5~3	1.5~4	
연속회분식 활성 슬러지법	한 개의 반응조로 유 입, 반응, 침전, 배 출의 각 기능을 행 하는 활성 슬러지법 의 총칭	고부하형 에서는 낮고 저부하형 에서는 높음	고부하와 저부하가 있음	6~8	사각형 완전혼합 형 시간적인 플러그 흐름형	변화폭이 큼	변화폭이 큼	1차 침전지 없음

10.8 살수여상법(撒水濾床法, Trickling filter process)

보통 도시하수의 2차 처리를 위하여 사용되며, 활성 슬러지공법과는 달리 1차 침전 유출수를 미생물 점막으로 덮인 쇄석(碎石)이나 기타 매개층 등 여재(濾材) 위에 뿌려서 미생물막과 하수 중의 유기물을 접촉시키는 고정상(固定床)에 의한 처리법이라고 할 수 있다.

여재로 채워진 여상 위에 살수된 하수는 여재 사이를 유하하면서 하수 중에 있는 유기물질이 여재 표면에 형성된 미생물막에 흡착되어 산화 분해됨으로써 제거된다.

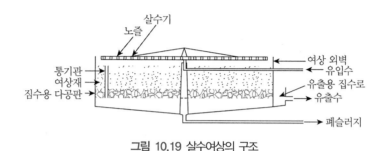

그림 10.19 살수여상의 구조

(1) 구성

여재를 채운 여상과 살수 장치 및 기타 부대설비로 구성된다.

① 여상

- 형상 : 원형, 장방형
- 지름 : 60 m 이하
- 깊이 : 2 m 이하
- 바닥구배 : $\dfrac{0.5}{100} \sim \dfrac{5}{100}$

② 여재

- 종류 : 쇄석, 플라스틱 여재, 자갈, 광재
- 크기 : 25~50 mm(표준 여상), 50~60 mm(고율 여상)
- 조건 : 비표면적(a/V)이 클 것, 미생물에 대하여 독성이 없을 것, 입경이 비교적 균일할 것, 견고하고 내수성, 내화학성일 것, 다공질일 것

(2) 특징

① 장점

- 포기에 동력이 필요 없다.
- 온도에 의한 영향이 적다.
- 건설비와 유지비가 적게 든다.
- 슬러지 bulking 문제가 없다.
- 운전이 간편하다.
- 슬러지 반송이 필요 없다.
- 폐수의 수질이나 수량 변동에 덜 민감하다.

② 단점

- 여상의 패색(ponding)이 잘 일어난다.
- 냄새가 발생하기 쉽다.
- 여름철에 파리 발생의 문제가 있다.
- 겨울철에 동결 문제가 있다.
- 미생물의 과도하 탈락(sloughing off)으로 처리수가 악화되는 수가 있다.
- 활성 슬러지법에 비해 효율이 낮다.
- 수두손실이 크다.

(3) 살수여상의 설계 이론

① BOD 용적부하$(kg \cdot BOD/m^3 \cdot day) = \dfrac{1일\ BOD\ 유입량(kg \cdot BOD/day)}{여상\ 유효용적(m^3)}$

$\qquad = \dfrac{BOD\ 농도(kg/m^3) \times 유입수량(m^3/day)}{여상\ 유효용적(m^3)}$

$\qquad = \dfrac{BOD \cdot Q}{V} = \dfrac{BOD \cdot Q}{A \cdot H}$

② 수리학적 부하$(m^3/m^2 \cdot day) = \dfrac{유입수량(m^3/day)}{여상면적(m^2)} = \dfrac{Q}{A}$

(4) 종류

① 저율 살수여상(표준 살수여상)

하수가 1회만 여과상을 통과하며 낮은 수리학적 부하로 인해 하수는 배수조로부터 자동 사이펀이나 펌프에 의해 간헐적으로 여상에 주입되는 방식이다. 특징은 다음과 같다.

- 탈리된 미생물막은 안정되어 있고, 쉽게 침강된다.
- 구조가 간단하고 운전이 용이하며, 에너지 비용이 적게 소요된다.
- 과부하에 민감하며, psychoda 종 파리가 번식하기 쉽다.
- 소규모 처리장에 적합하다.

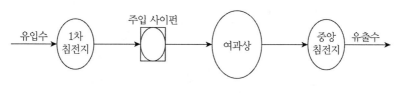

그림 10.20 저율 살수여상

② 고율 살수여상

하수를 연속적으로 여상에 주입시켜 이미 여상을 통과한 순환수를 반송시킴으로써 원하수와 재순환류가 혼합되므로 하수는 여상을 2번 이상 통과한 것이 된다. 이에 따라 높은 여과속도를 유지하고 여재에서는 계속적으로 점막의 일부가 고형물의 형태로 탈리되는 방식이다. 특징은 다음과 같다.

- 대규모 처리시설에 적합하다.
- 주입 사이펀이 필요하다.
- 표준 살수여상보다 BOD 제거율이 낮으며, 침강성도 덜 양호하다.

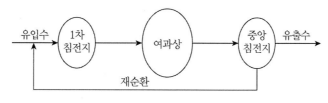

그림 10.21 고율 살수여상

10.9 회전원판법(RBC, Rotating Biological Contactor)

살수여상법과 같이 생물막을 이용하여 하수를 처리하는 방식으로 원판의 일부가 수면에 잠기도록 원판을 설치하여 이를 천천히 회전시키면서 원판 위에 자연적으로 발생하는 호기성 생물(이하 '부착생물'이라 함)을 이용하여 하수를 처리하는 것이다. 원판이 회전함에 따라서 생물막 위의 하수막에 용해되는 공기 중의 산소를 부착생물이 흡수하고, 하수 중의 유기물을 흡착하여 산화 및 동화작용을 통해 하수를 정화시킨다. 또한 원판의 회전으로 인해 부착생물과 회전판 사이에 전단력이 생겨 과잉의 부착생물은 자연적으로 떨어지게 된다. 이러한 작용에 의하여 회전판 표면이 부착생물로 완전히 폐쇄되는 것이 방지되며, 회전판에 일정한 두께의 부착생물이 유지된다.

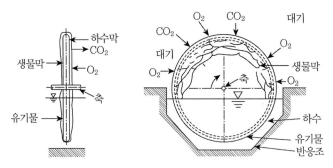

그림 10.22 회전원판 표면의 모식도

(1) 회전원판의 구조

바이오디스크(biodisk)라고도 하며, 1개의 회전축에 다수의 원판이 연결되어 있다.

① 재질 : 고밀도의 polyethylene 또는 polystyrene
② 지름 : 2.7~3.6 m
③ 두께 : 1~2 cm
④ 회전속도 : 0.3 m/s(원주속도)
⑤ 침적 면적 : 원판 전 면적의 1/2 정도

(2) 회전원판법의 특징

① 장점

- 별도의 포기장치가 필요 없고 유지비가 적게 든다.
- 다단식을 취하므로 BOD 부하 변동에 강하다.
- 슬러지 발생량이 적으며, 슬러지 반송이 필요 없다.
- 슬러지 bulking이 발생하지 않는다.
- 영양 염류(N, P)의 제거가 가능하다.

② 단점

- 온도에 영향을 받으므로 한랭기에 온도 보전이 필요하다.
- 일광에 의한 조류 번식과 강우에 의한 미생물막의 탈리가 문제이다.
- 활성 슬러지법에 비해 최종 침전지에서 미세한 SS가 유출되기 쉽고, 처리수의 투명도가 나쁘다.
- 회전축의 파열 등 장치 자체의 개선 및 개발이 요구된다.

(3) 설계 이론

① 수리학적 부하$(L/m^2 \cdot day) = \dfrac{유입수량(L/day)}{원판 \, 표면적(m^2)}$

참고 원판 표면적$(m^2) = \dfrac{\pi D^2}{4} \times 2(양면) \times 매수$

② BOD 부하$(g \cdot BOD/m^2 \cdot day) = \dfrac{BOD \, 유입량(g \cdot BOD/day)}{원판 \, 표면적(m^2)}$

$$= \dfrac{BOD \, 농도(g/m^3) \times 유입수량(m^2/day)}{원판 \, 표면적(m^2)}$$

10.10 접촉산화법

생물막을 이용한 처리방식의 한 가지로, 반응조 내의 접촉제 표면에 발생 부착된 호기성 미생물의 대사활동에 의해 하수를 처리하는 방식이다. 1차 침전지 유출수 중의 유기물은 호기상태의 반응조 내에서 접촉재 표면에 부착된 생물에 흡착되어 미생물의 산화 및 동화작용에 의해 분해·제거된다.

부착생물의 증시에 필요한 산소는 포기장치로부터 조 내에 공급된다. 접촉재 표면의 과잉 부착생물은 탈리되어 2차 침전지에서 침전·분리되지만, 활성 슬러지법에서처럼 반송 슬러지로서 이용되는 것이 아니라 잉여 슬러지로서 인출된다.

10.11 산화지(oxidation pond)

수심이 얕은 연못이나 하천에서는 자연의 생물학적 과정에 의해 효율적으로 안정화, 즉 처리될 수가 있다. 그러므로 bacteria와 algae의 공생을 이용한 하수처리 방법으로 이와 같은 목적으로 만든 연못을 산화지 또는 늪(lagoon)이라고 한다.

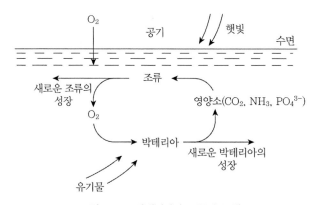

그림 10.23 박테리아와 조류의 공생

박테리아가 유기물을 섭취 분해하여 질소와 인 성분의 영양소와 CO_2를 물속에 버리면 조류는 이들 화합물과 햇빛을 이용하여 광합성을 해서 산소를 내고 다시 이 산소는 호기성 박테리아에 의해 섭취된다. 이러한 과정을 공생(symbiosis)이라 하며, 이로 인하여 수중의 유기물은 제거되고 성장한 조류는 $CuSO_4$ 또는 활성탄을 주입하여 제거하거나 걷어서 제거한다.

(1) 특징

① 장점
- 생물학적 처리비용이 적게 든다.
- BOD의 과대한 부하나 간헐적인 부하를 받아들일 수 있다.
- 유지관리가 용이하다.

② 단점

- 토지의 요구도가 크다.
- 냄새 발생으로 거주지에 설치가 불가능하다.
- 겨울철에는 처리 효율이 50% 정도로 낮아진다.
- 처리에 장시간이 소요된다.

(2) 종류

① 호기성 산화지(aerobic lagoon)

깊이는 0.3~0.6 m 정도로 산소는 바람에 의한 표면 포기와 약류에 의한 광합성에 의하여 공급된다. 전수심에 거쳐 일정한 용존산소농도를 유지하기 위해 주기적으로 혼합시켜주어야 한다.

② 포기 산화지(aerated lagoon)

산기식 혹은 기계식 표면 포기기를 사용하며 지의 깊이는 3~6 m, 체류시간은 7~20일 정도이다. 임의성 산화지보다 높은 BOD 부하를 받아들이며 악취 문제가 적고 소요부지 또한 비교적 작은 편이다.

③ 임의성 산화지(facultative lagoon)

가장 흔한 형태의 산화지로 깊이는 1.5~2.5 m, 체류시간은 25~180일 정도이다. 호기성 산화지나 포기 산화지와는 달리 부유물질이 산화지 내에서 침전되어 혐기성 지역이 형성되도록 하며, 혐기성 분해가 이루어지도록 설계된다. 따라서 수면과 대기의 접촉부분은 호기성, 밑바닥은 혐기성이 되어 임의성 산화지가 형성된다.

10.12 하수의 고도처리

일반적으로 2차 처리 과정을 거친 후에도 오염물질의 완전한 제거는 실제적으로 불가능하며, 여러 종류의 무기성 이온들로부터 중금속, 유기물질까지 오염물질이 유출되어 환경생태계에 악영향을 미치는 경우가 많다.

대표적인 예로 부영양화(eutrophication)나 적조현상(red tide) 등의 악영향을 들 수 있다. 이러한 영향을 줄이기 위해서 2차 처리 다음에 부여되는 단계를 3차 처리(tertiary treatment), 고도처리 또는 고급처리(advanced treatment)라고 한다. 엄격한 의미로 따지면 3차 처리는 재래식의 1차 및 2차 처리 다음에 가해지는 처리로, 고도처리(고급처리)는 통상의 2차 처리로 얻어지는 처리수의 수질 이상으로 처리하는 방법을 의미하지만, 통상 동일한 뜻으로 혼용되고 있다. 하수의 고도처리 방법으로는 크게 물리적 방법, 화학적 방법 그리고 생물학적 방법으로 구분할 수 있다.

(1) 물리적 처리방법

① Air stripping에 의한 NH₃ 제거

수중의 용존기체를 제거하기 위하여 사용되는 포기법을 수정한 것으로 원리는 다음과 같다. 하수 내의 NH_4^+ 이온은 NH_3와 평형을 이룬다.

$$NH_3 + H_2O \rightleftharpoons NH_4^+ + OH^-$$

하수의 pH가 7 이상으로 증가함에 따라 평형은 왼쪽으로 이동해서 NH_4^+는 NH_3로 변하는데, 이때 하수를 휘저어주면 NH_3가 대기 중으로 배출된다. 즉, pH 증가를 위해서는 통상 석회가 사용되며, 적정 pH는 10.8~11.5로 알려져 있다.

② 여과

활성탄 흡착이나 이온교환법의 전처리로 많이 사용되며, 또한 깨끗한 물로 직접 사용하기 위한 처리에 적용될 수 있으므로 생물학적 처리 및 응집 처리된 유출수 처리에 이용될 수 있다.

③ 증류

물의 전부 또는 일부를 증발시킨 다음 냉각시켜 수중으로부터의 불순물을 분리하는 방식으로, 불순물의 농도가 낮을 경우에는 효과적이나 증류 시 휘발하는 물질이 함유된 물에는 부적당하다.

④ 부상(floatation)

폐수 내의 미세한 SS나 colloid를 제거하기 위해 채택될 수 있으며, 이때 polymer를 주입하면 효율이 증대될 수 있다.

⑤ 거품 분리

수중에 공기나 약품을 주입하여 거품을 발생하게 하여 수중의 불순물이 기액 경계면에 부착되게 하여 제거하는 방식이다. 이 방법은 수중의 유기물 특히 합성세제의 제거에 적합하다.

⑥ 냉동법

물을 냉각시키면 순수한 물로 된 얼음이 생기면서 더 높은 염의 농도를 가진 물과 분리된다.

⑦ 기체막을 이용한 분리

특정한 기체만을 통과시키는 막을 이용하는 방법으로 하수 중의 암모니아(NH_3)를 기체로 제거하는 데 적합한 방법이다.

⑧ 역삼투법

물은 통과시킬 수 있으면서도 용존 고형물은 통과시킬 수 없는 여과막(filter membrane)을 사용하여 삼투압에 해당하는 압력 이상으로 역으로 가해물 분자만 빠져나가게 하는 방법이다.

⑨ 흡수

$Al_2(SO_4)_3$의 첨가에 의한 인(P)의 제거 시 수중의 SO_4^{2-} 농도를 증가시키지 않고 인산염을 제거하는 방법으로, 활성 알루미나로 충진된 관 내에 하수를 통과시키면 하수중의 인산염은 이에 의하여 흡수되어 처리된다.

⑩ 지면 살포법

도시 하수는 그중에 식물의 성장에 필요한 영양소를 많이 함유하고 있으므로 하수를 직접 지면에 살포하면 지층의 여과 작용에 의해 부유물은 제거됨과 동시에 유기물과 콜로이드 물질은 흙의 입자에 흡수된다. 영양소는 식물의 성장에 이용되고, 고분자 유기물은 토양 박테리아에 의하여 분해된다.

(2) 화학적 처리방법

① 활성탄 흡착법

생물학적 처리공정을 거친 하수 중의 유기물을 더욱 제거하거나 색, 냄새를 제거하기 위한 방법으로 입상 또는 분말의 형태로 사용한다.

② 응집

Alum, 철염 등의 응집제를 사용하여 colloid나 인(P)을 제거하기 위한 방법으로 무기인의 제거에 효과적이다.

③ 전기 화학적 처리

하수를 해수와 혼합시킨 뒤 여기에 전류를 통한 후 pH를 상승시켜 수중의 인(P), 암모니아(NH_3)를 각각 $Ca_3(PO_4)_2$와 $Mg(NH_4)(PO_4)$의 침전물로 제거하는 방법이다.

④ 전기투석법(電氣透析法)

본래 해수의 염분을 제거하기 위해 개발되었는데, 하수로부터 무기자 양분(인과 질소)을 제거하는 데도 유망한 방법이다.

⑤ 산화

암모니아(NH_3) 제거, 잔존 유기물의 감소, 살균 등의 목적으로 산화제를 이용한 화학적 산화법을 택할 수 있다.

$$2NH_3 + 3Cl_2 \rightarrow N_2 + 6HCl$$

⑥ 환원

질산염은 전기적으로 혹은 환원제로 환원할 수 있는데, 환원제 사용 시는 촉매를 요구한다.

$$KNO_3 + 2Fe(OH)_2 + H_2O \rightarrow KNO_2 + 2Fe(OH)_3$$
$$KNO_2 + 6Fe(OH)_2 + 5H_2O \rightarrow 6Fe(OH)_3 + NH_3 + KOH$$

⑦ 이온교환법

하수 내의 특정 이온들을 선택적으로 제거할 수 있는 수지(resin)를 이용하는 방법이다.

(3) 생물학적 처리방법

① 박테리아 동화작용법

미생물이 정상적으로 성장 시 영양소로서 질소와 인을 섭취하여 세포질을 형성하는 것을 이용하여 질소와 인을 제거하는 방법이다.

② 조류(藻類) 채취법

하수 중의 질소와 인을 섭취하여 성장한 조류를 제거시켜 질소와 인을 제거하는 방법이다.

③ 질화–탈질화법

생물학적으로 질소를 제거하는 방법으로 먼저 하수 중의 NH_3를 호기성 상태에서 NO_2^-로 질산화시킨 다음 2단계로 NO_3^-를 혐기성상태에서 질소 기체로 바꾸는 탈질화 과정을 거쳐 제거한다.

표 10.6 질소 제거 프로세스의 원리 및 특징

처리방법	원리	특징			
		제거율	질소의 최종형태	장점	단점
생물학적 탈질법	각 형태에 포함되어 있는 질소를 세균의 움직임으로 질화 및 탈질시킨다.	• 총질소로서 70~95% 제거 • 대상은 유기성 N • NH_4^+-N, NO_2^--N • NO_3^--N	질소 가스	• 모든 질소화합물이 제거된다. • 제거율이 높고 안정되어 있다. • 질소화합물을 질소 가스로 분해시키기 때문에 2차 공해의 발생이 거의 없다.	• 운전조작이 번잡하다. • 저온기에는 효율 저하 • 독성물질에 의한 영향을 받는다. • 비교적 부지를 필요로 한다.
암모니아 stripping	$NH_4^+ \leftrightarrows NH_3\uparrow + H^+$ 상기의 평형을 이용, pH를 상승시킴에 따라 우측에 진행된 암모니아를 가스로 방출한다.	• 총질소로서 60~90% 제거 • 대상 : NH_4^+-N에 한정된다.	암모니아 가스	• 건설비, 유지관리비가 싸다. • 프로세스가 간단하여 신뢰성이 높다. • 고농도 배수의 제거가 가능하다.	• 암모니아에 의한 2차 공해의 우려가 있다. • scaling 대책이 필요하다. • 저온기에는 효율 저하
불연속점 염소 처리법	염소의 수화물이 암모니아성 질소와 당량점 반응하여 질소 가스를 방출한다.	• 총질소로서 90~100% 제거 • 가장 효율이 좋으나, 대상은 NH_4^+-N에 한정된다.	질소 가스	• 건설비가 싸다. • 신뢰성, 안정성이 높다. • 수온의 영향이 없다.	• 처리량이 많으며 유지관리비가 비싸다. • 잔류염소의 처리가 필요하다. • 유해한 chloramine (NH_2Cl)이 생성될 가능성이 있다.
이온 교환법	암모늄 이온에 대해 선택성이 있는 이온교환법을 사용하여 NH_4^+을 제거한다.	• 총질소로서 90~97% 제거 • 대상 : NH_4^+-N에 한정된다.	암모늄염	• 제거율이 높다. • 수온의 영향이 없다.	• 재생 시의 고농도 배수액의 처리가 필요하다. • 유지관리비가 좀 비싸다.

표 10.7 인 제거 프로세스의 원리 및 특징

구분	원리	장점	단점
생물학적 탈인법	혐기상태에서 인을 방출하여 호기 상태에서 인을 취하는 특성을 이용한 인 제거법	• 2차 처리시설을 이용하여 개조는 거의 없다. • 약품을 사용하지 않는다.	• 생물처리이므로 제거율이 물리·화학처리법과 비교해서 낮다. • 활성 슬러지가 축적될 수 있는 인의 양에는 한계가 있기 때문에 슬러지양을 적절히 관리할 필요가 있다.
P-Strip 법	혐기-호기처리로서 화학적 탈인공정을 조합한 처리방법	• 인농축액에 응집제를 첨가시키기 때문에 이온에 따른 응집제의 손실이 작아 응집제를 절약할 수 있다. • 생물상과 응집제가 혼합되지 않기 때문에 응집제의 활성 슬러지에의 악영향이 없다.	• 침전지 탈인시설의 증설이 필요하다.
응집침전 법	2차 처리수에 응집제를 첨가시키는 인화합물로서 침전제법시키는 방법	• 가장 높은 제거율이 얻어진다. • 유연성 있는 운전이 된다.	• 새로운 처리시설이 필요하다. • running cost가 높다(약품비 등).
정석접촉 탈인법	소석회 등을 넣어 생성되는 Hydroxyapatite($3Ca_3(PO_4)_2$ $Ca(OH)_2$) 주 성분으로 하는 인산칼슘 정석현상을 이용한 처리법	• 슬러지 발생량이 적다. • 응집침전법에 running cost가 낮다.	• 새로운 처리시설이 필요하다. • 탈탄산조, 모래여과 등의 전처리가 필요하다.

10.13 슬러지(汚泥, Sludge) 처리

10.13.1 슬러지

정수(淨水) 및 하수처리 과정에서 액체로부터 고형물이 분리되어 형성되는 물질을 통틀어서 슬러지(汚泥)라고 부르며, 이들은 별도로 처리 및 처분된다. 여기에서는 침전지의 바닥에 침전한 것과 반대로 부상된 scum을 포함하고 screen에 걸린 물질도 통상 슬러지와 함께 처리되므로 광의적으로 슬러지와 함께 포함시킨다.

(1) 1차 슬러지

① 1차 슬러지는 통상 회색을 띠며, 쉽게 농축·소화된다.
② 기계적으로 탈수가 잘되어 보다 건조한 슬러지 케이크의 생산이 가능하다.
③ 주로 1차 침전지에서 발생한다.

(2) 2차 슬러지

① 주로 미생물로 구성되어 있다.

② 갈색을 띤다.

③ 활성 슬러지는 초기에는 별로 냄새가 없으나, 부패하기 시작하면 악취를 낸다.

④ 주로 활성 슬러지의 포기조, 살수여상, 회전원판에서 발생한다.

(3) 소화 슬러지

① 어두운 갈색이나 검은색을 띤다.

② 완전 소화된 슬러지는 냄새가 없으며, 타르(tar) 형태를 갖는다.

③ 소화조, 부패조 등에서 발생된다.

(4) 슬러지의 구성 및 부피

① 구성

가) 슬러지＝수분＋고형물(TS)

나) 고형물(TS)＝무기물(FS)＋유기물(VS)

② 부피의 산출

슬러지 중에 함유된 건조 고형물의 양은 함수율이 변화되어도 일정하므로 슬러지의 부피와 함수율과의 관계는 다음 식으로 표시된다.

$$\frac{V_1}{V_2} = \frac{1 - P_2}{1 - P_1} \tag{10.25}$$

여기서, V_1 : 함수율 P_1 인 슬러지의 부피, V_2 : 함수율 P_2 인 슬러지의 부피

참고 비중이 각각 다른 경우 $V_1 \cdot S_1 \cdot (100 - P_1) = V_2 \cdot S_2 \cdot (100 - P_2)$

예제 10.10

수분 98%의 오니 10 m³을 농축하여 수분 96%로 하였을 때의 오니량을 구하시오.

오니의 체적과 함수율의 관계식

$$\frac{V_2}{V_1} = \frac{1 - P_1}{1 - P_2} \text{에서}$$

$$\frac{V_2}{10} = \frac{1 - 0.98}{1 - 0.96}$$

$$\therefore V_2 = 5\,\text{m}^3$$

예제 10.11

어떤 도시의 계획 최대오수량이 30,000 ㎥/day이고 오수 중 부유물 농도는 200 mg/L이다. 이것을 표준 활성 슬러지법으로 처리하면 부유물 제거율은 90%가 되고 함수율 99%의 슬러지가 발생된다. 이 경우 발생되는 슬러지양을 구하시오.

해설

① 제거된 부유물(고형물) = 30000 × (200 × 10^{-3}) × 0.9 = 5400 kg/day = 5.4 t/day

② 발생되는 슬러지양(W_2) $\dfrac{W_2}{5.4} = \dfrac{1 - 0}{1 - 0.99}$

$$\therefore W_2 = 540\,\text{t/day}$$

③ 슬러지 중의 수분 분포 : 슬러지 내에 있는 수분은 간격 모관 결합수(間隔毛管結合水), 모관 결합수, 표면 부착수, 내부수로 구성되어 있다.

표 10.8 슬러지 중의 수분 분포

수분분포	내용
간격 모관 결합수 (cavernous capillary water)	고형질 간의 갈라진 틈에 채워져 있는 수분
모관 결합수 (wedge shaped capillary water)	고형질편의 접촉면으로 모관압에 의해 쐐기상으로 결합되어 있는 수분
표면 부착수 (adhesion water)	고형질 표면에 콜로이드상 입자로 부착되어 있는 수분
내부수	고형질 내부, 즉 세포막으로 둘러싸여져 있는 수분. 고형질과의 결합이 대단히 강함

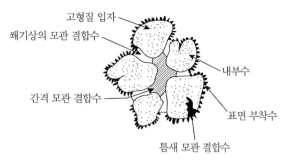

그림 10.24 수분의 분포

(5) 슬러지 처리 목표

슬러지 처리의 1차적인 목표는 체적감소에 있으며, 하수 슬러지의 경우 2차 오염을 유발시키지 않도록 안정화시켜야 한다. 표 10.9에 슬러지 처리 목표를 나타내었다.

표 10.9 슬러지 처리 목표

처리 목표	내용
안정화(安定化)	슬러지 중의 유기 고형물질이 부패균에 의해 부패되더라도 더 이상 주위 환경에 악영향을 미치지 않는 상태가 되어야 한다. 즉, 토양이나 표면수(表面水) 또는 공기를 오염시키지 않는 상태로 되어야 한다.
살균(殺菌)	하수(下水) 슬러지 속에는 각종 병원균, 기생충란 등이 존재하기 쉽다. 안정화 과정에서 대부분 사멸되나 사멸되지 않았으면 슬러지 이용에 지장을 주므로 살균의 필요성이 대두된다.
부피의 감량화(減量化)	슬러지 처리의 1차적인 목적은 부피의 감소에 있다고 할 수 있다. 슬러지의 안정화로 고액분리(固液分離)가 용이하게 되고, 처분을 쉽게 할 뿐 아니라 비용이 절감된다.
처분의 확실성	슬러지를 처분하는 동안 슬러지를 처분하기에 편리하고 안전하게 해야 한다.

10.13.2 슬러지의 일반적인 처리 과정

슬러지의 처리는 가능한 한 처리 비용이 최소로 되어야 한다. 처리에 따른 2차 공해 문제가 없어야 하며, 최종 처분에 의한 영향이 미치지 않도록 적절한 처리공정을 선택하여야 한다. 일반적으로 슬러지의 처리공정은 다음 공정에 따라 이루어진다.

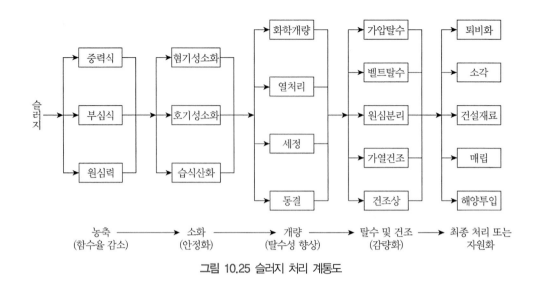

그림 10.25 슬러지 처리 계통도

표 10.10는 슬러지 처리공정에 따른 잉여 슬러지 부피 감소율을 나타낸다.

표 10.10 슬러지 처리공정에 따른 잉여 슬러지 부피 감소율

처리공정	조건	부피 감소율	
		전체[1]	DS[2]
잉여 슬러지	함수율 99%	100(1)	1
농축	농축 후 함수율 97%	33(1/3)	1
소화	VSS 60% 소화율 50% 소화 후 함수율 96%	18(1/6)	0.7
탈수	약품 주입률 30% 탈수 후 함수율 78%	4(1/25)	0.9
소각	외관비중 0.8	0.8(1/125)	0.6

※ 1) 잉여 슬러지 전체부피에 대한 감소율, ( )는 분수 표시
   2) DS : 건조슬러지

10.13.3 슬러지의 농축

농축(thickening)은 슬러지 내의 수분을 분리시켜 수분함량을 줄이고 상대적으로 고형물 함량을 증가시킴으로써 결국 수분을 분리한 만큼 용적을 감소시키는 데 목적이 있다. 따라서 농축은 다음 처리 과정으로의 이송 비용 및 시설의 규모를 줄이고 다음 공정의 시설 규모, 처리 비용을 절감시킬 뿐 아니라 처리 효과를 향상시키는 이점이 있다. 슬러지 농축의 이점은 다음과 같다.

① 슬러지가 농축됨으로써 다음 단계인 소화조의 부피를 감소시킬 수 있다.

② 슬러지를 가열시킬 경우 연료가 적게 소모되며, 가열시설의 규모가 작게 된다.

③ 소화조 내에서 미생물과 양분이 잘 접촉할 수 있으므로 소화효율이 증가한다.

④ 슬러지의 부피가 감소되므로 슬러지 전송의 경우 전송관과 펌프의 용량이 적어도 가능하다.

⑤ 슬러지의 개량에 소요되는 약품이 적게 든다.

⑥ 슬러지의 탈수를 위하여 작은 규모의 시설이 요구되며, 결과적으로 슬러지 처리비용이 절감된다.

표 10.11은 슬러지 농축방법별 특징을 나타낸다.

표 10.11 슬러지 농축방법

농축방법	내용	설계사항
중력식 농축조 (重力式 濃縮糟)	조 내에 슬러지를 체류시켜, 자연의 중력을 이용한 농축으로 바닥에 침강한 농축 슬러지를 슬러지 스크레이퍼 (scraper)로 배출구에 모으는 것	• 형상은 원형이나 직사각형이 좋다. • 농축조의 수는 원칙적으로 2조 이상으로 한다. • 농축조의 용량은 계획 슬러지양의 18시간 분량 이하로 하고, 유효수심은 3~4 m 정도로 한다. • 농축조의 고형물 부하는 25~70 $kg/m^2 \cdot d$를 표준으로 한다.
부상식 농축조 (浮上式 濃縮糟)	부상식에 의한 고액분리는 부유물질에 미세한 기포를 부착시켜 고형물의 비중을 물보다 적게 해서 정상분리시키는 것으로, 기포를 발생시키는 방법에 따라 가압법과 감압법으로 나뉜다. 용존공기부상법이라고도 불리는 가압법에는 전량 가압법, 부분 가압법 및 순환수 가압법이 있고, 감압법은 진공부상법이라고도 한다.	• 형상은 원형이나 사각형으로 한다. • 고형물 부하는 80~150 $kg/m^2 \cdot d$ 정도로 한다. • 깊이는 체류시간을 고려하여 정한다. • 농축조의 수는 원칙적으로 2조 이상으로 한다.
원심 농축기 (遠心 濃縮機)	중력만에 의해서는 침강 농축하기 어려운 슬러지를 원심력을 이용해 효과적으로 농축하는 것으로, 보통 조형의 솔리드 볼 컨베이어형 (solid-bowl conveyer type)과 입형의 디스크 노즐형 (disk-nozzle type), 배스킷형 (basket type)이 있다.	• 용량은 처리 슬러지양으로 한다. • 원칙으로 2기 이상 설치한다. • 농축 슬러지의 함수율은 96%, 고형물 회수율은 85~95% 정도를 목표로 한다.

표 10.12 슬러지 농축방법의 비교

농축방법	장점	단점
중력식 농축	• 간단한 구조, 유지관리비 저렴, 유지관리 용이 • 1차 슬러지에 적합 • 저장과 농축이 동시에 가능 • 약품이 소요되지 않음 • 동력비 소요가 적음	• 악취문제 발생 • 잉여 슬러지의 농축에 부적합 • 잉여 슬러지 농축 소요면적이 큼
부상식 농축	• 잉여 슬러지에 효과적 • 고형물 회수율이 비교적 높음 • 약품 주입 없이도 운전 가능	• 동력비가 많이 소요 • 악취문제 발생 • 다른 기계식 방법보다 소요부지가 큼 • 유지관리가 어려우며, 건물 내부에 설치 시 부식 문제 유발
원심분리 농축	• 소요부지가 적음 • 잉여 슬러지에 효과적, 운전조작이 용이 • 악취문제가 적음 • 약품 주입 없이도 운전 가능 • 고농도로 농축 가능	• 시설비와 유지관리비가 비쌈 • 유지관리가 어려움 • 연속운전을 해야 함

10.13.4 안정화(安定化)

농축된 슬러지는 그대로 이용될 수도 있으나 보통 더 처리된다. 처리방법에는 소화법(消化法, digestion)이 주로 이용되는데, 이는 슬러지 중의 유기물을 제거하여 안정화시키고 슬러지양을 감소시키는 데 목적이 있다.

(1) 안정화의 이점

① 슬러지 중 고형물의 양을 감소시킨다.

② 최종 처분 후 유기물의 분해에 따른 2차 오염(악취, 병원균, 기생충)을 예방할 수 있다.

③ 탈수 특성이 양호해진다.

④ 토지 개량재로서 농경지에 환원시킬 수 있다.

(2) 안정화 방법

① 호기성 소화(好氣性消化)

슬러지를 호기성으로 소화시키는 주목적은 신선한 슬러지나 부분적으로 산화된 슬러지를 안정화시키고 차후의 처리 및 처분에 알맞는 슬러지를 만드는 데 있다. 호기성 및 임의성 미생물들이 산소를 이용하여 분해 가능한 유기물과 세포질을 분해시켜 에너지를 얻는다. 양분이 제한된 상태에서 미생물체를 포기시키면 미생물들은 체내에 저장해두었던 양분을 이용하여 생존하게 되며, 점차로 오래된 미생물은 분해되고 그 결과 다른 미생물에게 먹이가 되는 유기물을 방출시키게 된다. 최종 생성물은 주로 탄산가스, 물 그리고 미생물에 의하여 분해되지 않는 유기물들로 구성된다. 하수를 1차 침전지 없이 호기성의 생물학적인 방법으로 처리하기 위하여 많이 채택되어왔으며, 이때 포기는 낮은 유기물 부하와 긴 체류시간에서 실시된다. 또한 1차 슬러지가 생기는 하수처리장에도 적용될 수 있다. 설계사항은 다음과 같다.

가) 소화조의 수는 최소한 2조 이상으로 한다.

나) 형상은 직사각형 또는 원형으로 하며, 원형인 경우 바닥의 기울기는 10~25% 정도 되도록 한다.

다) 측심은 5 m 정도로 하며, 0.9~1.2 m의 여유고를 주어야 한다.

참고 하수 슬러지를 호기성 소화시킬 경우 보통은 희석하여 처리하고 분뇨일 경우는 20~25배로 희석한다(유기물 부하 : $0.11 \, kg \cdot VS \, / \, m^3 \cdot day$).

표 10.13 혐기성 소화법과 비교한 호기성 소화법의 장단점

구분	호기성 소화법
장점	• 최초 시공비 절감 • 악취 발생 감소 • 운전 용이 • 상징수의 수질 양호
단점	• 소화 슬러지의 탈수 불량 • 건설부지 과다 • 포기에 드는 동력비 과다 • 저온 시의 효율 저하 • 유기물 감소율 저조 • 가치 있는 부산물이 생성되지 않음

② 혐기성 소화(嫌氣性 消化)

용존산소가 존재하지 않는 환경에서 이루어지는 유기물의 생물분해 과정으로 슬러지 중의 유기물은 혐기성균의 활동에 의해 분해된다. 혐기성 소화에 의한 슬러지 분해 과정을 다음 그림으로 나타내었다.

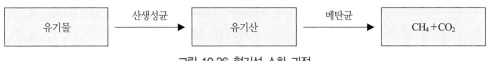

그림 10.26 혐기성 소화 과정

가) 하수 슬러지 혐기성 소화의 목적

도시 하수 슬러지의 처리를 위하여 많이 이용되어왔으며, 유기성 공장 폐수의 처리를 위해서도 좋은 방법이다.

- 슬러지 내의 유기물을 분해시킴으로써 슬러지를 안정화시킨다.
- 슬러지의 무게와 부피를 감소시킨다.
- 이용가치가 있는 부산물을 얻을 수 있다.
- 병원균을 죽이거나 통제할 수 있다.

나) 혐기성 소화 처리법의 특징

장점	단점
• 고농도의 부하를 받아들일 수 있다. • COD가 4,000 mg/L 이상인 경우 호기성 처리보다 경제적이다. • 유지관리에 특별한 기술을 요구하지 않으며, 유지비가 적게 소요된다. • 소화 가스(CH_4)를 포집하여 열원으로 이용할 수 있다. • 충란(蟲卵)이나 병원균을 사멸시킨다. • 생성된 슬러지의 탈수성이 양호하다.	• 호기성 처리에 비해 처리 속도가 늦다. • 체류시간이 장기화되는 데 따른 시설 용량이 커지며, 그에 따른 시설비가 많이 소요된다. • 미생물(혐기성)이 주어진 조건에 대하여 매우 민감하다. • 탈리액(처리수)의 BOD가 높아 후처리(활성오니법 등)를 필요로 한다. • 처리 시 냄새가 발생되며, 파리 등 해충이 발생되기 쉽다.

다) 소화방식

- 재래식 표준율 단단 소화조

1개의 소화조 내에서 슬러지의 소화, 농축상등액 및 가스 발생이 동시에 이루어지는 방식으로 완전한 소화를 기대할 수 없으며, 슬러지의 농축과 유출수의 수질이 불량하다. 소규모의 처리에 적용한다(30~60일 소요).

298   상하수도공학

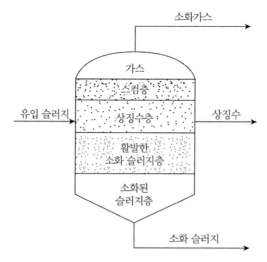

그림 10.27 재래식 표준율 단단 소화

● 고율 소화조

고율처리 과정에서는 소화조 내의 슬러지를 계속 활발하게 혼합시켜주며, 체류시간을 상당히 짧게 하면서 슬러지를 가열하여 온도를 높게 유지한다. 일반적으로 체류시간이 10~15일이면 만족스러운 슬러지 소화를 달성할 수 있다.

슬러지가 완전히 혼합되므로 상징수층이 형성되지 않으며 따라서 슬러지를 최종 처리·처분하기 전에 상징수를 분리시키려면 침전지 역할을 할 수 있는 별도의 조가 필요하게 되는데, 이와 같은 경우를 2단계 소화라고 한다. 소화기가 하나만 있는 경우를 단단계 소화라 하며, 이때는 별도의 고액분리 과정을 거쳐 화학적 개량 후에 탈수시키도록 한다.

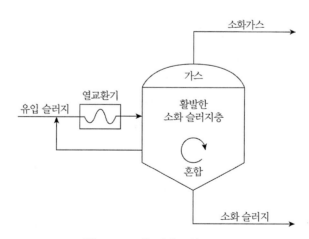

그림 10.28 고율 단단 소화

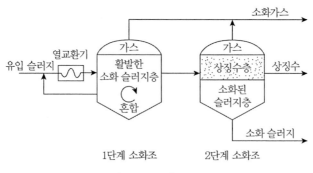

그림 10.29 고율 2단 소화

참고 CO_2와 CH_4 비 : 슬러지의 소화 시 유기물질의 분해에 의한 CO_2와 CH_4의 발생비는 평균적으로 약 1/3 : 2/3 정도가 된다.

라) 소화 처리 시 운용조건

● 온도 : 소화조 내의 소화 속도는 온도와 밀접한 관계를 갖고 있다. 온도가 높아질수록 미생물의 분해 속도(소화 속도)는 빨라진다. 일반적으로 소화 온도는 33~38°C 범위의 중온 소화법을 채택하고 있다. 온도의 상승에 따라 소화일수는 짧아지고, 43°C(37~43°C)에 가서는 소화일수가 길어지므로 43±2°C의 온도 범위는 피하여 운전하는 것이 좋다.

표 10.14 온도와 소화일수의 관계

구분	온도(°C)	소화일수(day)	비고
저온 소화	10~20	50~60	
중온 소화	33~38	25~30	30일을 표준으로 한다.
고온 소화	50~60	15~20	

● pH : 소화조 내의 정상적인 운전을 위해서는 메탄균에 의한 가스화 과정이 원활하게 이루어져야 하므로 pH는 6.8~7.6 정도를 유지하는 것이 좋다.

마) 소화조의 부피

● 단단 소화조

$$V = \frac{V_1 + V_2}{2} T_1 + V_2 \times T_2 \tag{10.26}$$

여기서, V : 소화조의 전체 부피(m^3)

V_1 : 생 슬러지의 평균주입량(m^3/day)

V_2 : 조 내에 축적되는 소화 슬러지의 부피(m^3/day)

T_1 : 소화기간(day)

T_2 : 소화 슬러지 저장기간(day)

- 2단 소화조(고율 소화조)

$$V_{\mathrm{I}} = V_1 \times T \tag{10.27}$$

$$V_{\mathrm{II}} = \frac{V_1 + V_2}{2} T_1 + V_2 \times T_2 \tag{10.28}$$

여기서, V_{I} : 1단 고율소화에 필요한 부피(m^3)

V_1 : 생 슬러지의 평균주입량(m^3/day)

T : 소화기간(day)

V_2 : 축적되는 소화 슬러지의 부피(m^3/day)

V_{II} : 소화 슬러지의 농축과 저장에 필요한 2단 소화조의 부(m^3)

T_1 : 소화기간(day)

T_2 : 소화 슬러지의 저장기간(day)

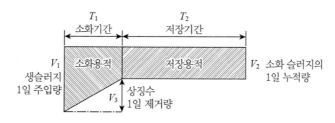

그림 10.30 재래식 소화조의 부피 계산

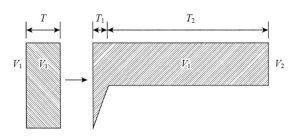

그림 10.31 고율 소화조의 부피 계산

바) 소화조 처음 설치 후 가동 시 운영상의 주의점

혐기성 소화조는 다른 생물학적 처리에 비하여 미생물의 성장률이 낮고, 환경에 대단히 민감하므로 최초의 운영에 까다로운 점이 있다.

- 소화조 및 부대설비, 배관 등을 점검하여 완전함을 확인한다.
- 소화조에 폐수(가정하수가 좋다)를 조용량의 50% 정도가 되게 채운다.
- 다른 소화조로부터 종균(種菌)으로 사용될 슬러지를 가져와 소화조에 투입한다(이때의 투입량은 조용량의 20% 정도로 한다).
- 30°C 정도까지 가온하여 소화를 시작한다.
- 오니의 투입은 최초 15일간 정도는 계획 처리량의 1/2 정도로 한다.
- pH, 알칼리도, 휘발성산, 가스 발생량 등을 측정하여 소화의 진행상황을 확인한다.
- 소화조가 정상 운영 궤도에 가까워지면 오니의 투입량을 증가시켜 간다.

표 10.15 호기성과 혐기성 소화법의 비교

항목	호기성	혐기성
상징액의 BOD	낮다	높다
냄새 발생	적다	많다
비료가치	크다	작다
운전	쉽다	까다롭다
소화 슬러지의 탈수성	불량	양호
시설비	적게 든다	많이 든다
CH_4 가스	발생하지 않는다	발생한다
처리속도	빠르다	느리다
시설 규모	소규모 시설	대규모 시설

③ 혐기성 산화지(anaerobic lagoon)

이 방식은 4.5 m 정도의 깊이에 경사가 급한 흙제방을 가진 연못으로 원폐수는 연못의 한쪽 끝 바닥 부근에 유입되어 약 1.8 m의 두께를 가진 슬러지 덮개층(sludge blanket)을 형성하는 미생물 군과 혼합되면서 혐기성 반응이 이루어진다. 소화되지 않고 남은 여분의 grease가 연못의 수면에 떠서 쌓이게 되는데, 이를 슬러지 덮개층이라 하며, 이로 인하여 열손실을 방지하고 완전 혐기성 상태를 유지하는 데 큰 도움을 준다.

④ 임호프(Imhoff) 탱크

독일의 Karl Imhoff 박사에 의하여 고안된 혐기성 처리 방식으로 부유물의 침전과 침전물의 혐기 성 소화가 한 탱크 내에서 동시에 진행되도록 한 구조로 침전실, 소화실, 스컴실이 각각 수직으로 구분되어 있는 것이 특징이다.
부패조와 마찬가지로 기계 설비가 거의 필요 없고 유지관리가 용이하나, 처리기간이 매우 길며 처리 효율이 낮다. 일반적으로 소규모의 분뇨처리시설로 사용된다.

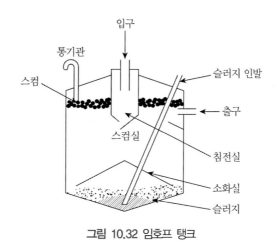

그림 10.32 임호프 탱크

10.13.5 슬러지의 개량(改良)

하수 슬러지는 복잡한 구조를 갖는 유기물과 무기물의 집합체로서 슬러지의 입자는 물과 친화력 이 강하므로 적절한 예비 처리를 하지 않으면 입자와 물을 효과적으로 분리하기 어렵다. 이런 슬러 지의 특성을 개선하는 처리를 슬러지 개량이라고 한다. 슬러지를 개량시키면 슬러지의 물리적 및 화학적 특성이 바뀌면서 탈수량 및 탈수율이 크게 증가한다. 슬러지의 개량방법으로는 세정, 약품

첨가, 열처리, 동결 등이 있다.

① 세정(洗淨)

슬러지양의 2~4배의 물을 혼합해서 침전 분리하므로, 슬러지 중의 미세립자를 제거하는 방법이다. 통상 세정작업만으로는 충분한 탈수 특성을 높이기 어려우므로 응집제를 첨가해야 하는 경우가 생기는데, 이때 세정작업에 의해 슬러지 중의 알칼리 성분이 씻겨서 응집제량을 줄일 수 있는 효과가 있다. 일반적으로 세정조의 고형물 부하는 $50~90\,kg/m^2 \cdot day$ 정도로 한다.

② 약품 첨가

슬러지 중의 미세립자를 결합시켜 응결물을 형성시키고 고액분리를 쉽게 하여 탈수성을 향상시키기 위한 것이다.

③ 열처리

단백질, 탄수화물, 유지, 섬유류 등을 포함한 친수성 콜로이드로 형성된 하수 슬러지를 130℃ 이상으로 열처리하면 세포막의 파괴 및 유기물의 구조 변경이 일어나 탈수성을 개선시키는 방법이다.

약품첨가에 의한 슬러지양의 증가가 없고, 탈수 케이크 중의 미생물이 사멸되는 이점이 있는 반면, 상징수의 수질이 나쁘며 가열 중에 악취가 나는 경우도 있음을 고려해야 한다.

④ 동결-융해(凍結-融解)

동결-융해에 의한 슬러지 개량은 열처리와 마찬가지로 슬러지의 탈수성을 증대시키는 데 효과적이라는 연구 결과가 있으나, 에너지 소요가 크고 설비의 유지관리비가 비싸 경제적인 면에서 적용이 어려운 것으로 알려지고 있다.

10.13.6 슬러지의 탈수 및 건조

슬러지를 최종 처분하기 전에 부피를 감소시키고 취급이 용이하도록 만들기 위해서 통상 탈수시킨다. 기계를 이용한 기계 탈수와 태양열이나 바람 등의 자연 에너지를 이용한 천연 건조가 있다.

천연 건조는 소화 슬러지의 건조에 적합하며 동력비 등에서 경제적인 방법이다. 설비면적, 주변 환경 등의 입지 조건적인 제약이 있으므로 현재는 기계 탈수를 많이 이용한다. 기계적인 방법에는 진공 탈수, 가압 탈수(filter press), 벨트 프레스(belt press), 원심 탈수 등이 있다.

① 진공 탈수기

기계식 탈수기로, 생(生) 슬러지나 소화(消化) 슬러지의 탈수에 모두 이용할 수 있다. 이 방법은 고형물(固形物)은 걸러내고 물은 통과시키는 다공성 여재를 사용하는데, 여재로서는 통상 강철제 코일, 금속망, 섬유막이 사용된다. 벨트식과 드럼식 2종류가 있다.

② 가압 탈수기(filter press)

원형 또는 사각형의 단면을 갖는 벨로즈형 여판에 슬러지를 주입시키고 여기에 수압 또는 공기압을 가해 쥐어짜는 방식의 탈수를 하게 된다.
단면 탈수와 양면 탈수가 있는데, 두 방법 모두 탈수를 실시할 경우에는 유압으로 탈수판 전체를 연결시킨 다음 탈수판의 가운데에 있는 구멍으로 슬러지를 유입 펌프에 의하여 각 탈수실 내로 유입시킨다.

③ 벨트프레스 탈수기(belt press filter)

슬러지에서 물을 짜내기 위하여 벨트(belt)와 롤러(roller)를 사용하여 압력을 가하는 방법이다. 탈수할 때, 여포(濾布)를 연속 이동시키면서 여포 위에 고분자 응집제를 첨가시킨 응집 슬러지를 공급하면, 응결물 사이의 간극수가 중력에 의해 탈수되고 이동된 슬러지는 상하의 여포 압축에 의해 탈수된다. 탈수 케이크는 스크레이퍼에 의해 여포에서 박리된다. 탈수 케이크가 박리된 여포는 압력수로 세척되어 다시 탈수부에 돌아가며, 다시 앞의 과정이 연속적으로 반복된다.

④ 원심 탈수기

냄새 없이 슬러지를 탈수시킬 수 있는 이점을 가지고 있는 것으로 슬러지에 약품을 첨가하여 중력가속도의 1,000~3,500배의 원심력으로 원심 분리시키면 슬러지가 탈수된다.

⑤ 슬러지 건조상(천일 건조)

일종의 여과지로 그 위에다 슬러지를 뿌리면 슬러지 중 수분의 대부분은 밑으로 여과되어 하부 배수시설을 통하여 제거되고, 대부분의 고형물은 표면에 걸려 햇빛에 의해 건조된다. 다른 탈수방법에 대해 많은 지면이 필요하므로 대규모의 하수처리장 또는 지가가 높은 곳에서는 채택하기가 곤란하다. 기후의 영향을 많이 받으므로 비가 많이 오는 지방이나 습도가 높은 지역에서는 사용에 지장이 많다. 그러나 햇빛을 이용하여 슬러지를 건조시키므로 에너지 비용이 적게 요구된다는 점에서 큰 장점이 있다.

⑥ 직접가열 건조방식

열 매체와 슬러지 사이에 직접적인 접촉을 통하여 가열하기 때문에 열매체로서 주로 열풍을 이용한다. 가열증기를 이용하는 경우도 있다.

비교적 함수율이 높은 슬러지를 다량으로 또는 함수율이 낮은 슬러지를 경제적으로 건조시키기 위해서 일반적으로 선정한다.

⑦ 간접가열 건조방식

열 매체와 슬러지의 간접적 접촉을 통하여 열을 전달한다. 열매체로서 증기를 이용하는 것이 일반적이지만 기름을 이용한 경우도 있다. 슬러지로부터 증발되는 수분만이 건조기에서 가스로 발생하기 때문에 직접가열 건조방식보다 악취처리 대상 공기량이 작다. 따라서 탈취에 필요한 시설이나 비용이 감소되는 경제적인 장점이 있다.

표 10.16 각 탈수기의 종류별 비교

항목	진공 탈수기	가압 탈수기	벨트프레스 탈수기	원심 탈수기
케이크 함수율	72~80%	55~65%	72~80%	75~80%
탈수속도	$7 \sim 15 \, kg \cdot ds/m^2 \cdot hr$	$3 \sim 5 \, kg \cdot ds/m^2 \cdot hr$	$100 \sim 180 \, kg \cdot ds/m^2 \cdot hr$	–

10.13.7 소각

고온에 의해 슬러지의 수분을 제거시키며, 유기물을 산화시켜 가스화하는 방법이다.

(1) 장점

① 위생적으로 안전하다(병원균이나 기생충 알이 사멸).
② 부패성이 없다.
③ 탈수 케이크에 비해 혐오감이 적다.
④ 슬러지 용적이 1/50~1/100로 감소된다.
⑤ 다른 처리법에 비해 필요 수지면적이 적다.

(2) 단점

① 대기오염의 문제가 있다.
② 비용이 많이 든다.

(3) 종류

슬러지 소각방식에는 열조작에 따라 소각, 용융(熔融), 건류(乾留), 습식산화(濕式酸化) 등으로 분류된다. 슬러지의 소각에는 노의 구조에 따라 다단 소각로, 회전 소각로, 기류 건조 소각로, 유동층 소각로, 분무 소각로, 사이클론(cyclonic) 소각로 그리고 열분해(pyrolysis) 등이 있다. 습식 산화는 슬러지를 액상 그대로 고압에서 공기를 공급해 산화시키고, 액상의 재를 탈수하는 방법이다. 주요 소각로에 대한 특성을 비교한 자료가 다음 표에 나타나 있다.

표 10.17 주요 소각로의 종류별 특성 비교

구분	다단 소각로	회전 소각로	유동층 소각로
소각로 내부 온도	700~900°C	700~900°C	800~850°C
공기비	1.3~2.0	1.1~1.15	1.3
탈수 케이크 함수율	15~25% (건조기 필요)	10~20% (건조기 필요)	20~35% (건조기를 이용하는 것이 경제적)
노상 면적 부하율	$50 \sim 70 \, kg/m^2 \cdot hr$	$30 \sim 50 \, kg/m^2 \cdot hr$	$200 \sim 270 \, kg/m^2 \cdot hr$
소각로 용적 부하율 (적정 발열량)	$150,000 \sim 30,0000$ $kcal/m^3 \cdot hr$	$70,000 \sim 90,000$ $kcal/m^3 \cdot hr$	$250,000 \sim 40,0000$ $kcal/m^3 \cdot hr$
열회수율	50~60%	30~35%	30~32%

① 다단 소각로(多段消却爐)

내부는 내화성 물질로 만들어진 구조물로서 6~12단 정도의 내화성 수평로상, 방열을 막는 노벽 탈수 케이크를 혼합 이동시키는 중앙축, 혼합기 팔(arm) 및 보조 연료장치, 구동장치 등으로 구성되어 있다. 노에 공급된 탈수 케이크는 중앙축에 고정된 혼합기 팔(arm)의 회전에 의해 각 단의 노상 위에 뿌려져서 타면서 밑의 단으로 떨어지는 과정을 계속해 점차적으로 건조, 소각 및 냉각의 과정으로 이행한다.

② 회전 소각로

로터리 킬른(rotary kiln)이라 불리는 것으로 내화재를 내부에 설치한 원형 회전 본체 및 고정부인 공급 후드 그리고 소각 후드로 구성되며, 연통의 기울기와 회전운동에 의해 탈수 케이크가 점차적으로 건조 및 소각 과정으로 이행된다.

공급된 탈수 케이크는 건조대에서 분쇄되고 섞이면서 소각 가스와의 역류 접촉에 의해 건조되고, 소각대에서 교반되면서 소각한 후 냉각된 소각재로서 소각 후드의 밑으로 배출된다.

③ 유동층 소각로(流動層燒却爐)

송풍실, 유동층 및 프리보드로 구성되며, 노 본체는 내화벽돌 등의 내벽을 강판으로 피복하고 있는 형태이다. 유동층 바닥에 설치된 공기 분산판은 유동용 공기가 균일하게 분사되도록 하고, 노의 정지 시에는 유동 매체가 송풍실로 낙하하는 것을 방지한다. 노 내의 유동층을 형성하는 유동 매체는 송풍실에서 불어오는 공기에 의해 물의 비등상태와 같이 움직이면서 노 내에 체류하며, 불어 넣은 보조 연료에 의해 소각된다.

④ 습식산화(zi mmerman process)

일명 Zimpro 식이라고도 부르며, 액상 슬러지 중의 가연성 물질을 고온(170~260℃), 고압 (80~150 kg/cm^2)의 압력으로 보조 연료 없이 공기 중의 산소를 산화제로 이용하여 산화 분해시킨다. 산화된 슬러지는 소량의 불활성 고형 잔류물(재), 용해성 유기물을 함유한 분리액 그리고 기체 (가스)로 변한다. 재는 약품첨가하지 않아도 쉽게 탈수되며, 강열 감량이 15% 이하로 안정되어 있다. 양은 농축 슬러지양의 1/30~1/40로 감소된다. 분리액은 보통 하수처리시설에 운송되어 처리된다. 또 가스는 탈취해서 방출하는데, 질소산화물이나 황산화물 등은 다른 소각법에 비해 낮다.

10.13.8 슬러지의 최종처분

하수 슬러지의 최종처분에 관한 문제점으로는 슬러지양의 증가, 슬러지 전용 처분시설 부족으로 인한 탈수 케이크 처분의 곤란, 매립지의 미확보 등이 여러 하수처리장의 공통적인 문제점으로 대두되고 있어, 이에 대한 대책이 시급한 실정이다. 슬러지 처분을 위한 적절한 방법의 선택은 각 하수처리장의 제반 여건을 고려하여 사용 가능한 토지의 유무, 슬러지의 특성, 시장성 및 장기적으로 환경에 미치는 영향 등을 고려해서 결정해야 한다.

① 매립

주로 고형 폐기물의 처리에 이용되는 방법으로 슬러지를 매립할 경우에는 슬러지로부터의 침출수가 침출되지 않도록 처분해야 하며, 특히 지하수의 오염을 고려해야 한다.

② 퇴비화

에너지원이 많은 유기물질이 에너지원이 적은 무기성 최종 생성물로 변화하는 과정으로, 원료 중의 미생물이 그 생존에 필요한 에너지를 획득하기 위해 유기물을 분해하는 작용이다.

호기성법과 혐기성법이 있는데, 냄새 발생이 적고 발효시간이 짧은 점에서 호기성법이 뛰어나므로 하수 슬러지의 퇴비화는 주로 호기성 발효에 의해 수행된다. 강제통기에 의한 급속 퇴비화(high-rate composting)는 주로 호기성 발효를 의미하며, 혐기성 발효와 비교해 단기간에 분해가 이루어진다. 퇴비화 과정을 거쳐 제품화된 퇴비를 작물에 사용할 때는 작물의 생육에 저해를 주지 않을 정도로 유기물이 안정되어야 하고, 병원균이나 기생충 등의 유해생물에 대해서 위생적으로 안전해야 하며, 중금속 등의 유해물질에 대해서도 안전한 것이라야 한다.

③ 토지 주입

슬러지의 재이용이라는 측면과 비용이 적게 소요된다는 점에서 많이 사용하는 방법 중의 하나로, 토양의 표면이나 하부에 슬러지를 살포하는 방법이다. 토지에 주입된 슬러지는 토량 개량재의 역할과 함께 화학비료의 부분적 대체품으로 이용할 수도 있다. 그러나 병원균이나 중금속 등 유해 물질이 토양에 축적될 가능성이 있으므로 살포시 슬러지의 성상을 잘 파악하여야 한다.

④ 소각재의 이용

소각재는 하수처리 과정에서 사용된 응집제의 종류에 따라 석회계 소각재와 고분자계 소각재로 나눌 수 있는데, 일반적으로 석회계 소각재는 토질 개량재와 노반 재료에, 고분자계 소각재는 콘크리트 2차 제품과 소생 2차 제품 제조에 적합하다. 슬러지 소각 시에 생기는 소각재는 특성에 따라 다음과 같이 유효하게 이용될 수 있다.

가) 토질 개량재
나) 노반 재료
다) 인터로킹 블록 및 콘크리트 2차 제품 제조
라) 소성(塑性) 2차 제품
마) 용융 슬래그

⑤ 해양 투기

최종적으로 생성된 슬러지나 완전한 탈수가 되지 않은 슬러지를 그대로 해양으로 운반하여 버리는 방법이다. 연안의 오염이나 영향을 고려하여야 하며 해류, 조류, 지리적 조건 등을 파악하여야 한다.

참고 슬러지의 자원화 : 최근 하수도정비의 확대 및 생활수준의 향상에 따라 슬러지 발생량은 급격하게 증가하고 있으며 이들 대부분은 매립처분되고 있다. 그러나 매립지는 한계가 있고

도시화의 진전에 따라서 그 확보가 더욱 곤란해지고 비용도 증가 일로에 있다.

이와 같은 문제의 가장 좋은 대응방안은 최종 처분량을 감소시키는 것으로, 소각·용융 등의 감량화 방안을 고려할 수 있다. 또한 향후 자원 및 에너지 절약의 관점에 있어서 슬러지의 녹지 및 농지 이용, 건설자재 이용 또는 에너지 이용 등도 적극적으로 추진해야 할 필요가 있다. 또한 퇴비화 및 고화처리된 슬러지는 매립지 복토재로도 재이용할 수 있다.

1. 하수처리를 함으로써 얻을 수 있는 효과에 대하여 설명하시오.

2. 하수처리장의 방류수 수질기준에 대하여 설명하시오.

3. 하수처리의 단위공정에 대하여 설명하시오.

4. 침사지를 설치하는 목적 및 설계기준에 대하여 설명하시오.

5. 최초 침전지 및 최종 침전지의 설계기준에 대하여 설명하시오.

6. 인구가 100,000명인 A도시의 1일 1인당 오수량이 250 L이다. 하수를 처리하기 위해 유효수심 3 m, 침전시간 2시간으로 설계하려 할 경우의 침전지의 면적을 구하시오.

7. 인구 1인당 생활 오수의 BOD 오염 부하 원단위를 50 g/인·일이라고 할 때 인구 10만 도시의 하수처리장에 유입되는 BOD 부하를 구하시오.

8. 유입 하수량 1,000 m³/day, 유입 BOD 농도 120 mg/L, 포기조 내 MLSS 농도 2,000 mg/L, BOD 부하 0.3 kg·BOD/kg·MLSS·day라 할 경우 포기조의 용적을 구하시오.

9. 호기성 생물처리법을 부착 및 부유 미생물에 따라 분류하시오.

10. 생물학적 처리를 위한 운영 조건에 대하여 설명하시오.

11. 활성 슬러지법의 원리와 슬러지 팽화현상에 대하여 설명하시오.

12. 하수 유량이 2,800 m³/day, 슬러지의 반송비 50%의 활성 슬러지 처리공정에서 최종 침전지의 부피가 500 m³이다. 최종 침전지에서의 체류시간을 구하시오.

13. MLSS가 2,000 mg/L로 30분간 정지했을 때 경우 침강용적이 30%(SV)일 때의 SVI를 구하시오.

14. 슬러지 용량 지표와 슬러지 밀도 지표에 대하여 설명하시오.

15. 살수여상법과 회전원판법의 원리에 대하여 설명하시오.

16. 슬러지처리공정에 대하여 설명하시오.

17. 어느 도시의 계획 1일 최대오수량은 50,000 m³/day로서 오수 중의 부유물 농도는 200 mg/L이다. 이것을 표준 활성 슬러지법으로 처리하면 부유물 제거율은 90%가 되고 함수율 95%의 슬러지가 발생한다고 한다. 이 경우 계획 발생 슬러지양을 구하시오.

18. 혐기성 소화법과 호기성 소화법을 비교하여 설명하시오.

19. 임호프 탱크의 특징에 대하여 설명하시오.

CHAPTER 11 중수도

11.1 개 설

중수란 사용한 수돗물을 생활용수, 공업용수 등으로 재활용할 수 있도록 다시 처리한 물을 의미하며, 중수도는 이를 위해 설치하는 처리시설, 송·배수시설 및 이용시설의 총체를 말한다.

우리나라는 1970년대 이후 산업발전에 의한 대도시의 인구 증가 및 생활수준의 향상으로 물 수요가 급격한 증가를 초래하였으며 이로 인해 새로운 수자원을 개발하거나 현재 이용 가능한 수자원을 보호하는 등의 노력이 다각적으로 이루어지고 있다. 선진국의 경우, 수자원의 최대활용으로 인한 수자원 위기 극복 및 수자원 보호의 두 가지 측면에서 중수도 기술을 개발하고 적용시켜왔다. 우리나라에서도 하수처리장의 유출수는 비교적 양호하고 안정적인 수질을 나타내고 있어 재사용의 잠재성이 매우 크다.

이처럼 중수도는 물을 절약하고 경제적인 이유로 오래전부터 좋은 물절약의 수단이라고 인식되어 왔으며 재활용한 양만큼 하수량이 감소, 하천 수질을 개선시키는 등 다른 장점도 많은 것이다.

우리나라의 경우도 정부에서 중수도시설비에 대해서 세제상 혜택을 부여하고 있고 일부 자치단체는 중수도 설치 운영자에게 수도료를 감면해주고 있다.

그러나 이 같은 장점과 혜택에도 불구, 제대로 된 중수도 시스템을 갖춘 건물은 전국적으로 수십개에 불과한 실정이며 이는 현재의 수돗물값이 너무 싸 건물주들이 중수도를 설치할 필요성을 못 느끼기 때문으로 분석된다. 즉, 재활용할 수 있는 물의 양이 하루 200~300톤은 돼야 물값 절감 효과를 거둘 수 있는 중수도의 경제성이 해결되어야 할 문제이다. 조만간 물값이 현실화되고, 일본의 경우처럼 대형 건물의 배수량 규제를 실시할 경우 중수도 시스템의 도입은 필수 불가결하리라

여겨진다.

또한 도시지역에서 효율적 수자원 이용의 방법으로서 중수도와 함께 빗물 저장시설의 활용 또한 가능하며 지역에서 필요한 물을 가능한 지역 내에서 충당한다는 개념으로 적극적으로 도입되고 있다.

이러한 빗물 이용의 효과는 1인당 강수량이 줄어드는 도시에서 수자원의 효율적인 이용이 가능하며, 수많은 소규모 댐을 건설하는 것과 같은 효과를 거두어 도시형 홍수를 예방할 수 있고 극한 상황에 대비하여 방재용수로 기능을 발휘할 수 있다.

11.2 중수도의 용도 및 효과

(1) 중수도의 용도

중수도의 용도는 다음과 같은 범위 내에서 사용될 수 있다.

① 화장실용수
② 정원용수
③ 세차용수
④ 냉각용수
⑤ 연못, 분수 등의 조경용수
⑥ 기타 잡용수

(2) 중수도의 효과

① 장기적인 대도시 물수급의 대처에 큰 역할을 담당하며
② 공공하수도에 대한 부담을 경감시켜, 수질 보존 효과는 물론 하수처리장의 건설비를 절감
③ 갈수 시 수량 확보가 가능
④ 절수 및 물 이용의식의 고취
⑤ 상하수 절수로 인한 경제적 이윤 발생을 기대

(3) 용어

① 중수

사용한 수돗물을 생활용수, 공업용수 등으로 재활용할 수 있도록 다시 처리한 물을 말한다.

② 중수도

사용한 수돗물을 생활용수, 공업용수 등으로 재활용할 수 있도록 하기 위하여 설치하는 처리시설, 송·배수시설 및 이용시설의 총체를 말한다.

③ 중수처리시설

용도별 수질기준에 적합한 충분한 물을 얻을 수 있는 생물처리시설, 침전지, 여과지, 소독시설 등을 필요한 처리를 하는 시설의 총체를 말한다.

④ 중수 송·배수처리시설

중수를 중수처리시설로 부터 이용설비까지 송배수하는 시설의 총체를 말한다.

⑤ 중수이용설비

저수조, 수세식 변기, 살수전 등 오수가 사용되는 설비의 총체를 말한다.

11.3 중수도 이용방식

(1) 개별순환방식

개별순환방식은 사무소나 건물에서 발생하는 배수를 자가처리하여 재사용하는 방식이며, 우리나라에서도 일부 대형 건물에서 중수도를 가동하고 있다.

(2) 지역순환방식

아파트 단지 등 비교적 한곳에 집중되어 있는 좁은 지구에서 사업자와 소유자가 공동으로 중수도를 운영하고 수요에 따라 중수를 급수하는 방식이며, 그 지역에서 발생하는 하수처리수, 하천수 및 우수 등이 원수로 사용된다.

(3) 광역순환방식

일정 지역 내에서 해당 지역 내의 빌딩과 주택 등 일반적인 중수의 수요에 따라 중수도로부터 광역적, 대규모적으로 공급하는 방식으로 주로 대규모 하수종말처리장 유출수나 공단폐수종말처리장 유출수를 다시 처리하여 이용한다.

11.4 중수 처리시설 기준

(1) 처리방식

중수처리방식은 원수의 수질, 중수 이용수량 및 용도별 수질기준을 고려하여 결정한다.

일반적으로 중수처리방식은 ① 원수의 수질, ② 중수용수량, ③ 용도별 수질기준을 기초로 하여 현재 운영하고 있는 처리공정의 실적(설계제원, 경제성, 유지관리 측면)을 고려하여 결정한다.

중수원수 중에는 통상 부유성 유기물, 용해성 유기물, 질소, 인, 무기염류, 중금속, 색도성분, 냄새성분, 대장균 등이 함유되어 있다. 이들 물질을 종합적으로 처리할 수 있는 단독의 처리공정은 없고, 각각의 수질에 대응된 처리공정을 조합하여 처리한다.

수중 용도별 수질기준에서 볼 때 중수처리공정으로 처리하는 오탁수질은 주로 부유성 유기물, 용해성 유기물, 색도성분, 냄새 및 대장균 등이다.

이들 오탁물질에 대한 처리공정은 다음과 같다.

표 11.1 중수처리공정의 분류

처리물질	처리방법	세부 방법
부유성 유기물	응집침전	석회 및 황산반토 응집침전처리 기타
	여과처리	사여과처리 마이크로 스크린처리 기타
용해성 유기물 (색도, 냄새성분 포함)	생물처리	접촉산화처리 회전원판접촉처리 기타
	활성탄 흡착처리	
	오존 처리	
세균	오존살균처리	
	염소살균처리	

기본적 중수처리방식은 다음과 같다.

표 11.2 기본적 중수처리방식

건물용도	원수	용도	기본적 중수 흐름
사무실 빌딩, 학교, 병원, 호텔, 레스토랑, 집단주택, 공장	잡배수	수세식 변소만 사용	잡배수-생물처리-응집침전 여과처리-염소소독-재이용
		수세식변소, 공조, 세차, 살수, 청소여과 처리	잡배수-생물처리-응집침전- 여과처리-활성탄오존-염소소독-재이용

(2) 처리시설계획 시 고려사항

중수처리시설의 계획은 다음의 각 항을 고려하여서 정한다.

① 위치의 선정에서는 중수원과 이용구역과의 거리, 주변의 환경, 상황 등을 고려한다. 중수처리 시설의 설치위치는 이용구역과의 거리, 주변의 환경형태 등을 고려하여 검토하지만, 처리시설 의 운전관리 및 중수의 수질관리를 용이하게 하기 위해 중수원에 근접시키는 것이 바람직하다. 중수처리시설의 배치계획은 물의 흐름, 수위관계 및 작업성을 고려하여 가능한 한 밀집되게 한다.

② 중수처리시설은 원칙적으로 일최대이용수량을 고려하여 정한다.

③ 중수처리시설은 구성하는 단위공정의 설계는 원수의 수질, 처리효율에 관한 실적, 기술개발상 황 등을 충분히 고려하여 설계한다.

④ 중수처리시설은 유지관리가 용이하고 또한 확실하게 작동하도록 설계한다.

(3) 용도별 수질기준

표 11.3 중수처리시설 용도별 수질기준

용도	수세식 화장실 사용	살수용수	조경용수
대장균 균수	1 mL당 10 이하일 것	검출되지 않을 것	검출되지 않을 것
잔류염소(결합)	검출될 것	0.2 mg/L 이상	–
외관	이용자가 불쾌감을 느끼지 아니할 것	이용자가 불쾌감을 느끼지 아니할 것	이용자가 불쾌감을 느끼지 아니할 것
탁도	5도 이하일 것	5도 이하일 것	10도 이하일 것
생물화학적 산소요구량	10 mg 이하일 것	10 mg 이하일 것	10 mg 이하일 것
냄새	불쾌한 냄새가 없을 것	불쾌한 냄새가 없을 것	불쾌한 냄새가 없을 것
수소이온농도	pH 5.8~8.5	pH 5.8~8.5	pH 5.8~8.5

(4) 중수도 시스템

중수도 시스템의 계획 시 고려할 사항은 다음과 같다.

① 중수도 시스템은 중수처리시설·송배수시설 및 이용설비로 구성된다.

중수처리시설에는 생물처리, 응집침전, 사여과, 막처리, 활성탄흡착, 오존처리 등이 있으며 용도에 따라 소독시설이 추가된다. 이들 각 시설은 원수의 수질 및 목표처리수질, 중수도 사용용도에 따라 조합되어 시스템을 구성한다.

송배수방식으로는 직압방식, 자연유하방식 및 가압 Tank 방식이 있으나, 해당 이용기기의 지형조건, 토지이용요건 등을 감안하여 선정한다.

② 중수도 시스템의 계획 시에는 각 시설의 방식·설계제원·배치 등에 대하여 합리성·안전성·경제성 및 유지관리 측면을 종합적으로 검토한다.

위에 언급한 각 시설의 설계 시에는 각 시설의 기본 조건을 검토하고 몇 가지 대안을 설정하여 각각의 건설비 및 유지관리비를 기초로 급수원가를 산출함과 아울러 그 시설의 합리성 및 안전성도 고려하여 최적인 계획을 설정하여야 한다.

각 시설의 기본 계획에 있어서 검토항목은 다음과 같다.

표 11.4 각 중수시설의 기본 설계에 있어서 검토항목

구분	검토항목
처리시설계획	처리방식의 선정 시설의 위치 및 배치 시설의 설계제원
송배수시설계획	송배수방식의 선정 송배수관로의 배치 시설설계제원
이용설비시설계획	급수방식의 선정 설계제원의 검토

1. 중수도의 목적 및 효과에 대하여 설명하시오.

2. 중수도의 이용방식에 대하여 설명하시오.

3. 중수도 처리시설의 용도별 수질기준에 대하여 설명하시오.

4. 중수도 시스템에 대하여 설명하시오.

CHAPTER 12
펌프장 및 유수지

12.1 펌프장의 계획

펌프장은 자연유하에 의해 하수를 공공수역으로 배제할 수 없는 경우, 또는 처리장에서 자연유하에 의해 처리할 수 없는 경우에 설치되는 시설물이다.

12.1.1 일반적 고려사항

펌프 대수는 계획수량을 기본으로 하여 정해야 하지만 용도별 건설비의 고저, 유지관리의 편리도를 고려하여 다음 각 항을 기준으로 정하여야 한다.

① 펌프는 최고 효율점 부근에서 운전되게 하고, 그 용량과 대수를 결정하여야 한다.
② 유지관리에 편리하도록 하고, 펌프의 대수는 되도록 줄이며 같은 용량의 것을 사용하여야 한다.
③ 펌프의 효율은 대용량일수록 높기 때문에 가능한 한 대용량의 것을 사용하여야 한다.
④ 수량의 변화가 심할 경우에는 유지관리상 경제적인 운동을 하기 위하여 대소 2종류의 펌프를 설치하던가, 같은 용량의 펌프의 회전수를 변환할 수 있게 하여야 한다.
⑤ 양정의 변화가 심한 곳에서는 유지관리상 경제적인 운전을 할 수 있도록 하기 위하여 고양정 펌프와 저양정 펌프로 분할하여야 한다.

12.1.2 상수도용 펌프의 계획수량

① 취수 펌프, 도수 펌프, 송수 펌프는 각각 계획 1일 최대취수량 및 계획 1일 최대급수량을 기준으로 하며, 계획수량 및 대수는 표 12.1을 표준으로 하여야 한다.

표 12.1 취수 펌프, 도수 펌프 및 송수 펌프의 계획수량과 대수

수량(m^3/day)	대수(괄호 안은 예비)	대수계
2,800까지	1(1)	2
2,500~10,000	2(1)	3
9,000 이상	3(1) 이상	4 이상

② 배수 펌프는 계획시간 최대급수량을 기준으로 하고, 계획수량 및 대수는 표 12.2를 표준으로 한다.

표 12.2 배수 펌프의 계획수량과 대수

수량(m^3/day)	대수(괄호 안은 예비)	대수계
125까지	2(1)	3
120~450	대형 1(1), 소형 1	대형 2, 소형 1
400 이상	대형 3~5(1) 이상, 소형 1	대형 4~6 이상, 소형 1

③ 화재 때의 배수량이 펌프의 용량을 초과할 때는 소화 전용 펌프를 설치하여야 한다.

④ 가압 펌프를 도수관로 또는 송수관로 중에 설치할 때는 표 12.1에 준하고, 이들 펌프의 설치장소는 상류 측에 부압이 발생하지 않는 장소를 선정하여야 한다. 또한 배수관로 중에 펌프를 설치할 때는 표 12.2에 준하여야 한다.

12.1.3 하수도용 펌프의 계획수량

오수 펌프의 계획수량은 분류식인 경우에는 계획시간 최대오수량, 합류식의 경우에는 우천 시의 계획오수량(계획 시간 최대오수량의 3배 이상)으로 한다.

우수 펌프의 경우는 계획우수량으로 하며 단, 배수면적이 큰 경우에는 관거 내의 체류를 고려하여 계획수량에 대하여 20~30%를 감할 수 있다.

12.1.4 펌프장의 종류

(1) 상수도용 펌프장

① 저양정 펌프장

수원으로부터 취수 또는 도수를 목적으로 설치되는 양수장으로 그다지 큰 압력을 필요로 하지 않으므로 저양정 펌프로 조작된다.

② 고양정 펌프장

정수장으로부터 송수나 배수 시 관 내에 적정한 송수압이나 배수압을 유지하기 위하여 설치된다.

③ 증압 펌프장

배수구역이 넓거나 고지대에 위치할 경우 또는 관망의 복잡한 배치 등으로 인하여 송·배수압이 부족하거나 급수압이 부족할 경우에 수압을 증가시키기 위한 펌프장이다.

(2) 하수도용 펌프장

표 12.3 펌프장 시설의 계획하수량

하수 배제방식	펌프장의 종류	계획하수량
분류식	중계 펌프장 처리장 내 펌프장	계획시간 최대오수량
	빗물 펌프장	계획우수량
합류식	중계 펌프장 처리장 내 펌프장	우천 시 계획오수량
	빗물 펌프장	계획하수량-우천 시 계획오수량

① 빗물 펌프장

우천 시에 지반이 낮은 지역에서 자연유하에 의해 우수를 배제할 수 없으므로 배수구역 내의 우수를 방류지역으로 배제할 수 있도록 설치하는 펌프장이다.

② 중계 펌프장

관로가 길 경우 관거의 매설 깊이가 깊어져 비경제적으로 되는 경우 유입구역의 오수를 다음의 펌프장 또는 처리장으로 송수하는 목적을 가진 펌프장이다.

③ 처리장 내 펌프장

유입하수를 자연유하로 처리해서 항상 하천이나 해역으로 방류시킬 수 있도록 설치한 펌프장이다.

(3) 펌프장의 위치

그 용도에 가장 적합한 수리조건, 입지조건 및 동력조건을 갖도록 하고 외부로부터 침수되지 않도록 한다. 또한 양수장으로부터 발생되는 소음 또는 악취 등이 인근 주민에게 미치는 영향 등을 고려하여야 한다.

12.2 펌프의 종류

펌프의 종류는 원리 및 구조상에 따라 다음과 같이 구분된다.

표 12.4 펌프의 분류

분류	종류	펌프
비용적식 펌프	원심 펌프(와권 펌프)	• 벌류트 펌프 • 터빈 펌프
	프로펠러 펌프	• 축류(軸流) 펌프 • 사류(斜流) 펌프 • 혼류(混流) 펌프
	점성 펌프(마찰 펌프)	캐스케이드 펌프
용적식 펌프	왕복(往復) 펌프	• 피스톤 펌프 • 플런저 펌프(수평, 수직형) • 다이어프램 펌프(격막 펌프)
	회전(回轉) 펌프	• 기어 펌프 • 편심(偏心) 펌프 • 나사 펌프(스크루 펌프)
기타	• 제트 펌프 • 에어리프트 펌프 • 수격 펌프	
	수중(水中) 펌프	• 수중 캐스케이드 펌프 • 수중 벌류트 펌프 • 수중 터빈 펌프 • 수중 혼류(混流) 펌프

12.2.1 와권 펌프(원심 펌프)

임펠러(impeller)의 회전에 의해서 물에 원심력(centrifugal force)을 발생시키고, 이것을 수압력 및 속도 에너지로 전환해서 양수하는 펌프를 총괄하여 와권 펌프라 한다.

와권 펌프에는 임펠러로부터 분출하는 물의 과대한 속도 에너지를 유효하게 압력으로 전환하기 위하여 임펠러의 출구와 동체 와권실(spiral casing) 사이에 guide vane을 삽입한 것을 특히 turbine 펌프라 하고, 이것과 구별해서 guide vane이 없는 것을 volute 펌프라고 한다.

와권 펌프의 특징은 다음과 같다.

① 일반적으로 효율이 높고 운전범위가 넓다.
② 적은 수량을 가감하는 경우 소요 동력을 적게 요구한다.
③ 흡입 성능이 우수하고 공동현상에 대해서도 안전하다.
④ 구조적으로 견고하고 보수가 용이하다.

12.2.2 축류 펌프

대구경의 와권 펌프는 그 형태가 크기 때문에 운반·거부에 불편을 느낄 뿐만 아니라 펌프실이나 기초 공사에 다액의 비용이 소요되므로 이것을 개량한 것이 축류 펌프라 할 수 있다.

축류 펌프는 원통형의 동체 내에 프로펠러(propeller) 형의 임펠러를 회전시켜, 그 양력으로 물에 압력 에너지 및 속도 에너지를 주는 것으로서 물은 임펠러 내의 축방향으로 유입·유출한다.

특징은 다음과 같다.

① 형태가 작고 와권 펌프에 비해서 약 1/2 정도의 용적이므로 대형의 경우라도 기초공사가 간단하고 상옥 면적을 작게 한다.
② 비교 회전도가 크기 때문에 저양정에 대해서도 비교적 고속(와권 펌프의 1.5배)이고 원동기와 직결할 수 있다.
③ 양정변화에 대해서 수량의 변화도 적고, 효율의 저하도 적다. 따라서 저양정이고, 양정이 변하는 경우에 적합하다.
④ 구조가 간단하고 임펠러나 동체는 다 함께 물의 통로가 짧으며, 심한 굴곡부가 없다.

12.2.3 사류 펌프(mixed flow pump)

사류 펌프는 유수의 흐름이 축을 중심으로 하여 경사 방향으로 흐르는 것으로서, 원심 펌프와 축류 펌프의 중간 특성을 가진 것으로 양자의 장점을 구비한 형식으로 다음과 같은 특징을 갖는다.

① 양정 변화에 대해 수량의 변동의 적고, 또한 수량의 변화에 대해 축동력의 변동도 적다.
② 우수용 펌프 등 수위의 변동이 큰 곳에 적합하다.
③ 원심 펌프에 비하여 소형이다.
④ 축류 펌프보다 공동현상에 대한 영향이 적으며, 양정이 동일한 경우 흡입 양정이 우수하다.
⑤ 양정은 3~15 m 정도로 원심 펌프와 축류 펌프의 중간에 위치한다.

12.2.4 스크루 펌프(screw pump)

스크루 펌프는 축류 펌프에 속하는 형식으로 스크루형 회전익을 접속한 빈축을 상부 및 하부의 수중 축받이로 지지하고, 수평에 대해 약 30° 경사인 U자형 드럼 속에서 회전시켜 하부로부터 양수하는 펌프이다.

유지관리가 간소하다는 이유로 하수도에 쓰이게 된 것으로서, 특히 오니의 반송용으로 좋은 결과를 얻고 있으며 저양정에 적합하다.

12.2.5 왕복 펌프(reciprocating pump)

일반 가정에서 사용하는 우물 펌프와 동일한 원리로서 피스톤의 왕복운동에 의해 밸브를 개폐시켜 액체를 압송하는 형식으로 하수장의 슬러지 펌프로 사용된다.

12.2.6 특수 펌프

원심 펌프를 변형하거나 기포를 이용한 특수한 원리를 이용한 것으로 심정호 등의 취수용으로 사용된다.

(1) 보어홀 펌프(bore hole pump)

터빈 펌프를 심정소 취수용으로 한 것으로 심정호 터빈 펌프라고도 하며, 그 구조는 심정호에 매달린 수직축에 몇 단의 회전익을 취부하고 이것을 지상에 연결된 원동기로 회전시켜 양수하는 형식이다.

(2) 에어리프트 펌프(air-lift pump)

기포 펌프라고도 하며, 심정호에 매달린 세관의 밑에서 압력 공기를 불어낼 때 발생된 기포와 물과의 혼류의 비중과 외측에 있는 물만의 비중차에 의하여 물을 기포와 같이 양수하는 펌프이다.

(3) 수중 모터 펌프(motor pump)

수중에서 사용할 수 있는 모터를 사용하고, 그것을 펌프와 조합하여 우물 또는 흡수조 중에 내리어 사용하는 펌프를 수중 모터 펌프라 한다. 여기에 사용되는 펌프는 축류, 사류, 방사류의 어느 것이나 사용된다. 수중 모터 펌프는 점차 대구경의 것, 또는 대출력의 것에까지 사용범위가 넓어지고 있다.

(4) 제트 펌프(jet pump)

제트 펌프는 원심 펌프나 섬프 펌프(sump pump)의 호수(priming)에 사용되는 수가 있다. 이 펌프에서는 유체가 벤투리부를 통과할 때 압력이 감소되어 진공을 만들고 물을 끌어올리게 된다. 제트 펌프를 이젝터(ejector)라 하기도 한다.

12.3 펌프의 구비조건 및 선정

12.3.1 펌프의 구비조건

일반적인 펌프의 구비조건은 다음과 같다.

① 비교적 고양정으로 운전효율이 높을 것
② 토출 흐름에 맥동이 없고 안정될 것
③ 고속·고압에 안전할 것
④ 저양정에서도 운전효율이 높을 것
⑤ 병렬 운전이 가능할 것
⑥ 구조가 간단하고 유지관리가 용이할 것

⑦ 취급 수질에 대하여 잘 적응될 수 있을 것

⑧ 내부에 막힘이 없고 부식, 마모가 적을 것

12.3.2 상수용 펌프의 선정

펌프의 형식은 표준 특성을 고려하여 다음 각 항에 의하여 정한다.

① 전양정이 6 m 이하이고, 구경이 200 mm 이상일 때는 사류 또는 축류 펌프를 선정한다.

② 전양정이 20 m 이상이고, 구경이 200 mm 이하일 때는 원심력 펌프를 선정한다.

③ 흡입 실양정이 6 m 이상일 때 또는 구경이 1,500 mm를 초과하는 사류 혹은 축류 펌프는 입축
　(立軸) 펌프를 선정한다.

④ 침수의 우려가 있는 장소에서는 입축 펌프를 선정한다.

⑤ 깊은 우물의 경우는 수중 모터 펌프 혹은 보어홀 펌프를 사용한다.

12.3.3 하수용 펌프의 선정

펌프의 형식은 표준 특성을 고려해서 다음 사항에 따라서 정한다.

① 펌프는 계획조건에 가장 적합한 표준특성을 갖도록 비교회전도를 정하여야 한다.

② 펌프는 흡입 실양정 및 토출량을 고려하여 횡축형의 경우에는 전양정에 따라 다음 표를 표준으
　로 한다. 입축형의 사류 및 축류 펌프의 전양정은 다음 표의 약 2배 정도까지 해도 된다.

표 12.5 전양정에 대한 펌프의 형식

전양정(m)	형식	펌프 구경(mm)
4 이하	축류 펌프	300 이상
3~12	사류 펌프	200 이상
4 이상	원심 펌프	100 이상

③ 침수될 우려가 있는 곳이나 흡입 실양정이 큰 경우에는 입축형 또는 수중형으로 한다.

④ 펌프는 내부에서 막힘이 없고 부식 및 마모가 적으며, 분해하여 청소하기 쉬운 구조로 한다.

표 12.6 합류식 펌프장의 펌프 설치 대수

오수 펌프		우수 펌프	
계획오수량 (m³/sec)	설비 대수	계획오수량 (m³/sec)	설비 대수
0.5 이하	2~4(예비 1대 포함)	3 이하	2~3
0.5~1.5	3~5(예비 1대 포함)	3~5	3~4
1.5 이상	4~6(예비 1대 포함)	5~10	4~6

12.4 펌프의 용량 및 특성

12.4.1 펌프의 구경

펌프의 크기는 흡입구경과 토출구경으로 표시한다. 다만, 흡입구경과 토출구경이 같을 때는 한 가지 구경으로 표시한다. 펌프 흡입구의 유속은 1.5~3 m/s를 표준으로 하나 원동기의 회전수, 흡입 실양정 등을 고려하여 결정하여야 한다.

펌프의 흡입구경은 토출유량과 펌프 흡입구의 유속에 의하여 결정하여야 하며, 펌프의 흡입구경은 펌프의 토출량이 기준이 되는 흡입구의 유속을 가지고 다음 식으로 정한다.

$$D = 146 \sqrt{Q/V} \tag{12.1}$$

여기서, D : 펌프의 흡입구경(mm)

$\quad\quad\quad Q$: 펌프의 토출유량(m³/min)(m³/min)

$\quad\quad\quad V$: 흡입구의 유속(m³/min)

예제 12.1

펌프의 토출량이 0.5 m³/s, 흡입구의 유속을 1.5 m/s로 할 때 펌프의 흡입구경을 구하시오.

해설

$Q = AV$에서, $0.5 = \dfrac{\pi d^2}{4} \times 1.5$

$$\therefore d = 0.6514 \text{m} = 65.1 \text{cm}$$

양수량이 15.5 m³/min일 때의 적합한 펌프의 구경을 구하시오. (단, 흡입구의 유속은 2 m/s로 가정한다.)

해설

$Q = AV$에서, $15.5/60 = \dfrac{\pi \times d^2}{4} \times 2$

$$\therefore d = 405.5 \text{mm}$$

12.4.2 펌프의 전양정

실양정과 흡입관로 및 토출관로의 손실수두를 고려하여 정하여야 한다. 그리고 배수 펌프의 경우는 상기한 외에 배수관의 최소동수두를 가산하여야 한다. 단, 가압 펌프의 전양정은 토출 측 전수두와 흡입 측 전수두로서 결정하여야 한다.

$$H = h_a + \sum h_L + h_o \tag{12.2}$$

여기서, H : 전양정(m)

　　　　h_a : 실양정(m)(수위차, 즉 배출수위와 흡입수위의 차)

　　　　$\sum h_L$: 관로의 모든 손실수두의 합

　　　　h_o : 관로말단의 잔류 속도수두

위의 식은 펌프의 전양정을 결정할 때 이용되며, 흡입수위를 기준으로 하였으므로 부호는 고려치 않으나 저지구에 배수할 때는 펌프의 실양정이 부수두로 될 경우가 있다.

그리고 배수 펌프의 경우에는 전양정에 최소동수압에 해당하는 15 m를 가산한 수치를 전양정으로 하여야 한다.

12.4.3 펌프의 동력

펌프의 소요동력을 결정하는 식은 단위에 따라 다음과 같다.

$$P = \frac{13.3\,QH}{\eta}[\mathrm{HP}] \tag{12.3}$$

$$P = \frac{9.8\,QH}{\eta}[\mathrm{kW}]$$

여기서, P : 펌프의 동력

Q : 양수량($\mathrm{m^3/s}$)

H : 펌프의 전양정

η : 합성효율($\eta = \eta_p \times \eta_m$)($1\,\mathrm{kW} = 102\,\mathrm{kg \cdot m/s} = 1.36\,\mathrm{HP}$이다.)

12.4.4 원동기의 출력

원동기의 출력은 위에서 구한 펌프의 동력에 여유율을 고려하여 다음 식과 같이 계산한다.

$$P_m = P(1+\alpha) \tag{12.4}$$

여기서, P_m : 원동기 출력

P : 펌프의 동력

α : 여유율

예제 12.3

송수에 필요한 유량 $Q = 0.7\,\mathrm{m^3/s}$, 길이 $L = 100\,\mathrm{m}$, 지름 40 cm, 마찰 손실계수 $f = 0.03$인 관을 통하여 높이 30 m에 양수할 경우 필요한 동력이 몇 마력(HP)인지를 구하시오. (단, 펌프의 합성효율은 80%이고, 마찰 이외의 손실은 무시한다.)

해설

$P = \dfrac{13.3\,QH}{\eta}[\mathrm{HP}]$ 에서,

① $V = \dfrac{Q}{A} = \dfrac{0.7}{\dfrac{\pi \times 0.4^2}{4}} = 5.6\,\text{m/s}$

② 전양정 $H = h_a + \sum h_L = 30 + 0.03 \times \dfrac{100}{0.4} \times \dfrac{5.6^2}{2 \times 9.8} = 42\,\text{m}$

$$\therefore P = \dfrac{13.3 \times 0.7 \times 42}{0.8} = 490\,\text{HP}$$

예제 12.4

양수량 15.5 m³/min, 양정 24 m인 펌프의 축동력을 구하시오. (단, 펌프의 효율은 80%로 가정하고 물의 단위체적중량은 1,000 kg/m³로 한다.)

해설

$$P = \dfrac{9.8QH}{\eta} = \dfrac{9.8 \times 15.5/60 \times 24}{0.8} = 75.95\,\text{kW}$$

예제 12.5

지름이 20 cm, 길이가 60 m의 주철관으로 $Q = 2.4$ m³/min의 유량을 30 m 높이까지 양수하려면 몇 HP의 펌프가 필요한지를 구하시오. (단, 흡입관 밸브의 손실계수를 1.7, 마찰손실계수를 0.04, 유입손실계수를 1, 펌프의 효율을 85%로 가정한다.)

해설

$$P = \dfrac{13.3QH}{\eta}[\text{HP}] \text{에서,}$$

① $V = \dfrac{Q}{A} = \dfrac{\dfrac{2.4}{60}}{\dfrac{\pi \times 0.2^2}{4}} = 1.273\,\text{m/sec}$

② 전양정 $H = h_a + \sum h_L = 30 + \left(0.04 \times \dfrac{60}{0.2} + 1.7 + 1\right) \times \dfrac{1.273^2}{2 \times 9.8} = 31.22\,\text{m}$

$$\therefore P = \dfrac{13.3 \times 2.4/60 \times 31.22}{0.85} = 19.58\,\text{HP}$$

12.4.5 비교 회전도(Specific Speed)

$1\,\mathrm{m}^3/\mathrm{min}$의 유량을 $1\,\mathrm{m}$ 양수하는 데 필요한 회전수로 펌프의 특성 및 형식을 나타내는 지표이다. 대체로 N_s 값이 작을수록 소유량 고양정, 클수록 대유량 저양정 펌프가 된다. 또한 동일 N_s 의 펌프는 그 특성이 같고 펌프의 공동현상을 검토하는 데 도움이 된다. 일반적으로 N_s 가 커지면 흡입구 측의 흡입력이 저하하여 캐비테이션이 발생하기 쉽다.

$$N_s = NQ^{\frac{1}{2}}/H^{\frac{3}{4}} \tag{12.5}$$

여기서, N : 펌프의 회전수(rpm)

$\quad\quad\;\; Q$: 유량($\mathrm{m}^3/\mathrm{min}$)

$\quad\quad\;\; H$: 양정(m)

예제 12.6

양수량이 $20\,\mathrm{m}^3/\mathrm{min}$, 총양정이 $6\,\mathrm{m}$, 회전속도가 $1{,}200\,\mathrm{rpm}$인 펌프의 비회전도를 구하시오.

해설

펌프의 비회전도란 $1\,\mathrm{m}^3/\mathrm{min}$의 유량을 $1\,\mathrm{m}$ 양수하는 데 필요한 회전수를 말하며, 펌프의 성능을 나타낸다.

$$N_s = \frac{NQ^{1/2}}{H^{3/4}} = 1200 \times \frac{20^{1/2}}{6^{3/4}} = 1399$$

12.4.6 펌프의 특성곡선

일정의 펌프에 있어서 양정(H), 효율(η), 축동력(P)이 수량(Q)의 변동에 대해서 어떻게 변하는가를 표시한 것이 특성곡선이다. 어떤 운전상태에서의 최고 효율점을 찾아낼 수 있는 중요한 곡선이다.

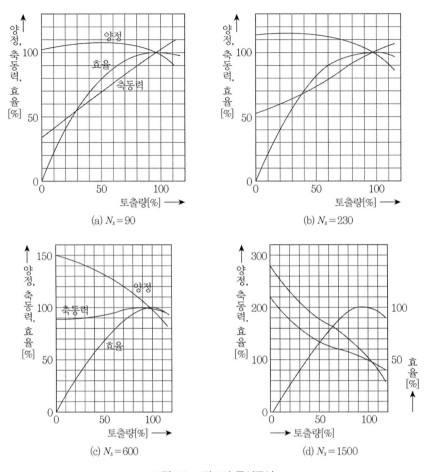

(a) $N_s = 90$ (b) $N_s = 230$

(c) $N_s = 600$ (d) $N_s = 1500$

그림 12.1 펌프의 특성곡선

12.4.7 시스템 수두곡선

다음 그림과 같이 총동수두(TDH)와 양수량과의 관계를 나타낸 것으로 총마찰손실수두(H_F)와 속도수두(H_v)도 수위의 변화 등 각종 요소에 의해서 변할 수 있으므로 일반적으로 곡선을 이룬다.

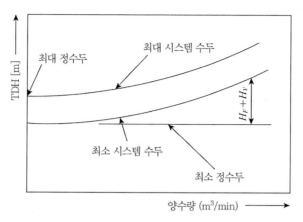

그림 12.2 시스템 수두곡선

12.4.8 펌프의 운전특성

펌프의 운전 시 최고효율 상태에서의 효과를 얻으려면 펌프의 특성곡선을 수두곡선에 중복시켜 곡선이 교차되는 점을 선택하여 그 점의 양수량에서 운전하도록 한다.

펌프를 2대 이상 설치하여 운전하는 경우에는 다음과 같은 방법에 따른다.

(1) 직렬 운전

특성이 서로 같은 펌프를 직렬 운전하는 경우 총합 특성곡선은 단독 운전할 때의 양정을 2배로 하면 구해진다. 특성이 서로 다른 펌프를 직렬 운전할 때는 각 펌프의 최대양수량이 사용수량보다 반드시 커야 한다. 즉, 양정의 변화가 크고 양수량의 변화가 작은 경우에 펌프의 직렬 연결이 된다.

(2) 병렬 운전

특성이 서로 같은 펌프를 병렬 운전하는 경우의 종합 특성곡선은 양수량을 2배로 함으로써 구할 수 있다. 펌프의 운전점은 이 종합 특성곡선과 시스템 수두곡선과의 교차점으로 나타낼 수 있고, 병렬 운전의 양수량은 단독 운전 양수량의 2배보다 반드시 적다. 즉, 양정의 변화가 작고 양수량의 변화가 큰 경우이다.

12.4.9 펌프의 흡입관과 토출관

(1) 흡입관

각 펌프마다 설치되어야 하며, 수평으로 설치하는 것을 피해야 한다. 또한 흡입관의 연결은 플랜지 접합으로 하여 공기의 누입이 없도록 하여야 한다.

흡입관의 설치기준은 다음에 따른다.

① 수평부의 길이는 최소한으로 하되 펌프를 향하여 1/50 이상의 경사를 둔다.
② 저수위로부터 흡입구까지의 수심은 흡입관 지름의 1.5배 이상으로 한다.
③ 흡입관단에서 흡수정 바닥까지의 깊이는 흡입관 지름의 0.8배 이상, 스트레이너 하단으로부터 흡수정 바닥까지의 깊이는 0.5배 이상으로 한다.
④ 흡입관과 흡수정 벽체 사이의 거리는 관 지름의 1.5배 이상 두어야 한다.
⑤ 인접한 흡수관 간의 거리는 동일 구경일 때는 3배 이상, 상이한 때는 큰 구경의 3배 이상 두어야 한다.
⑥ 유속은 1.5 m/s 이하로 하는 것이 경제적이다.

(2) 토출관

반드시 슬루스 밸브 또는 버터플라이 밸브를 설치하여야 하며, 펌프의 정치 시 역류를 방지하기 위하여 관 도중 또는 관 말단에 역류 방지용 밸브를 설치하여야 한다.

또한 시동 시 펌프 속은 진공이 되어 있어야 하므로 토출관 끝은 항시 수중에 잠겨 있도록 하여야 한다.

12.5 공동현상과 유효흡입수두

(1) 공동현상(cavitation)

물이 관 속을 유동하고 있을 때 유동하는 물속의 어느 부분의 정압(靜壓, static pressure)이 그때 물의 포화 증기압보다 낮아지면 부분적으로 기화(증발)하여 관 내부에 증기부, 즉 공동(空洞)이 발생되는데, 이와 같은 현상을 공동현상이라 한다.

(2) 공동현상에 따른 악현상

① 소음과 진동이 발생한다.

② 성능의 현격한 저하를 가져 온다.

③ 흡입과 내부 및 임펠러에 대한 침식을 발생시킨다.

(3) 공동현상의 방지책

① 펌프 설치위치를 되도록 낮게 하며, 흡입양정을 작게 한다(펌프의 흡입수두는 −5 m 이하를 표준으로 하고 캐비테이션이 발생하지 않게 가급적 작도록 한다).

② 펌프의 회전수를 작게 한다.

③ 단흡입 펌프이면 양흡입 펌프를 사용한다.

④ 흡입관 손실을 작게 한다.

⑤ 2대 이상의 펌프를 사용한다.

(4) 유효흡입수두(NPSH, New Positive Suction Head)

펌프가 공동현상을 일으키지 않고 물을 임펠러에 흡입하는 데에 필요한 펌프의 흡입 기준면에서 최소한의 수두를 말한다.

12.6 수충작용과 맥동현상

12.6.1 수충작용(water ha mmer)

수충작용인란 정전에 의하여 펌프의 동력이 갑자기 끊어지거나 펌프의 급기동, 밸브의 급개폐 때 일어나는 압력 강하 또는 압력 상승을 말한다.

(1) 수충작용에 의한 악영향

① 압력 강하로 인하여 관로가 못 쓰게 된다.

② 압력 상승에 의해 펌프, 밸브, 관로 등을 파괴한다.

③ 역회전이 안 되는 펌프에 있어서는 역전에 의한 사고를 야기한다.

(2) 수충작용의 방지법

① 펌프에 플라이 휠(fly wheel)을 부착한다.

② 토출관 쪽에 서지 탱크(surge tank)를 설치한다.

③ 토내 관측에 일방향 서지 탱크를 설치한다.

④ 펌프의 토출측에 완폐(緩閉) 또는 급폐(急閉) 체크 밸브를 설치한다.

⑤ 토출측 관로에 안전 밸브 또는 공기 탱크를 설치한다.

12.6.2 맥동현상

펌프의 토출 압력과 토출량이 주기적으로 변동을 일으켜서 운전 상태를 변화하지 않는 한 그 변동이 지속하는 현상을 맥동현상(surging)이라 한다. 서징 현상이 강할 때는 심한 진동과 진동음을 발생하고 운전이 불가능하게 된다.

발생원인은 다음과 같다.

① 펌프의 양정곡선이 우향 상승 구배일 때

② 배관 중에 수조가 있거나 또는 기상 부분이 있을 때

③ 토출량을 조절하는 밸브의 위치가 수조 또는 기상 부분의 후방에 있을 때

12.7 하수용 펌프장의 부대시설

12.7.1 침사지

일반적으로 하수중의 지름 0.2 mm 이상의 비부패성 무기물질 및 입자가 큰 부유물질을 제거하여 방류수역의 오염 및 토사의 침전을 방지하고 또는 펌프 및 처리시설의 파손이나 폐쇄를 방지하여 처리작업을 원활히 하도록 펌프 및 처리시설의 앞에 설치한다.

① 침사지의 형상은 직사각형이나 정사각형 등으로 하고, 지수는 2지 이상으로 하는 것을 원칙으로 한다.

② 유입부는 편류를 방지하도록 고려한다.

③ 저부경사는 보통 1/100~2/100로 하며, 제사설비에 따라서는 이 범위가 적용되지 않는다.

④ 합류식에서는 오수 전용과 우수 전용으로 구별하여 설치하는 것이 좋다.

⑤ 침사지의 평균유속은 0.30 m/s를 표준으로 한다.

⑥ 체류시간은 30~60초를 표준으로 한다.

⑦ 수심은 유효수심에 모래 퇴적부의 깊이를 더한 것으로 한다.

⑧ 침사지의 표면 부하율은 오수 침사지의 경우에는 1,800 m³/m² · day, 우수 침사지의 경우에는 3,600 m³/m² · day 정도로 한다.

12.7.2 포기 침사지

바닥에 산기관을 설치하여 침사지 내의 하수에 선회류를 일으켜 원심력으로 무거운 토사를 분리시키는 것이다.

① 체류시간은 1~2분으로 한다.

② 유효수심은 2~3 m, 여유고는 50 cm를 표준으로 하고, 침사지의 바닥에는 깊이 30 cm 이상의 모래 퇴적부를 설치한다.

③ 송기량은 하수를 1 m³에 대하여 1~2 m³/hr의 비율을 표준으로 한다.

④ 필요에 따라 소포(消泡) 장치를 설치한다.

12.7.3 수문

침사지의 조작, 불시의 정전 및 펌프장의 수리 등을 위하여 침사지 유입구에 게이트를 설치하고, 유출구에도 게이트 또는 각락(角落)을 설치한다. 이때 게이트의 개폐장치는 동력식 또는 수동식으로 한다. 동력식의 경우에는 예비로 수동조작을 할 수 있는 방식이나 자동 강하식으로 하는 것이 좋다.

12.7.4 스크린

오수 중에는 여러 가지 부유물이 있으므로 그것을 제거하는 것은 중요하다. 단순히 방류수역의 오염방지 및 펌프 기계류의 보호뿐만 아니라 처리공정을 원활히 하기 위하여 필요하다. 소규모 시설에서는 파쇄장치의 설치를 고려하며 침사지의 하류측에 설치하는 것이 원칙적이지만 처리시설에 적합한 형식의 것을 선정한다.

① 조목(粗目) 스크린은 침사지 앞에, 세목(細目) 스크린은 침사지 뒤에 설치하는 것을 원칙으로

하며, 스컴이 다량 발생하는 경우에는 미세목 스크린을 추가로 설치한다.

② 전후의 수위차 1.0 m 이상에 대하여 충분한 강도를 가지는 것을 사용한다.

12.7.5 파쇄장치

① 파쇄장치의 계획하수량은 계획시간 최대오수량으로 한다.

② 파쇄장치는 침사지의 하류측 및 펌프 설비 상류측에 설치하는 것을 원칙으로 한다.

③ 파쇄장치에는 반드시 스크린이 설치된 바이패스(by pass) 수로를 설치하여야 한다.

12.8 우수 조정지(유수지)계획

도시화에 의해 우수유출량이 증대하고, 시설능력이 부족한 경우에는 필요에 따라 우수 조정지의 설치를 계획한다. 특히 대규모 신시가지 개발에 의한 우수유출량의 제어나 지형이 경사가 급한 지역에서 평탄한 지역으로 변하는 지점에서의 침수대책으로 우수 조정지가 유효한 방법이 될 수 있다.

우수 조정지 우수유출 시에 우수를 일시 저장함으로써 침수를 방지하기 위한 시설로 다음과 같은 곳에 설치한다.

① 하수관거의 유하 능력이 부족한 곳

② 하류지역의 펌프장 능력이 부족한 곳

③ 방류수역의 유하 능력이 부족한 곳

표 12.7 우수 조정지의 설치 예

구분	분류식 하수도의 경우	합류식 하수도의 경우
기존 관거 등의 능력 부족		
펌프장의 능력 부족		

표 12.7 우수 조정지의 설치 예(계속)

구분	분류식 하수도의 경우	합류식 하수도의 경우
방류수역 수로 등의 능력 부족		

우수 조정지의 구조형식은 다음 표와 같이 댐식(제방 높이 15 m 미만), 굴착식 및 지하식 등이 있다. 구조는 침사와 침전물 제거 등의 유지관리가 용이하도록 하며, 합류식의 우수 조정지에서는 환경대책도 고려할 필요가 있다. 또한 현지 저유식은 토지의 유효이용 면에서 좋은 방법이지만 설치 장소는 교정 및 공원 등이 일반적이다. 우수 조정지(여수지)로부터의 우수방류방식은 인공조작에 의하지 않는 자연유하가 바람직하다.

표 12.8 우수 조정지의 구조형식 예

구조형식	내용	방류(조절)방식
댐식	흙댐(earth dam) 또는 콘크리트댐에 의해서 하수를 저류하는 형식 	자연 방류식이 일반적이다.
굴착식	평지를 파서 하수를 저류하는 형식 	자연 방류식, 펌프 배수, 수문조작에 의한 배수가 있다.
지하식	일시적으로 지하의 저류조, 관거 등에 하수를 저류하여 양수 조정지로서의 기능을 갖도록 하는 것 	저류 수심이 크지 않아 펌프에 의한 배수가 일반적이다.

표 12.8 우수 조정지의 구조형식 예(계속)

구조형식	내용	방류(조절)방식
(참고) 현지 저류식	공원, 교정, 건물 사이, 지붕 등을 이용하여 양수를 저류하는 시설로서 보통 현지에 내린 비만을 대상으로 하기 때문에 관거의 상류 측에 설치함 	자연 방류식으로 하는 것이 일반적이다.

(1) 계획강우의 확률년

우수 조정지의 계획에 있어서 계획우수량의 확률년은 5~10년을 원칙으로 한다. 특히 댐식은 하류에 도시가 형성되어 있고 굴착식에 비해 높은 안전도가 필요하므로 지역의 상황에 따라 확률년을 30~50년 범위에서 적절한 것으로 한다. 여기서 제시한 범위는 확률년을 정하는 경우의 대략치이고 유역의 지형으로 인한 집수의 어려움, 주변의 토지이용 상황 및 우수 조정지의 계획수위와 주변의 지반고와의 관계 등을 고려하여 적절한 확률년을 정한다.

(2) 유입 우수량의 산정

우수 조정지에서 각 시간마다의 유입 우수량은 장시간 강우자료에 의한 강우강도곡선에서 작성된 연평균강우량도(hyetograph)를 기초로 하여 산정한다.

(3) 방류관거

① 계획 방류량을 안전하게 방류시키기 위해 자유수면을 갖는 수로로 한다.
② 배수구의 전면에는 부유물 등으로 인한 폐쇄를 방지하기 위하여 배수구 단면적의 10배 이상의 단면을 갖는 스크린을 설치한다.
③ 방류관거의 입구에는 통기를 위하여 공기 공급관을 설치한다.

(4) 여수 토구(餘水 吐口)

① 확률년 100년 강우의 최대우수유출량의 1.44배 이상의 유량을 방류시킬 수 있는 것으로 한다.
② 계획 홍수위는 댐의 천단고를 초과하여서는 안 된다.

1. 펌프 선정 시 일반적인 고려사항에 대하여 설명하시오.

2. 상수도용 및 하수도용 펌프장에 대하여 설명하시오.

3. 비교회전도에 대하여 설명하시오.

4. 어떤 펌프의 토출량은 0.94 m^3/min이다. 흡입구의 유속이 2 m/s라 가정할 때 펌프의 흡입구경을 구하시오.

5. 최고 효율점의 양수량 720 m^3/hr, 전양정 8 m, 회전수 1,200 rpm인 취수 펌프의 비회전도를 구하시오.

6. 아래와 같은 조건일 때 펌프의 소요출력을 구하시오.

- 펌프의 흡입구경 : 600 mm
- 흡입구의 유속 : 2 m/s
- 펌프의 전양정 : 5 m
- 펌프의 효율 : 80%
- 원동기의 여유율 : 15%

7. 전양정에 따른 펌프의 종류 및 특성에 대하여 설명하시오.

8. 펌프의 특성곡선에 대하여 설명하시오.

9. 공동현상에 대하여 설명하고 방지대책에 대하여 기술하시오.

10. 수충작용에 대하여 설명하고 방지대책에 대하여 기술하시오.

11. 우수 조정지의 목적과 설치 위치에 대하여 설명하시오.

12. 우수 조정지와 우수저류지의 차이점에 대하여 설명하시오.

CHAPTER 13 전기 · 계측제어설비

13.1 개 요

전기·계측제어설비는 시설의 처리공정을 포함하는 처리시설 전반의 합리적 관리운영을 위하여 중요한 것으로, 계측 장치나 감시제어장치, 정보처리장치 등이 갖는 우수한 기능을 활용하기 위하여 계측제어설비가 갖는 각종 기능, 특성을 충분히 인식하고, 시설 목적에 맞게 안전하고 합리적이고 안정된 운용을 도모할 수 있도록 계측화를 검토한다.

또한, 동시에 처리방식, 설비의 규모, 시설의 특성, 유지관리체제나 운영자의 기술수준, 장래 확장 계획, 기술혁신의 동향, 설비의 표준적 내구 연수와 보수, 개조, 투자 효과 등을 충분히 검토하여 설치할 필요가 있다.

전기·계측제어설비는 수전에서 말단 부하까지 일관된 보호 협조가 되어야 하고 감전이나 화재사고 등을 방지할 수 있도록 하고 사고 발생 시 피해 범위를 최소화하여 시설 전체의 기능이 문제가 없도록 하여야 한다.

유지관리가 용이하고 잘못된 조직이나 판단 실수로 인한 사고를 방지할 수 있는 시설 구축을 위하여 가능한 한 간결하고 통일된 시설이 되도록 하여야 한다. 또한 전기·계측제어설비는 전력설비, 계측제어설비 및 건축부대설비로 크게 분류할 수 있으며, 펌프, 송풍기 등의 기계설비나 조명, 환기 등의 건축부대설비에 전력을 공급하고 운전을 하기 위한 전력설비, 정수장 및 하수처리시설을 적절히 운전하고 관리하기 위한 계측제어설비를 설치하여야 한다.

13.1.1 기본 사항

전기·계측제어설비의 계획은 다음 사항을 고려하여 결정하여야 한다.

(1) 전기설비의 기본적 사항

전기설비의 계획은 전력계통, 수처리방식, 시설규모 및 형태, 유지관리방식 등을 기초로 신뢰성과 경제성을 고려하여 효율적인 운영 및 유지관리가 될 수 있도록 하여야 하며, 장래 증설 및 설비개선이 용이하도록 계획하여야 한다.

(2) 계측제어설비의 기본적 사항

계측제어설비는 처리의 안정화, 조작의 확실성, 처리효율의 향상, 작업환경의 개선, 인력절감등을 통하여 합리적인 관리와 원활한 운전이 되도록 자원 및 에너지 절약을 도모할 수 있도록 계획하여야 한다.

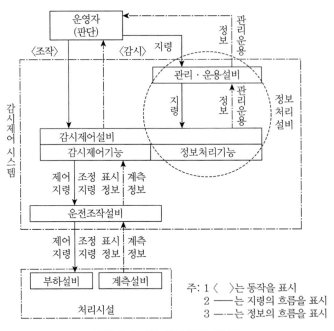

그림 13.1 계측제어설비의 개념도

13.1.2 일반적 고려사항

(1) 안전성

① Fail Safe 개념 도입 설계
② 시스템 자기 진단 기능으로 운전자의 신속한 정비가 가능토록 설계
③ 자동 백업 시스템 구축으로 데이터의 안전성 확보
④ 통신네트워크 서비스 가능지역 검토하여 안정성 확보

(2) 신뢰성

① 시스템의 이중화(CPU, Communication, 제어 전원)
② 개방형(Open System) 채택
③ 무정전 전원 장치의 도입으로 전원의 안정성 확보

(3) 조작성

① MMI의 대화형 소프트웨어로 간편하고 쉬운 조작
② 키보드 또는 마우스, 터치스크린 등으로 직접 수행
③ 운전자 조작 확인으로 오조작 방지
④ 운전상태에서 데이터 수정이나 변경 가능

(4) 감시성

① 모니터 및 CCTV에 의한 감시
② 운전 화면의 한글 표시 및 한글 프린터 출력

(5) 경제성

① 최대전력 부하 관리
② 시설 자동화로 최소의 운전 요원으로 처리장 운영
③ 안정적 운전으로 인한 기기 소모 절감

(6) 유지관리성

① 모든 관리를 집중화함으로 운전의 효율화 및 업무 경감

② 주요 인자를 온라인으로 실시간 제시

13.2 전기설비

13.2.1 수변전설비

① 수전설비 용량은 시설단계별 최대수요전력으로 한다.
② 계약전력은 한국전력공사의 전기공급 약관에 따라 결정한다.
③ 수전전압이 고압이상 수전인 경우에는 2회선 수전방식을 채택하여 전력공급의 신뢰도를 높인다.
④ 변압기는 사고에 대비하여 예비 변압기 설치를 원칙으로 한다.

13.2.2 수전방식

① 계약전력과 전기공급방식 및 공급전압의 관계는 전기공급약관에 따라 표 13.1을 표준으로 한다.
② 수전설비의 인입은 한국전력공사의 일반 배전선로 또는 전용선로로 한다.
③ 주회로 기본 구성은 판단기준과 내선규정 및 한국전력공사의 설계기준에 의한다.

표 13.1 계약전력과 공급전압

구분	전기공급방식 및 공급전압
100 kW 미만	교류 단상 220 V 또는 교류 삼상 380 V 중 설비의 정격 및 한전공급 가능전압에 따라 선정
100 kW 이상 10,000 kW 이하	교류 삼상 22,900 V
10,000 kW 초과 300,000 kW 이하	교류 삼상 154,000 V
300,000 kW 초과	교류 삼상 345,000 V

표 13.2 수전방식별 특성

수전방식		특성
1회선 수전		간단하고 경제적이나 신뢰도가 낮음
2회선 수전	동일 변전소에서 2회선 수전하는 방식	한 쪽 배전선 사고 시에 예비선으로 전기공급 가능
	서로 다른 변전소에서 각각 수전하는 방식	배전선 또는 공급변전소 사고 시에 예비변전소로 절체함으로써 정전시간이 짧음

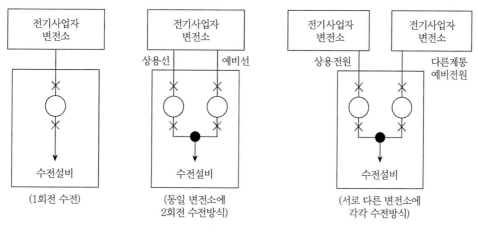

그림 13.2 수전방식

13.2.3 수전설비 계획

수변전설비 계획에서는 신뢰성, 안전성, 경제성, 에너지 절감, 장래의 증설 등을 고려하여 결정한다.

13.2.4 차단기와 변압기

고압 및 특별고압차단기는 진공차단기 및 가스차단기를 표준으로 한다. 변압기의 용량은 변압하는 전력을 피상전력으로 환산한 값에 적정한 여유를 준다.

13.3 계측기기의 선정

계측기기의 선정은 다음 각 항을 고려하여 선정한다.

① 계측 목적
② 측정 장소의 환경 조건
③ 정밀도, 재현성 및 응답성
④ 유지관리성
⑤ 측정 대상의 특성

⑥ 신송 전송 방식

⑦ 측정 범위

13.4 계측기기의 종류

하수처리시설에 주로 사용되는 계측기기는 양적인 계측기와 질적인 계측기로 구분되며 동작원리, 주요 시방 및 설치 시 주의 사항은 다음과 같다. 계측기기의 설치 지점은 측정 목적, 측정 대상물의 대표성 및 유리 관리에 유의하여 위치를 결정하고 종류는 유량계, 수위계, 압력계, 개도계, pH계, 농도계, Do계, MLSS계, ORP계, 탁도계, 잔류염소, COD계, BOD계, TN계, TOC계, TP계, 계면계, 온도계 등 수질원격감시체계(TMS)를 설치하여야 한다.

하수처리 배출량을 기준으로 pH, 유기물(COD, BOD), SS, TN, TP, 유량계, 자동시료채취장치, 자료전송장치(data logger) 등을 설치하도록 법으로 규정하고 있다.

참고문헌

1. 백경원 외, 『수문학』, 명진, 2010.

2. 송재우, 『수리학』, 구미서관, 1998.

3. 양상현, 『상·하수도공학』, 동화기술, 1995.

4. 윤용남, 『공업수문학』, 청문각, 1995.

5. 윤용남, 『수리학』, 청문각, 1986.

6. 이원환, 『수리학』, 문운당, 1997.

7. 이종형, 신원욱, 『상·하수도공학』, 구미서관, 2000.

8. 최의소, 조광명, 『환경공학』, 1995.

9. 환경부, 『상수도시설기준』, 2010.

10. 환경부, 『하수도시설기준』, 2011.

11. 건설교통부, 『하천설계기준』, 2009.

12. American Water Works Association, Water Quality and Treatment, McGraw-Hill, 1990.

13. Chow, V.T., Open Channel Hydraulics, McGraw-Hill, 1959.

14. French, R.H., Open Channel Hydraulics, McGraw-Hill, 1985.

15. Grigg, Neil S., Water Resources Management, McGraw-Hill, 1996.

16. Henderson, F.M., Open Channel Flow, MacMillian Press, 1982.

17. McGhee, Terence J., Water supply and Sewerage, McGraw-Hill, 1991.

18. Streeter V.L. and Wylie, E.B., Fluid Mechanics, 7th Ed., McGraw-Hill, 1979.

19. http://www.law.go.kr(국가법령정보센터)

20. http://www.kwater.or.kr(K-water)

21. http://www.me.go.kr(환경부)

찾아보기

저자 소개

백 경 원

공학박사(수리학전공)
수자원개발기술사
한림성심대학교 토목과 교수

강 영 복

공학박사(수공학전공)
수자원개발기술사
한림성심대학교 토목과 겸임교수

상하수도공학

초 판 인 쇄 2016년 08월 04일
초 판 발 행 2016년 08월 10일

저   자 백경원, 강영복
펴 낸 이 김성배
펴 낸 곳 도서출판 씨아이알

책 임 편 집 박영지, 서보경
디 자 인 강세희, 추다영
제 작 책 임 이헌상

등 록 번 호 제2-3285호
등 록 일 2001년 3월 19일
주   소 (04626) 서울특별시 중구 필동로8길 43(예장동 1-151)
전 화 번 호 02-2275-8603(대표)
팩 스 번 호 02-2265-9394
홈 페 이 지 www.circom.co.kr

I S B N 979-11-5610-243-4 93530
정   가 20,000원